Engineering Drawing

失敗しない
機械製図の
描き方・表し方

中西佑二・池田 茂・大高武士 [著]

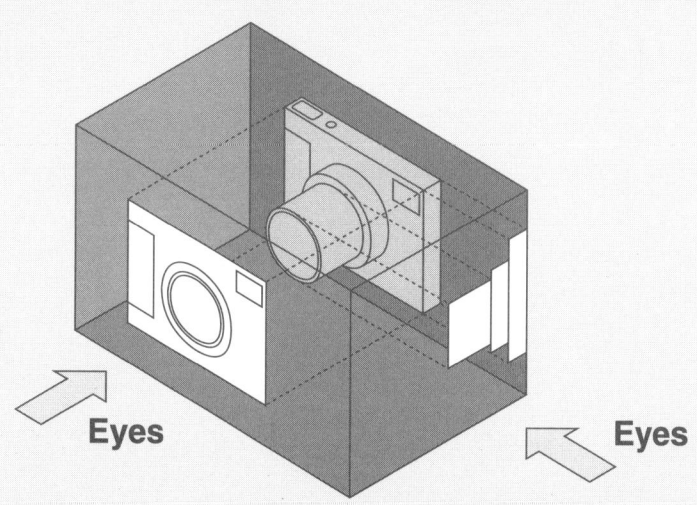

Eyes Eyes

日刊工業新聞社

まえがき

　ものづくりは、図面を描くことからはじまる。かつて、校長であり、1958年、はじめて機械製図（JIS B 0001）原案を作成したときの委員長であった清家正先生の言葉である。

　製図とは、品物を作るために形状・寸法・精度などの技術情報を紙面に表すことである。表した紙面を図面という。機械製図は、機械やその周辺の装置を製作するための図面を描くことである。

　筆者は、1985年、通信教育「JISに基づく製図法」のテキスト初版を発行し、改訂版を含め20年で25版を重ねてきている。

　本書は、これまでの教育現場の経験を生かすとともに、通信教育「JISに基づく製図法」により勉強された多くの受講者の声をいかす立場から、取り組んだものである。機械製図のポイントをあげてみる。

① 　機械製図は、機械を製作するための図面を描くことであって、そのためには製作者（図面使用者）の立場に立って図面を描くことである。
② 　製図は、誰がみても理解できるものでなければならない。そのために、図面は製図に関するJIS規格に基づいて描くことである。
③ 　製図も能率的に行わなければならない。能率的に製図するにはどのようにしたらよいか、考えることである。
④ 　CAD（computer aided design）の普及がめざましい。しかし、CADは製図の道具である。機械製図の基本を知らなければ、CADは使いこなせない。
⑤ 　製図は、品質保証を考えてする。

　本書の表題である「失敗しない機械製図の描き方・表し方」は、上にあげた五つの項目を念頭に置いて、機械製図のチェックポイントとなるところを示している。

　先ず、製図は図面作成者の立場に立ってするのではなく、製作者の立場にたってするのである。図面というと品物をつくるための製作図を指す。間違いなく設計者の意図する品物がつくれる図面でなければならない。

　製図はJIS規格に基づいてする。当然であるが、JIS規格は絶えず見直されている。最新の規格に目配りしていなければならない。ただし、自分が描く図面以外は、すべて過去の図面と接することになる。旧JIS規格が身近にないと困ることも事実である。旧JISとの対比も時にはチェックポイントとなる。

　製図は能率的に行わなければならない。そのためにはどのようにすればよいか。JIS規格の上から能率的な製図法を上げながら説明する。

　製図のJIS規格は、CADを意識して作られるようになった。寸法の入れ方は、まさにCADの進歩をにらんで改訂が行われている。

　つぎに、製図は、完成品の品質保証を考えてしなければならない。原材料の調達から製品の流通先まで、対象はグローバル化している。品質を保証するためには、国際的に品質保証するための図面の書き方に慣れなければならない。

　以上のことを意識して本書を書き上げた。初めて機械製図を学ぶ人も、これまで製図に関わってきた人も、これからの機械製図に何が必要かを示したものである。参考となれば幸いである。

　また、お気づきの点はご指摘をいただきたい。読者の皆様に親しまれるようなものにしていきたい。

2007年8月

中西　佑二

失敗しない機械製図の描き方・表し方

● 目　次 ●

まえがき ……………………………………………………………………1

第1章　製図の基礎

1.1　製図の意義と規格 …………………………………………………7
　（1）　製図の意義 …………………………………………………7
　（2）　製図の規格 …………………………………………………8
1.2　製図用機器とその使い方 …………………………………………11
　（1）　製図器具 …………………………………………………12
　（2）　製図器具の使い方 …………………………………………12
1.3　図面と製図用紙 …………………………………………………18
　（1）　図面の種類 …………………………………………………18
　（2）　製図用紙 …………………………………………………19
　（3）　複写図の折り方 …………………………………………………23
　（4）　製図に用いる尺度 …………………………………………………25
1.4　投影法 …………………………………………………27
　（1）　製図の用いる投影法 …………………………………………………27
　（2）　正投影図の描き方 …………………………………………………28
1.5　立体図の描き方 …………………………………………………34
　（1）　等角投影図の描き方 …………………………………………………34
　（2）　二等角投影図の描き方 …………………………………………………36
　（3）　キャビネット図の描き方 …………………………………………………36
1.6　立体の展開図 …………………………………………………38
　（1）　円柱の展開図 …………………………………………………38
　（2）　角柱の展開図 …………………………………………………39

第2章　図形の表し方と寸法の記入法

2.1　図面に使われる線と文字 …………………………………………………43
　（1）　線の種類と用法 …………………………………………………43
　（2）　文　字 …………………………………………………48
2.2　図形の表し方 …………………………………………………52
　（1）　図の配置（主投影図の重視） …………………………………………………52
　（2）　投影図の簡略化 …………………………………………………54
　（3）　実形図示 …………………………………………………55
　（4）　図形の省略 …………………………………………………64
　（5）　特殊な図示 …………………………………………………68
2.3　寸法の記入方法 …………………………………………………73
　（1）　一般原則 …………………………………………………73
　（2）　寸法線・寸法補助線の描き方 …………………………………………………74
　（3）　長さの寸法と角度の表し方 …………………………………………………78
　（4）　寸法補助記号を用いた寸法記入法 …………………………………………………84
　（5）　特殊な寸法の表し方 …………………………………………………90
　（6）　寸法記入の留意事項 …………………………………………………98

第3章　製品の幾何特性仕様
－表面性状、寸法公差とはめあい、および幾何公差の図示方法－

- 3.1　製品の幾何特性仕様の概要 …………………………………105
  - （1）製品の幾何特性仕様とは …………………………………105
  - （2）GPSマスタープラン …………………………………106
  - （3）製品の幾何特性仕様－形体－ …………………………………108
- 3.2　表面性状の図示法 …………………………………110
  - （1）表面性状 …………………………………110
  - （2）表面性状パラメータの求め方 …………………………………111
  - （3）表面性状の図示方法 …………………………………114
  - （4）図面記入方法 …………………………………120
  - （5）表面性状の要求事項の簡略図示 …………………………………122
  - （6）表面性状の図示記号の形と大きさ …………………………………124
- 3.3　寸法公差の記入法 …………………………………126
  - （1）寸法公差 …………………………………126
  - （2）長さ寸法の許容限界の記入方法 …………………………………127
  - （3）角度寸法の許容限界の記入方法 …………………………………128
  - （4）寸法許容差の記入上の一般事項 …………………………………128
  - （5）普通公差 …………………………………130
- 3.4　はめあい …………………………………133
  - （1）はめあいの種類 …………………………………133
  - （2）基本公差 …………………………………135
  - （3）はめあい方式による穴と軸の寸法の表示 …………………………………136
  - （4）はめあい方式の種類 …………………………………137
  - （5）多く用いられるはめあい …………………………………138
  - （6）はめあい方式による表示法 …………………………………142
- 3.5　幾何公差の図示方法 …………………………………143
  - （1）幾何公差の種類とその図記号 …………………………………143
  - （2）幾何公差の表し方 …………………………………143
  - （3）公差域 …………………………………145
  - （4）データム …………………………………146
  - （5）理論的に正確な寸法の図示方法 …………………………………148
  - （6）突出公差域 …………………………………148
  - （7）幾何特性の定義 …………………………………148

第4章　材料記号、およびスケッチの方法と製作図の描き方

- 4.1　材料記号 …………………………………159
  - （1）材料記号の構成 …………………………………159
  - （2）特別な材料記号 …………………………………160
  - （3）材料の質量計算 …………………………………164
- 4.2　スケッチの方法 …………………………………168
  - （1）スケッチの目的 …………………………………168
  - （2）スケッチ用具 …………………………………168
  - （3）機械の分解・組立 …………………………………168
  - （4）スケッチの要領 …………………………………170
  - （5）スケッチ図と製作図 …………………………………172
- 4.3　製作図の描き方 …………………………………174
  - （1）元図の描き方 …………………………………174
  - （2）かくれ線の引き方 …………………………………176
  - （3）検　図 …………………………………178

第5章　機械要素の製図

5.1　ね　じ …………………………………………………………………183
- （1）ねじの原理とねじ各部の名称 ………………………………183
- （2）ねじの種類 ……………………………………………………184
- （3）ねじの表し方 …………………………………………………184
- （4）ねじの図示法 …………………………………………………186
- （5）ねじ部の寸法記入 ……………………………………………188
- （6）ボルト・ナット ………………………………………………190
- （7）ボルト・ナットの描き方 ……………………………………193
- （8）ボルト・ナットの呼び方 ……………………………………194
- （9）座　金 …………………………………………………………195
- （10）ボルトのねじ込み深さ ………………………………………196
- （11）小ねじ …………………………………………………………196
- （12）止めねじ ………………………………………………………197

5.2　歯　車 …………………………………………………………………198
- （1）歯車の種類 ……………………………………………………198
- （2）摩擦車と歯車 …………………………………………………198
- （3）歯形曲線 ………………………………………………………200
- （4）歯車各部の名称 ………………………………………………201
- （5）標準平歯車の基本 ……………………………………………201
- （6）歯車の図示法 …………………………………………………203

5.3　軸・キーおよびピン・軸継手 ………………………………………210
- （1）軸 ………………………………………………………………210
- （2）軸の図示と寸法記入の仕方 …………………………………210
- （3）キーおよびキー溝の種類と形状・規格 ……………………213
- （4）ピ　ン …………………………………………………………217
- （5）軸継手 …………………………………………………………217

5.4　軸　受 …………………………………………………………………218
- （1）滑り軸受 ………………………………………………………218
- （2）転がり軸受 ……………………………………………………219

5.5　ば　ね …………………………………………………………………231
- （1）ばねの機能 ……………………………………………………231
- （2）ばねの種類 ……………………………………………………231
- （3）ばね用語と要目表 ……………………………………………233
- （4）ばねの図示 ……………………………………………………233

第6章　溶接継手/油圧・空気圧回路の製図

6.1　溶接継手 ………………………………………………………………239
- （1）溶接継手の種類 ………………………………………………239
- （2）溶接記号 ………………………………………………………241
- （3）溶接記号の記入の仕方 ………………………………………242

6.2　油圧・空気圧回路図 …………………………………………………248
- （1）油圧装置の概要 ………………………………………………248
- （2）空気圧装置の基本的構成と空気圧回路図の描き方 ………251

あとがき ………………………………………………………………………256
演習問題解答 …………………………………………………………………257
索　引 …………………………………………………………………………261

ns/1a_zip_for_crawl/
第1章
製図の基礎

図面が描けるようになる

　身近に存在する食器、電気製品、自転車、自動車、食品・化粧品・洗剤などの容器は、機能性、デザイン性、製作のしやすさなど、どれをとってもむだなく作られている。これらの一つ、自転車のハンドルを頭に浮かべてみよう。どのような形が浮かんでくるだろうか。これらの形を紙に描くと、人それぞれで千差万別にいろいろな形が見えてくる。一本の中空のパイプを頭に浮かべると作るのは簡単そうだ。しかし、他人に作ってもらうとなると、パイプの長さ・直径などを指示する必要が出てくる。パイプの形状が曲線になっていると言葉では表現できなくなり、形状などの情報を伝える手段として図面が必要になる。

　今は国際化の時代。国を超えて図面情報がやりとりされるようになり、国際的に理解される図面でなければならない。そこで、図面を描く「製図」について、製図規格を中心に勉強を進める。本章を勉強することによって、図面が描けるようになる。

第1章のねらい

機械製図がなぜ必要なの、決まりはあるの？	1.1　製図の意義と規格
製図にはどのような道具を使うの？	1.2　製図用機器とその使い方
品物を描く大きさや用紙に決まりはあるの？	1.3　図面と製図用紙
品物の形はどのように描くの？	1.4　投影法
立体図はどのように描くの？	1.5　立体図の描き方
展開図から立体を作る	1.6　立体の展開図

1.1 製図の意義と規格

> **チェックポイント**
> ① 製図の目的を明確にする
> ② 機械製図に関するJIS規格と関連するJIS規格の存在を理解する
> ③ ISO規格との関連に注意する

(1) 製図の意義

　身近なところで、家庭では冷蔵庫を買う、洗濯機を買い換えるというと、先ず考えなければならないのは置くスペースの問題である。高さ方向はさほど問題にならないが、幅と奥行きはコンベックスルール（鋼製巻尺のこと、断面が凹型でこの名がある）などで測定し、またコンセントの位置、冷蔵庫であれば扉が左開きか右開きか、洗濯機であれば排水口の位置を確認する。これらの測定結果を簡単な図面に描くと、誰が見ても言葉で説明する必要が無く幅と奥行き、コンセントの位置などがわかるはずだ。すなわち、これが製図なのである。

　図1.1のように、図面を見るのは家族（置く位置を説明するため）、電気器具販売店員などで、冷蔵庫などを置く現場にいなくても説明が付く。

　もう一つ例を挙げよう。最近は、組み立て家具が流行っている。完成品は大きくても部品として小さく梱包されて自宅に届く。ここでは、**図1.2**のように、部品の形状と組み立てる順序、取付けビス（小ねじ類）の形が分かるようになっていて、必要な工具を用意すれば、誰でも組立できるようになっている。図面には部品表があり、同じような形状の場合、部品名称と寸法が部品を見分けるポイントとなる。

　このように、製図の目的は、言葉が相手に気持や意志を伝えるのと同じように、図面

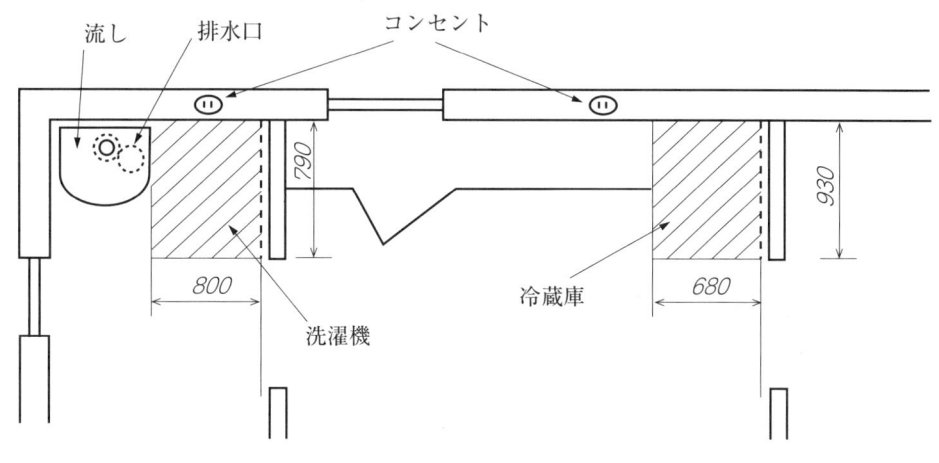

図1.1　電気器具を置くための配置図

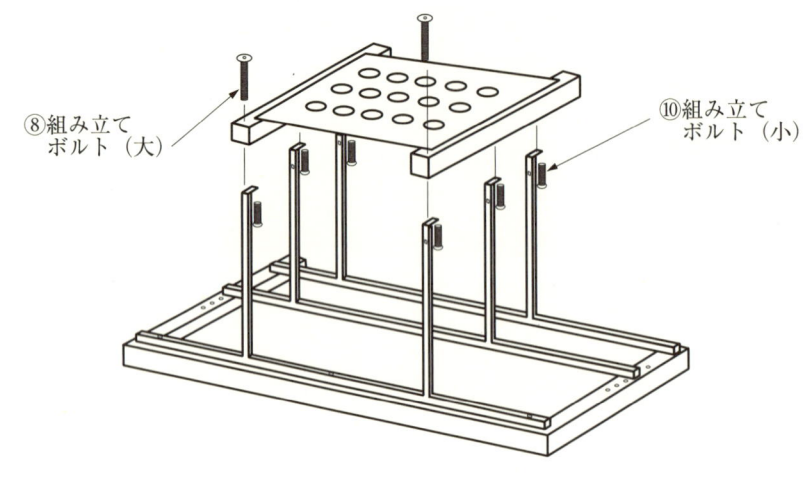

図1.2　組立説明図の例

作成者の意図を、図面使用者に確実かつ容易に伝達することである。

さて、機械製図は機械や周辺の装置を製作するための図面を作ることである。

上にあげた二つの例は説明するための図面で、製作するためのものではない。しかし、機械製図で取り上げる図面は、一般に、製作図としての図面であり、以下の項目が具備されていなければならない。

① 対象物の図形とともに、必要とする形状・大きさ・姿勢・位置の情報を含むこと。必要に応じて、さらに表面性状・材料・加工方法などの情報を含むこと。
② ①の情報を明確、かつ理解しやすい方法で表現していること。
③ あいまいな解釈が生じないように、表現上の一義性をもつこと。
④ 技術の各分野の交流の立場から、できるだけ広い分野にわたり整合性、普遍性をもつこと。
⑤ 貿易および技術の国際交流の立場から、国際性を保持すること。
⑥ マイクロフィルム撮影などを含む複写および図面の保存・検索・利用が確実にできる内容と様式を備えていること。

（2）製図の規格

機械の図面は、設計者の考えを製作者に完全に伝える役目をもっているので、図面の内容が誤りなく読み取られるように、図形の書き方、寸法の入れ方、寸法精度の入れ方などが一定の取り決め、すなわち規格のもとに作成されなければならない。そのため、各国ではそれぞれ製図についての規格を定め、その規格に基づいて製図がなされている。

わが国では、昭和24年（1949年）に、日本工業規格（JIS：Japanese Industrial Standards）が誕生して、現在では表1.1に示すように、日本の工業を土木および建築（A）から情報処理（X）まで18の部門に分類して、それぞれの部門ごとに標準化の主旨に沿って規格が定められている。そして、それらの各部門にまたがる共通的なものを、

表1.1　日本工業規格

部門記号	部門名称	部門記号	部門名称
A	土木および建築	L	繊　　　維
B	一　般　機　械	M	鉱　　　山
C	電子機器および電気機械	P	パルプおよび紙
		Q	管理システム
D	自　　動　　車	R	窯　　　業
E	鉄　　　　　道	S	日　用　品
F	船　　　　　舶	T	医療安全用具
G	鉄　　　　　鋼	W	航　　　空
H	非　鉄　金　属	X	情　報　処　理
K	化　　　　　学	Z	そ　の　他

表1.2　製図関連規格

規格名称	JIS規格	規格名称	JIS規格
総則・用語		機械要素に関する規格	
製図総則	Z 8310	製図－ねじ及びねじ部品	B 0002
製図－製図用語	Z 8114	歯車製図	B 0003
基本的事項の規格		ばね製図	B 0004
製図－製図用紙のサイズ及び図面の様式	Z 8311	製図－転がり軸受	B 0005
製図－表示の一般原則	Z 8312	製図－スプライン及びセレーションの表し方	B 0006
製図－文字	Z 8313		
製図－尺度	Z 8314	製図－配管の簡略図示方法	B 0011
製図－投影法	Z 8315	製図－センター穴の簡略図示方法	B 0041
一般事項の規格		図記号に関する規格	
製図－図形の表し方の原則	Z 8316	図記号通則	Z 8250
製図－寸法記入方法	Z 8317	歯車記号	B 0121
製図－長さ寸法及び角度寸法の許容限界記入方法	Z 8318	加工方法記号	B 0122
		転がり軸受用量記号	B 0124
製品の幾何特性仕様－幾何公差表示方式	B 0021	油圧及び空気圧用図記号	B 0125
幾何公差のためのデータム	B 0022	電気用図記号	C 0617
製品の幾何特性仕様－表面性状の図示方法	B 0031	構内電気設備の配線用図記号	C 0303
部門別の規格		溶接記号	Z 3021
土木製図通則	A 0101	計装用図記号	Z 8204
建築製図通則	A 0150	工程図記号	Z 8206
機械製図	B 0001	真空装置用図記号	Z 8207
CAD機械製図	B 3402	化学プラント用配管図記号	Z 8209

その他（Z）に整理している。

　製図規格には、ISO（国際標準化機構：International Organization for Standardization）との整合をはかったJIS Z 8300シリーズがあり、これらの規格は鉱工業全般における図面について標準化したものである。

　JIS Z 8300シリーズのうち、機械製図だけに絞って規定したのが、機械製図（JIS B 0001）である。本書は、この機械製図（JIS B 0001：2000）に基づいている。なお、製図に関連する主なJIS規格を整理すると表1.2のとおりである。

　機械製図に引用されている他のJIS規格は、機械製図の規格の一部を構成するものとして扱い、引用規格は最新版を適用することになっている。

　JIS規格は、制定および改正の日から少なくとも5年を経過する日までに調査会の審議に付し、必要に応じて"確認""改正""廃止"といった措置がとられる。改めてJIS規格に基づき製図をするときは、最新のものか、JIS規格の年度を確認するとよい。

まとめ

① 製図の目的は、言葉が相手に気持ちや意志を伝えるのと同じように、図面作成者の意図を、図面使用者に確実かつ容易に伝達することである。

② 機械製図に引用されているほかのJIS規格は、機械製図の規格の一部をなすとともに、それらの規格は最新版を適用する。

③ JIS規格は、国際規格ISOとの整合性が図られている。

④ JIS規格は、制定および改正の日から5年以内に内容の見直しが行われる。

1.2 製図用機器とその使い方

> **チェックポイント**
> ① 製図の基本は、製図用機器を使って行う器具製図であり、ほかにコンピュータを用いたCAD製図、筆記具のみを用いたフリーハンド製図がある。
> ② 右手の運動、描き出す線・描き込む線は線を描くときの基本である。
> ③ 手描き製図である器具製図は、正しい器具の選択とその使い方を理解し、使うことが大切である。

製図用機器等は、図1.3のように、製図板、製図機械、製図器具、製図用紙、製図用テープなどがあり、製図作業にはこれらの中から適切なものを選ぶようにする。

ここでは、製図器具の中から直線、円弧、曲線を描く器具とその使い方について、基本的な事柄を扱う。

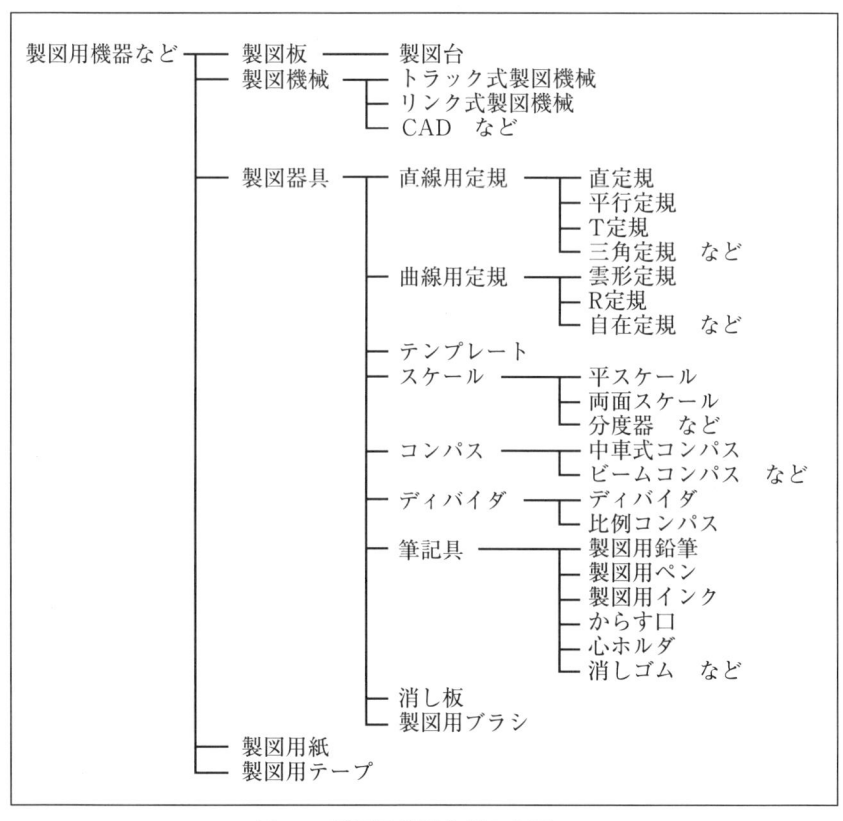

図1.3 製図用機器などの分類

（1）製図器具

製図器具は、T定規・三角定規などの直線用定規、コンパス・ディバイダなどの製図器、寸法を取るスケール、文字・円弧・機械要素などを型になぞって描くテンプレート、鉛筆・製図用ペン・からす口・消しゴムなどの筆記具および消し板・製図用ブラシなどに分けられる。

ここでは、製図器と筆記具について、基本的なものをとりあげる。

1）製図器

製図器には、円弧を描くコンパス、寸法を移し取ったり、線分・円弧を分割するのに使われるディバイダ、筆記具として墨入れに使われるからす口などがある。

コンパスは、円弧を描く必需品で、使いやすいものをそろえると良い。円弧の大きさの目安とコンパスの種類は次のとおりである。スプリングコンパスには、両足が中車で回されるねじで開閉する中車式コンパスが多い。

① 大コンパス　半径70～150mmの大きな円弧を描くときに使用する。
② 中コンパス　半径5～70mmの中くらいの円弧を描くときに使用する。
③ スプリングコンパス　半径20mm以下の円弧を描くときに使用する。
④ ビームコンパス　ビーム（支柱）を使って、特に大きな円弧を描くときに使用する。

2）筆記具

筆記具の代表は製図用鉛筆である。最近では、シャープペンシルが心の改良と心の太さの種類の豊富さでよく用いられるようになった。製図用のシャープペンシルは、事務用のものと違って次の特徴がある。①心の太さの種類が0.2～1.0mmと多い、②ペン先端の金属部（スリーブ）が長い、③ホルダーの重心が心の先端近くにあり、自重だけで線が描けるようになっている。

製図に用いられる線の種類は、線の太さが、細線と太線と極太線の3種類であり、太さの比率は1：2：4である。ほかに文字書き用の鉛筆が必要である。

文字書き用の鉛筆は、漢字とかなおよび文字の大きさによって線の太さの基準が異なる。したがって、線引き用が2種類（極太線は特殊）、文字書き用が2種類別々の鉛筆を用意したい。

（2）製図器具の使い方

製図器具は、種類が多く、それだけに製図作業にあった器具を使うことは、能率向上だけでなく、図面をきれいに仕上げることにも関係する。それとともに、製図器具の上手な使い方は、製図の技術・技能の向上に関係し、これを製図法と名付け、その基本を述べる。

1）右手の運動

右利きの人を対象に肩を中心とする腕の運動を考えると、単位時間の運動回数、連続運動時間、出し得る力の強さなどから、右手では時計方向の回転運動が、反時計方向の

運動よりも有利であり、疲れないことはわれわれの経験から明らかである。

製図の作業における右手の運動は、この原則にあてはまるもので、特に製図器具（製図器、筆記具など）をもつ右手の運動は、**図1.4**に示すように座標の原点Oを中心とした全円周のうち、第2象限におけるAからBへの1/4円弧に沿う方向が、もっとも自然で疲れないということである。

したがって、線を引く場合は、この円弧を分解して、つぎの①～④が作業上最適な方向となる。

① 水平線　左から右へ
② 垂直線　下から上へ
③ 右上がり斜線　左下から右上へ
④ 右下がり斜線　左上から右下へ

ここで、右下がり斜線は、水平線の応用と考えることができる。

2）描き出す線と描き込む線

図1.5は、描き出す線（図(a)）と描き込む線（図(b)）を示している。描き出す線は1点Pから水平方向A、垂直方向Bに描き出される線であり、描き込む線は、1点Qをにらみながら水平方向C、垂直方向Dから描き込まれる線である。右手の運動で述べたように、水平線は左から右、垂直線は下から上に引くのがよいので、図(a)は常に描き出す線、図(b)は常に描き込む線となる。

描き込む線は、終点が決まっていてはみ出さないよう注意しながら描かなければならず、描き出す線より不利である。したがって、図形を構成する各種の線の方向は、図形によって不定であるが、特別の場合を除き、描き出す線を多く、描き込む線を減少させるようにすることはそれほど難しくはない。

3）直線の引き方

直線には、**図1.6**のように、①水平線、②垂直線、③右上がり斜線、④右下がり斜線の4種類がある。

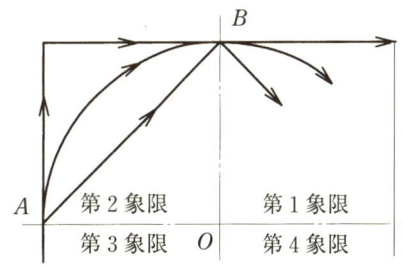

図1.4　線引きの方向

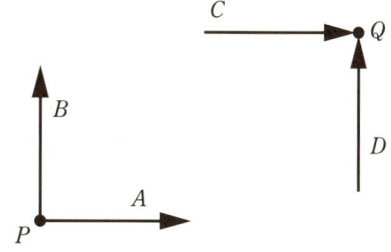

(a) 描き出す線　(b) 描き込む線

図1.5　描き出す線・描き込む線

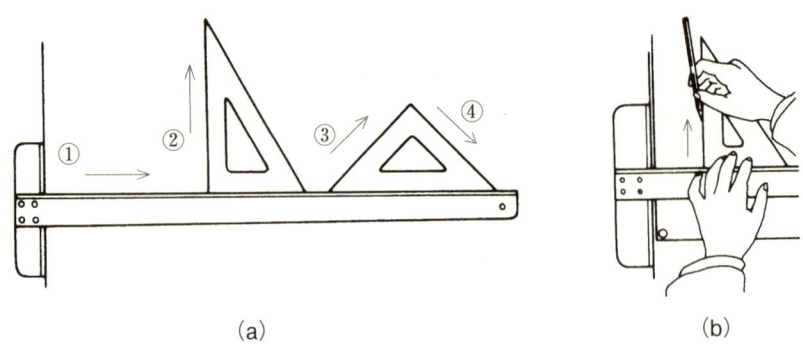

図1.6 直線の引き方

　図1.6(a)は、三角定規を用いた直線の引き方の要領を示したものである。水平線は、左手でT定規を支え、右手に鉛筆をもって進行方向にわずかに傾けて、一気に左から右に引く。垂直線は、同図(b)のように、T定規の上に置いた三角定規を使って下から上に、また斜線は図(a)の③、④のように左から右へ引く。

　図1.7は、T定規・三角定規の代わりをする製図機械の例である。直線の引き方の要領は、図1.6 ①〜④のいずれの方法とも同じである。

4）円弧の描き方
　円弧の大小によって使用するコンパスの種類が異なる。
　スプリングコンパスでは、スプリングの上のツマミをもって小円を一気に描くが（**図1.8(a)**）、中・大コンパスでは図1.8(b)のように下方から左右の方向に半分ずつ分けて描くのがコツである。足の形は針・鉛筆の心とも垂直になるよう途中で折り曲げ、図(b)のような要領で描く。
　ここで注意しなければならないことは、針の先を鉛筆の心よりわずかに出すことが大切で、また大部分の力を心に集中させるようにする。

5）曲線の描き方
　コンパスで描けない曲線は、雲形定規・自在定規などで描く。
　図1.9は、雲形定規を使って曲線を描く要領を示したものである。図からわかるように、曲線にあった雲型定規を選んで、点aからeを超えた部分まで線を描き、つぎに一部分重ねるように、eから曲線に合わせて線を描く。

6）線のつなぎ方
　図形を描く場合、難しいことの一つに線のつなぎ方がある。線のつなぎ方には、直線と円弧、円弧と円弧があって、それぞれ製図の上手、下手の目安になるといわれている。
　図1.10は、(a)・(b)が直線と円弧、(c)・(d)が円弧と円弧のつなぎ方の例を示したものである。いずれもつなぐ円弧の中心を幾何学的に、正確に求めてから半径 r（アール）の円弧でつなぐ。

　線のつなぎ方の注意点は、つぎのとおりである。
　① つなぐ円弧の中心を正確に求める。

1.2 製図用機器とその使い方

図1.7 製図機械の例

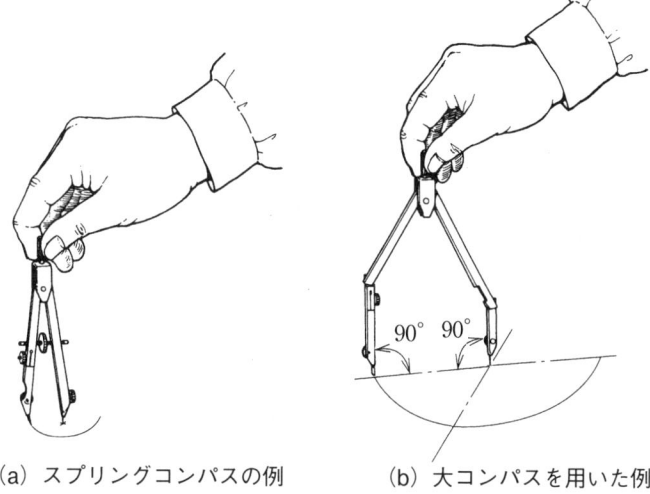

(a) スプリングコンパスの例　　(b) 大コンパスを用いた例

図1.8 円弧の描き方の要領

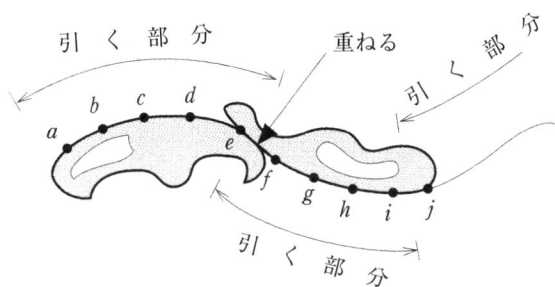

図1.9 雲形定規による曲線の描き方

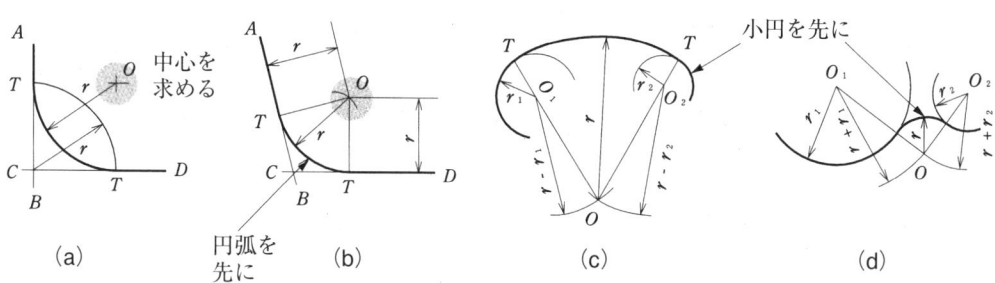

図1.10 円弧による線のつなぎ方

② 直線と円弧の場合には、円弧を先に、円弧と円弧の場合には小円を先に描く。
③ 円弧の長さは、接点からはみださない。
④ つなぐ線の太さは、一様にそろえる。

7）寸法の取り方

スケールから寸法を取って図面に移す作業は、ディバイダを使用するが、大きな寸法の場合は、スケールを直接製図用紙の上にあてて寸法を取る。

図1.11は、ディバイダを使ってスケールから寸法を取る様子を示している。ディバイダの足の開閉は、図のように箸を操作する要領で行う。図(b)は、ディバイダの軸足を交互に変えて同じ間隔の取り方を示したものである。

8）鉛筆の削り方と心の研ぎ方

鉛筆の心の太さは、9H～Hの心が1.8mm以上、F・HBが2.0mm、B～6Bが2.2mm以上と規格で決められている。

製図で使用する線の太さは、それらより細いので希望の太さの線が引けるように心の先端を研がなければならない。**図1.12**は、鉛筆の削り方と心の研ぎ方を、文字用・線引き用・コンパスによる円弧用のそれぞれにわけて図示したものである。

ドライバ形の心、コンパスの心では、**図1.13**のように心研器のやすりを使って形を整え、ならし紙で心の表面のやすり目をならして希望の太さに調整する。

なお、シャープペンシルを使用する場合は、線の用途に従って心の太さを選択する。

9）墨入れのし方

墨入れには、カラス口を使って行う本格的なものと、各種の太さをそろえた製図用万年筆による方法があり、一般には製図用万年筆が多く用いられている。製図用万年筆は線の太さに応じてペン先の太さが異なるので、数本用意しておく。円や円弧を描くには、軸をはずして継手器具でコンパスに取り付けて使用する（**図1.14**）。

まとめ

① 製図用機器などには、製図板、製図機械、製図器具、製図用紙、製図用テープなどがある。
② 水平線は左から右に、垂直線は下から上に、右上がり斜線は左下から右上に、右下がり斜線は左上から右下に引く。
③ 描き出す線は、描き込む線より有利である。
④ 器具製図は、製図器具の基本的な使い方を練習して体得することが大切である。

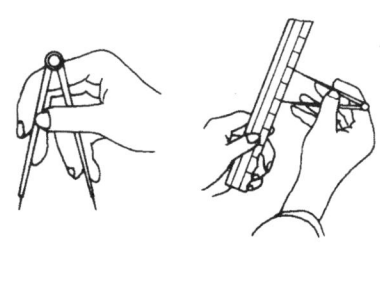
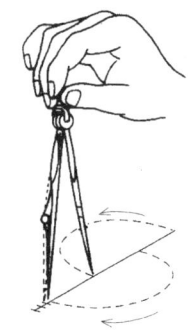

(a) 寸法の取り方　　　　　　　(b) 同じ間隔の取り方

図1.11　ディバイダ

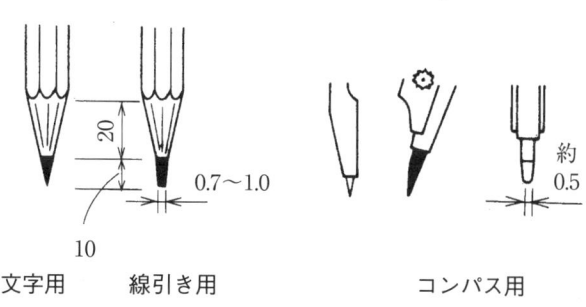

文字用　　線引き用　　　　　　コンパス用

図1.12　用途に応じた心の形

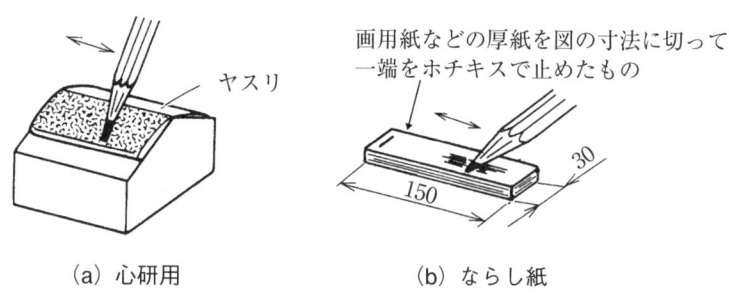

(a) 心研用　　　　　　(b) ならし紙

図1.13　心の研ぎ方

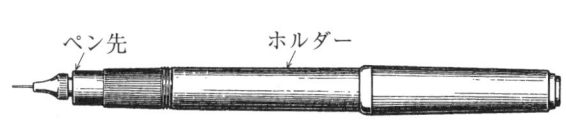

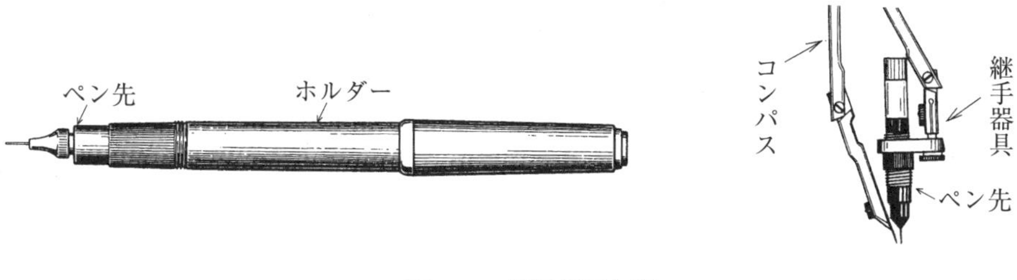

図1.14　製図用万年筆

1.3 図面と製図用紙

> **チェックポイント**
> ① 機械製図で図面というと、普通、製作図を指す。
> ② 最初に描く図面で原図のもとになる図面を元図という。
> ③ 製図用紙はA列サイズを用いる。
> ④ 図面の大きさは、その明瞭さを保つことができる範囲で、なるべく小さい図面を選ぶようにする。

本書の冒頭に「ものづくりは、図面を描くことからはじまる」と書いた。

一般には、どのようなものを作るか「構想図」から入って、具体的にこのようなものをという「計画図」が持ち込まれ、次に具体的に製作するための「製作図」に移っていくことになるであろう。

このように、図面は、用途、内容、表現形式からいろいろな呼び名がある。

また、製図用紙のサイズや図面の様式には、JIS規格があり、この規定を知っておく必要がある。

（1）図面の種類

先に示した図1.1は、配置図と呼ばれるもので、工場ではボイラや機械を据え付けるときに必要になる。また、図1.2は説明図と呼ばれるもので、構造、機能、性能などを説明するもので、図では組立の説明に用いられている。

このように図面にはいろいろなものがあるが、用途では、品物を製作するための製作図が一般的で、図面というと製作図を指すことが多い。

製作図を内容から分類すると、総組立図、部分組立図、部品図などとなる。

図面管理の立場から図面の形式を分類すると、部品図の様式には、一品一葉図面と多品一葉図面などがある。一品一葉図面は、一つの部品を1枚の図面に描く形式で、部品の製作、重量計算、原価計算、図面管理などに便利である。多品一葉図面は、多くの部品を1枚の図面に描く形式で、部品相互の関係がわかりやすく、学校などで製図の課題としてよく利用されている。

つぎに、図面を性質から分けると次のようになる。

1）元　図

最初に描く図面で、原図のもとになる図面。通常は白紙のケント紙や方眼紙などに鉛筆で描くことが多い。

2）原　図

元図から起こした図面。複写図の原紙となる。元図にトレース紙を重ねて透写することが多い。しかし、省力化のために元図を使わず、直接トレース紙に描くこともある。

複写をしばしば行うと原図が損傷するので、複写専用に原図から複写した第2原図を用いることがあり、この場合、もとの原図を第1原図という。

3）複写図

原図から複写によって作られた図面。青地に線や文字が白抜きとなった青写真（青図ともいう）、白地に線や文字が黒、紫となった白写真（陽画紙ともいう）とがある。通常、工場で目にするのは、この複写図である。

（2）製図用紙

図面のマイクロフィルム撮影、縮小または拡大、複写などが手軽に行えるようになって、一番困るのは元の大きさ（原寸）がわからなくなることである。

マイクロフィルムから引き伸ばした図面や、何回も複写した図面は、尺度の明示だけでは形状がつかめない場合がある。

そのため、「製図－製図用紙のサイズおよび図面の様式」（JIS Z 8311：1998）は、図面の大きさや輪郭、表題欄（後述）など、図面に設ける様式を**図1.15**のように規定して、製図の国際化を図るとともに、汎用化・利便性に対応している。

図の中で、必須事項は必ず設けなければならないものであり、非必須事項は設けることが望ましいとするものである。図1.15の各事項は、製図用紙に盛り込むと**図1.16**のよう

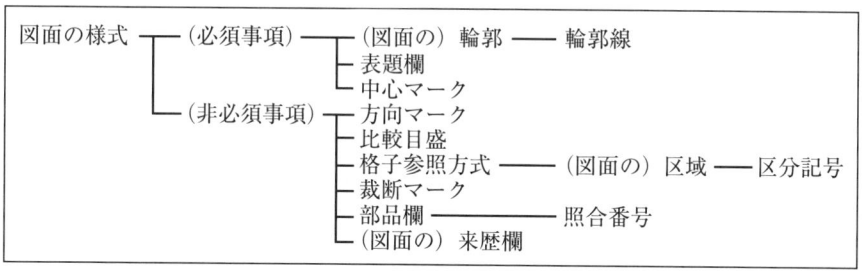

図1.15 図面に共通的に盛り込む事項

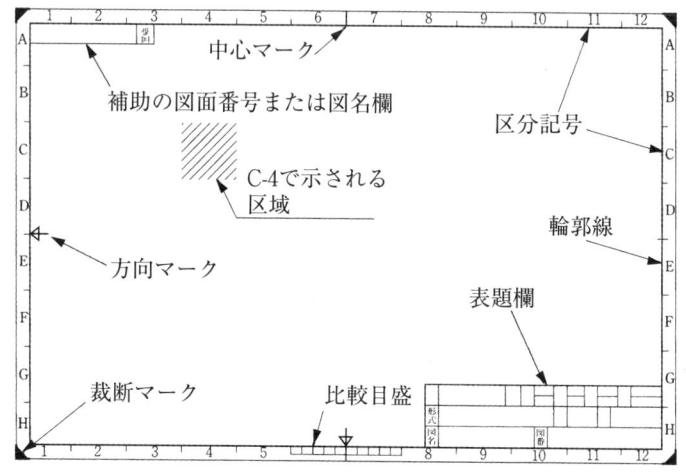

図1.16 製図用紙に盛り込む事項

になる。

1）用紙サイズの選び方

　原図には、必要とする明瞭さおよび細かさを保つことができる最小の用紙を用いるのがよい。

　原図および複写図のサイズは、**表**1.3に示すシリーズから表の優先順に選ぶ。

　先ず、A列サイズ（第1優先）から選ぶ。特に長い用紙が必要なときは特別延長サイズ（第2優先）から選んでもよい。これらのサイズは、A列サイズの短辺を整数倍した長さに延長して長辺としたものである。船舶・車両のように左右に長い図形は、非常に大きな用紙または例外的に延長した用紙が必要になる。このような場合には例外延長サイズ（第3優先）から選ぶ。

　表の a は短辺を、 b は長辺をそれぞれ表す。

2）製図用紙の配置

　製図用紙の配置は、長辺を横方向（**図**1.17および**図**1.20）、または縦方向（**図**1.18および**図**1.19）のいずれにしてもよい。図の説明に使っているX形は、長辺の右下に表題欄を配置した図面、Y形は短辺の右下に表題欄を配置した図面をいう。

3）製図用紙に設ける必須事項

　（a）輪郭線

　図面には、図1.17および図1.18に示すように、太さ0.5mm以上の輪郭線を設けることを義務付け、輪郭の大きさ c、および用紙を閉じる場合、用紙の輪郭 d は、**表**1.3に示すとおりとする。用紙を綴じない場合の輪郭 d は c と同じ値である。

　（b）表題欄

　図面には、その右下隅に表題欄を設け、図面の管理上必要な事項（例えば、図面番号・図名・企業（団体）名・責任者の署名・図面作成年月日など）、図面内容に関する定形的な尺度・投影法などの事項をまとめて記入する。

　表題欄の位置は、用紙の長辺を横方向にしたX形（図1.17）、または長辺を縦方向にしたY形（図1.18）のいずれにおいても図を描く領域内の右下隅にくるようにする。

　表題欄の見る向きは、通常、図面の向きに一致するようにする。

　ただし、印刷された製図用紙では、用紙の節約のために、X形用紙を縦に（図1.19）、Y形用紙を横に（図1.20）用いてもよい。

　図面番号、図名など図面を特定する事項は、表題欄のなかで最も右下に設け、その長さは170mm以下とする。また、便宜のために補助の図面番号欄（または図名欄）を、表題欄以外の適当な場所（一般には図面の正位からみて左上隅）に設けることができる（図1.16）。

　（c）中心マーク

　複写またはマイクロフィルム撮影の際の図面の位置決めに便利なように、第1および第2優先のサイズのすべての図面に、4個の中心マークを設けなければならない（**図**1.21）。

　中心マークは、裁断された用紙の2本の対称軸線の両端に、用紙の端から輪郭線の内

1.3 図面と製図用紙

表1.3 製図用紙の大きさと図面の輪郭

(単位:mm)

A列サイズ 第1優先		特別延長サイズ 第2優先		例外延長サイズ 第3優先		c (最小)	d (最小)	
呼び方	寸法 $a \times b$	呼び方	寸法 $a \times b$	呼び方	寸法 $a \times b$		とじない場合	とじる場合
A0	841×1189			A0×2①	1189×1682	20	20	
				A0×3	1189×2523②			
A1	594×841			A1×3	841×1783			
				A1×4	841×2378③			
A2	420×594			A2×3	594×1261			20
				A2×4	594×1682			
				A2×5	594×2102			
A3	297×420	A3×3	420×891	A3×5	420×1486	10	10	
		A3×4	420×1189	A3×6	420×1783			
				A3×7	420×2080			
A4	210×297	A4×3	297×630	A4×6	297×1261			
		A4×4	297×841	～×9	～×1892			
		A4×5	297×1051					

注) ① このサイズは、A列の2A0に等しい。
② このサイズは、取扱上の理由で使用を推奨できない。
③ 表の a, b, c, d は図1.17、図1.18を参照。

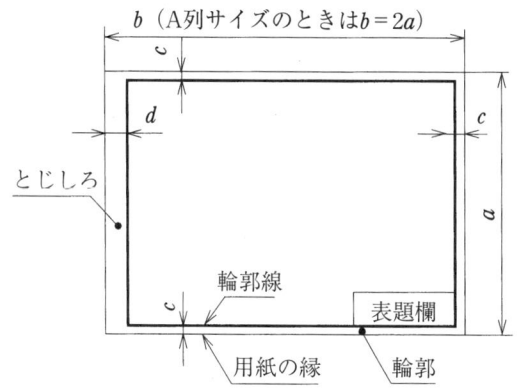

図1.17 長辺を横方向にしたX形用紙

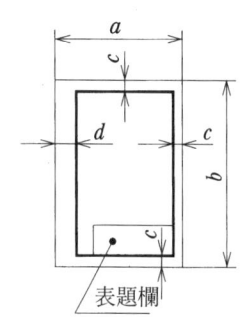

図1.18 長辺を縦方向にしたY形用紙

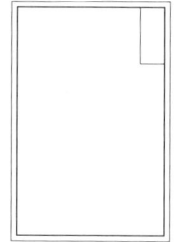

図1.19 長辺を縦方向にしたX形用紙

図1.20 長辺を横方向にしたY形用紙

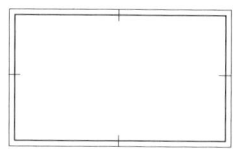

図1.21 中心マーク

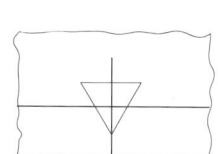

図1.22 方向マーク

側約 5 mmまで、最小0.5mmの太さの直線を用いて施す。中心マークの位置の許容差は、±0.5mmとするのがよい。

　第3優先のサイズの図面は、1こま（駒）でマイクロフィルム撮影するためには大きすぎるので、図面の長辺上で、マイクロフィルム撮影する各分割画面の中央位置に中心マークを追加する必要がある。分割画面からの図面の復元を容易にするために、分割するこま（駒）の数は、分割画面に十分な重なりを生じるように選ぶのがよい。図面番号は、各分割画面に現れるようにし、必要に応じて、分割画面の番号をその後に続ける。

4）製図用紙に設ける非必須事項
（a）方向マーク

　製図板上の製図用紙の向きを示すために、2個の方向マークを設けてもよい。方向マークには、矢印を用い（**図1.22**）、製図用紙の一つの長辺側に1個、一つの短辺側に1個、をそれぞれの中心マークに一致させて、輪郭線を横切って置くのがよい。方向マークの一つが、常に製図者を指すようにする（**図1.23**）。

（b）比較目盛

　すべての図面上に、長さが最小100mm、目盛の間隔が10mmの数字の記載がない比較目盛を設けることが望ましい。比較目盛は、輪郭内で輪郭線に近く、なるべく中心マークに対称に、幅は最大 5 mm、目盛線の太さは0.5mmで描く（**図1.24**）。

（c）格子参照方式

　詳細図示の部分、追記、修正などの、図面上の場所を容易に示すために、すべてのサイズの図面に格子参照方式を設けることが望ましい。

　表示にあたっては、つぎのように行う。

① 図面の区域の数　図面の長辺および短辺を偶数個に区分し、1区分の長さは図面の大きさに応じて 25mmから75mmの間の適切な長さとする。

② 区分線の位置および大きさ　太さ0.5mmの直線とし、図面の輪郭線に接してその外側に設ける。

③ 区分記号　図面の正位の状態で、左上隅から横の辺に沿って順に、1、2、3、……のアラビア数字、縦の辺に沿って順にA、B、C、……のアルファベット大文字の記号を付ける。アルファベットがA～Zを越えた場合は、AA、BB、CC、……と続ける。相対する辺には、同じ区分記号を付ける。

④ 区分記号の位置　用紙の縁から5mm以上離して、輪郭線に近い外側に設ける。

　図1.16に、格子参照方式の例を示す。図のC-4は、図面の区域の表示例を示したもので、斜線部が該当する。

（d）裁断マーク

　複写した図面を裁断する場合の便宜のため、**図1.25**に示すような裁断マークを、裁断された用紙の4隅の輪郭内に付けてもよい。裁断マークは、図(a)のように2辺の長さが約10mmの直角二等辺三角形にしてもよい。しかし、多くの自動裁断機では三角形の場合、不都合が生じるかもしれないので、その場合には、図(b)のように、マークは太さ2

1.3 図面と製図用紙

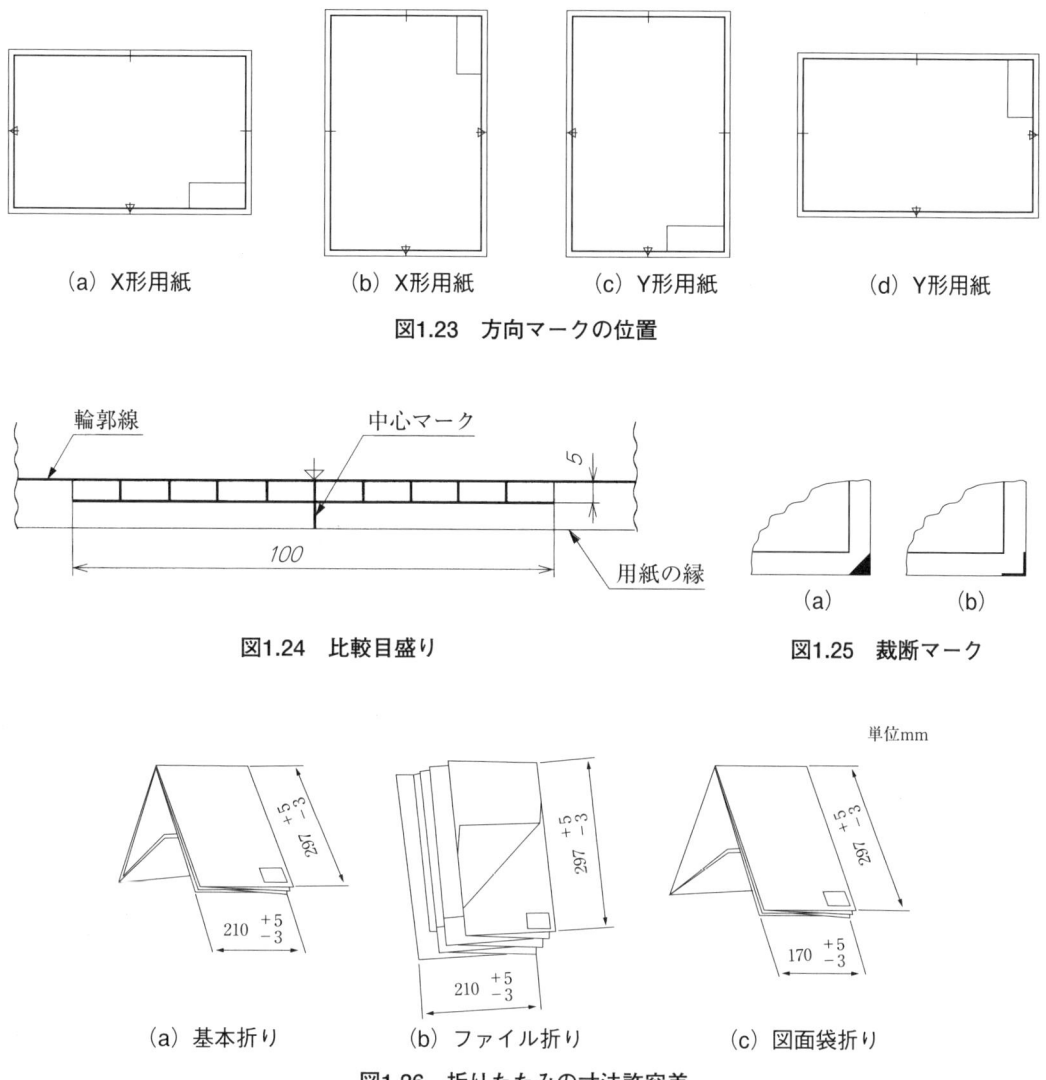

(a) X形用紙　　(b) X形用紙　　(c) Y形用紙　　(d) Y形用紙

図1.23　方向マークの位置

図1.24　比較目盛り

図1.25　裁断マーク

(a) 基本折り　　(b) ファイル折り　　(c) 図面袋折り

図1.26　折りたたみの寸法許容差

mmの2本の短い直線にするのがよい。

（e）図面の来歴表

必要な場合には、図面の改訂、変更などの経過を来歴表として図面の適当な箇所に設けることができる。

（3）複写図の折り方

「製図－製図用紙のサイズおよび図面の様式」（JIS Z 8311：1998）の付属書に、A0〜A3の大きさの複写した図面および関連文書（以下、複写図という）を、A4の大きさに折りたたむときの標準的な折り方が示されている。

原図は、折りたたまないのが普通である。原図を巻いて保管する場合には、その内径は40mm以上にするのがよい。

複写図の折り方は、基本折り、ファイル折り、図面袋折りの3種類がある。**図1.26**は、各折り方の折りたたみの寸法許容差を示す。

また、**図1.27**は、基本折りの方法を示したものである。

折り方については、次のことを考慮する。

① 折り方の呼び方は、「JIS　基本折り　A0」と示すように、JISの後に折り方の種類、用紙のサイズを順に記述する。

② とじ穴は、**図1.28**のように3種類とする。

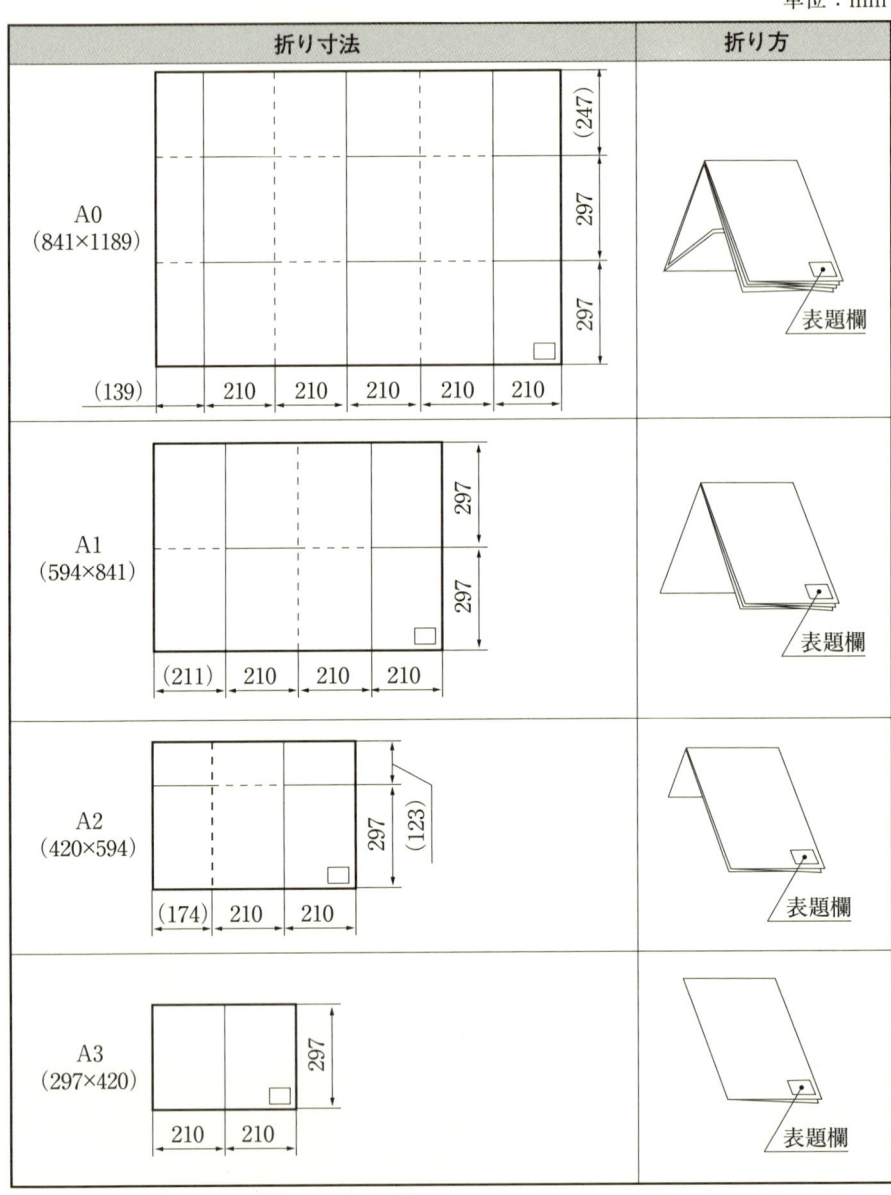

図1.27　基本折り

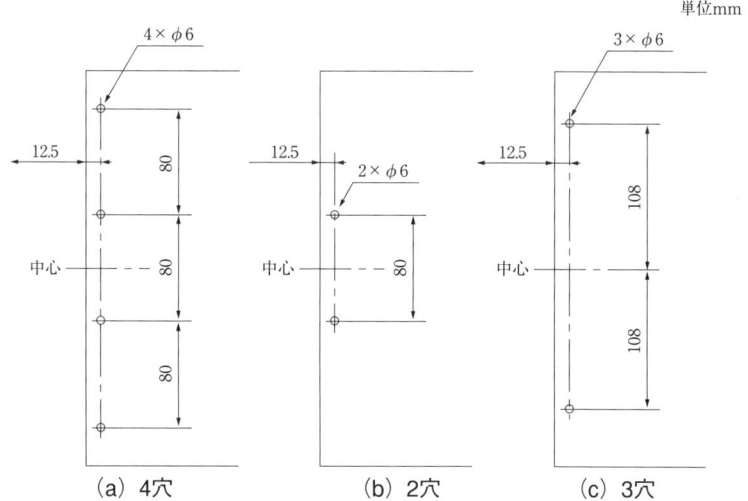

備考　とじ穴の寸法は、JIS Z 8303（帳票の設計基準）の 10.2（とじ穴）(1) を参照。

図1.28　とじ穴の寸法

③　図面の表題欄は、すべての折り方について、最上面の右下に位置して読めるようにしなければならない。

④　折りの手順は、特に定めない。

⑤　基本折りに、とじ代の部分（みみ）を付け加える場合には、とじ代の部分の幅を含み、最大230mm×297mm（A4の幅＋20mm）とする。

（4）製図に用いる尺度

図面の大きさは、取扱いおよび保存を考えるとできるだけ小さいほうが便利である。したがって、図の明瞭さを保つことができる範囲で、なるべく小さいものを選ぶようにする。

製図に用いる図面の大きさは、最も大きくてA0（縦841×横1,189mm）である。車両、船舶、建物などは、縮小して表さなければとてもA0にすら描けない。また時計、カメラ、電子機器などの部品は、拡大して表さなければA4（縦210×横297mm）の大きさでもあまってしまう。

このように、対象物の実際の大きさを、拡大、または縮小して図面に表したときのもとの長さに対する図面上の長さの比を尺度という。

尺度の表し方は、製図「尺度」(JIS Z 8314：1998) に規定があり、これは、以前の "分数" で尺度を表していた方法を、地図尺度と同じように、つぎに示す "比" で尺度を表す方法に改めたものである。

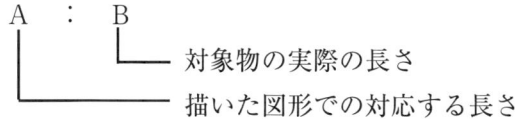

なお、実際の大きさをそのまま描く、A：B＝1：1の場合を現尺、200倍に拡大する、すなわち、A：B＝200：1のようにB＝1として表す場合を倍尺、10分の1に縮小する、すなわち、A：B＝1：10のように、A＝1として表す場合を縮尺という。**表1.4**は、JIS規格で規定する推奨尺度である。

尺度は、表題欄に記入する。なお、同一図面にほかの異なった尺度を用いるときには、必要に応じて、尺度を変えた図の近くに適用した尺度を記入する。

表1.4 推奨尺度

種別	推奨尺度					
現尺	1：1					
倍尺	50：1　20：1　10：1　5：1　2：1					
縮尺	1：2	1：5	1：10	1：20	1：50	1：100
	1：200	1：500	1：1000	1：2000	1：5000	1：10000

（JIS B 0001：2000による）

まとめ

① 原図および複写した図面の仕上がり寸法は、A0～A4の大きさである。
② 原図には、必要とする明瞭さおよび細かさを保つことができる最小の用紙を用いる。
③ 対象物が大きいものは縮小して描き、対象物が小さいものは拡大して描く。このときの尺度は、推奨値を採用する。
④ 図面には、輪郭線、中心マークおよび表題欄を必ず設ける。

1.4 投影法

> **チェックポイント**
> ① 機械製図では、投影法は第三角法を用いる。
> ② 第三角法による正しい配置に描けない場合、または、図の一部が第三角法による位置に描くとかえって図形が理解しにくい場合には、第一角法または相互の関係を矢印と文字を用いた矢示法により描く。

(1) 製図に用いる投影法

投影法には、大きく分けて平行投影と透視投影とがあり、機械製図では、平行投影による投影法を用いることになっている。

(a) 平行投影

対象物と視点とを結ぶ直線(視線)を投影線といい、無限の距離から対象物をみると、それぞれの投影線は図1.29のように平行であると考えられる。このように平行な投影線による投影法を平行投影という。

そして、投影線によって対象物を写し出す面を投影面、その投影面に写し出された図を投影図という。

ここで大切なことは、投影線に垂直な投影面に写し出す投影法を正投影、投影線に垂直ではない投影面に写し出す投影法を斜投影といって区別していることである。

図1.29は、正投影による例として図示したものであるが、対象物$ABCD$に対して、投影面が視点側にある場合(記号PL_1)、と視点の反対側にある場合(記号PL_2)とがあり、それぞれの投影図$A'B'C'D'$、および$A''B''C''D''$は、形は同じであるが、投影図の位置が対象物の視点側と視点の反対側であり、後に説明する第三角法、第一角法に関係する重要なところである。

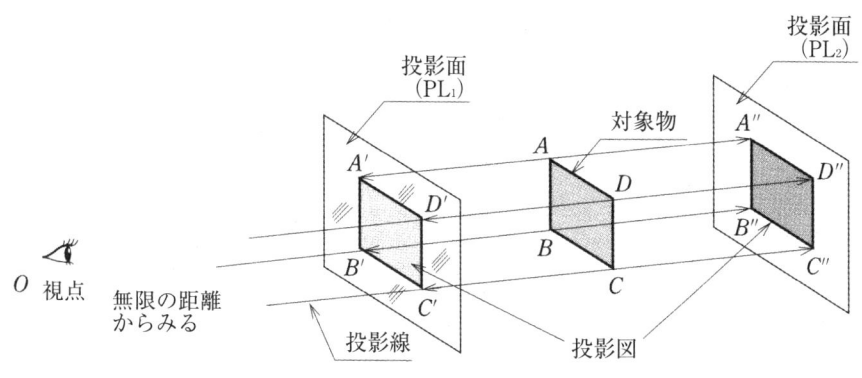

図1.29 平行投影

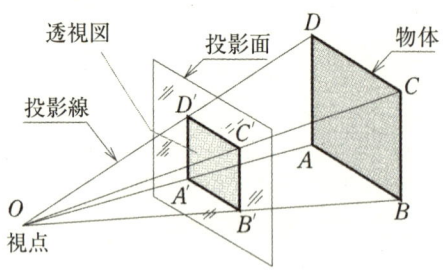

図1.30　透視投影

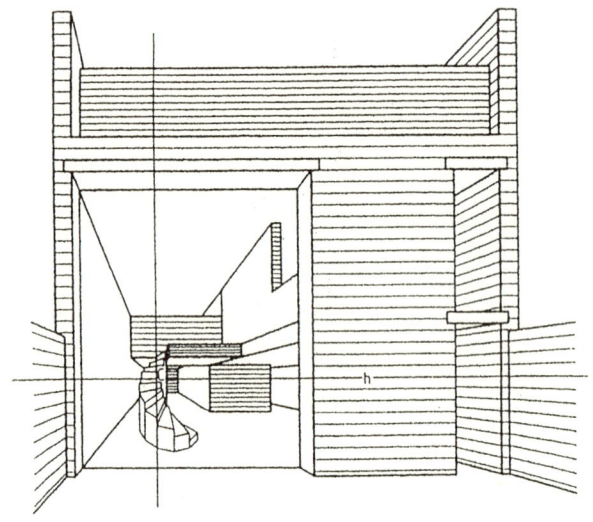

図1.31　一点透視投影法による建物の作図例

　（b）透視投影

　近い視点から対象物を見ると、**図1.30**に示すように、投影線は視点から放射状に広がり、対象物$ABCD$の前方にガラス板（投影面）を置くと、投影図$A'B'C'D'$が写し出される。このような投影法を透視投影と呼び、得られる投影図を透視図と呼んでいる。

　透視投影は、**図1.31**に示すように、対象物を眼に見えるように表現できるので、しばしば建築関係の製図に使用される。図は、一つの視点から見た一点透視投影法による建物の作図例である。

（2）正投影図のかき方

　製図では、品物の形状を厳密に、かつ正確に定義する方法として正投影が用いられる。一般の品物は、一つの投影面に描き出した投影図だけで形状を表すことは不可能であって、いくつかの投影面を設定して正投影による図形を描き、これらを組み合わせることによって、品物を平面上に正確に図示することが行われる。これが正投影図である。

　それでは、実際に品物の形状を投影面上に描いてみよう。

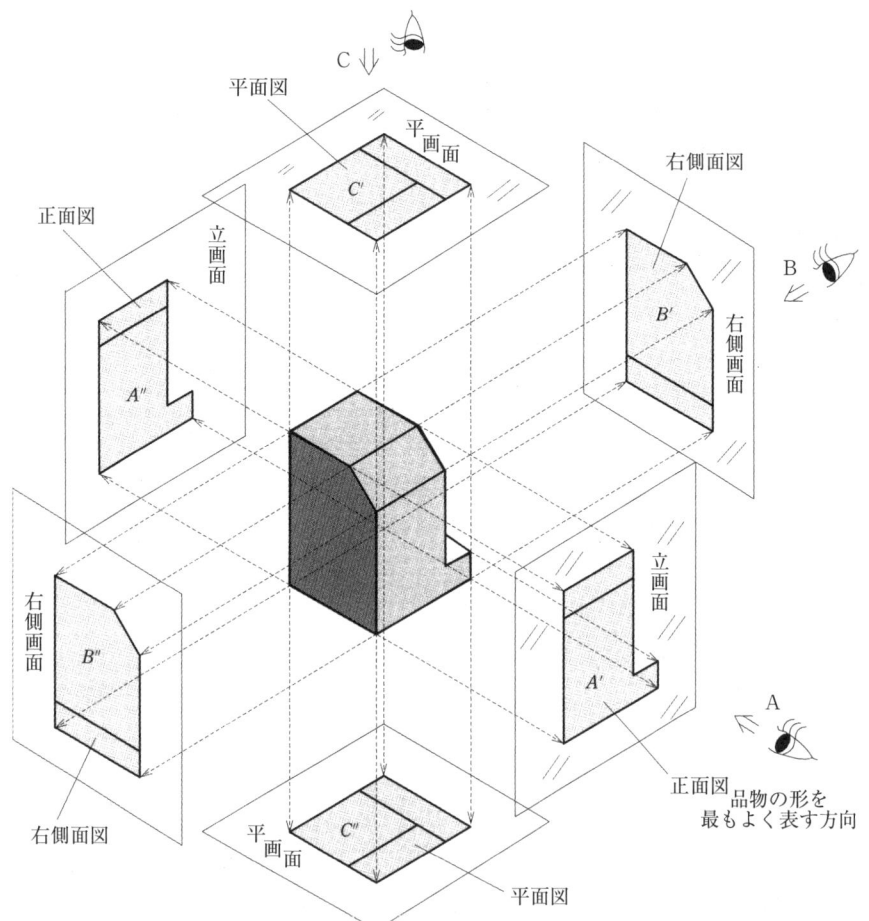

図1.32　正投影図のかき方

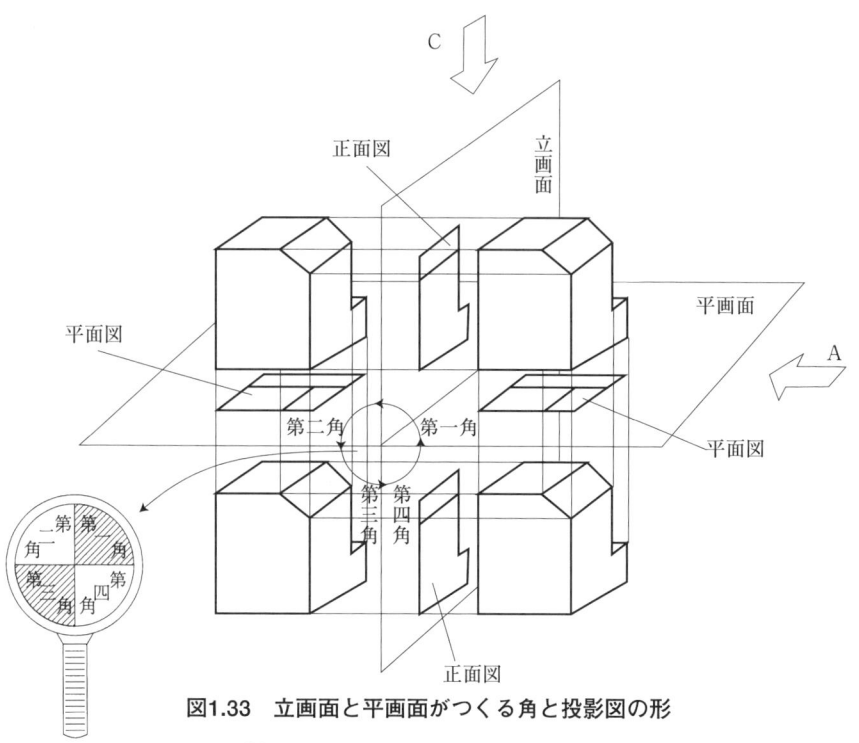

図1.33　立画面と平画面がつくる角と投影図の形

図1.32は、正投影図のかき方を示したものである。まず、品物の形状を最もよく表す面を選んで正面に置き、これを A 方向とする。A方向から正投影により映し出す投影面を立画面といい、写しだされた投影図A'、A''を正面図（立面図）という。つぎに、品物の右側から見る場合をB方向とし、この投影面を右側画面（左から見たときは左側画面）といい、写し出された投影図B'、B''を右側面図という。さらに、品物を上からみて写し出す場合をC方向とし、この投影面を平画面といい、写し出された投影図C'、C''を平面図という。このように、正投影図は、正面図、側面図（右側）、および平面図の3投影図をもって表すのが一般的である。

図1.33は、正面図を写し出す立画面と、平面図を写し出す平画面とによって空間を90°ずつの四つの区域、すなわち第一角、第二角、第三角、および第四角（これらは、第1象限、………、第4象限ともいう。P6 図1.4参照）に分けた状態を表す。

表1.5は、図1.33に示した投影図が第一角～第四角の正面図および平面図のどの部分に相当するかを示したものである。第一角では、正面図A''、平面図C''であり、いずれも品物の後方に投影図を見ることになる。また、第三角では正面図A'、平面図C'であり、ちょうど図1.32で品物の手前に投影図を見ることになる。そして、第二角、第四角では品物の手前に投影図を見る場合と後方に投影図を見る場合とが混在していることがわかる。

このように、第三角に品物を置いて正投影図を描く方法を**第三角法**、第一角に品物を置いて正投影図を描く方法を**第一角法**という。

また、第一角法や第三角法の厳密な形式にとらわれないで、見た方向を矢印で示し、自由な位置に投影図を置く方法を**矢示法**という。

機械製図（JIS B 0001：2000）では、投影図は第三角法によることを規定している。ただし、紙面の都合などで、投影図を第三角法による正しい配置に描けない場合、または図の一部が第三角法による位置に描くと、かえって図形が理解しにくくなる場合には、第一角法または矢示法を用いてもよいことになっている。

1）第三角法による各投影図の配置と特徴

図1.34は、第三角に品物を置いて各投影図を描き、一平面上に投影図を展開する様子を表している。

JIS規格では、第三角法による各投影図の配置を図1.35のようにすることを規定している。

実際の製図にあたっては、図1.35の投影図 A'～F'の中から、品物の形状をすべて表し、他の投影図と表示が重ならない最少の図面数を選び出して、正面図を中心に図1.35のように配置する。そして図面の表題欄またはその近くに図1.36に示すような第三角法の記号を示す。

第三角法の特徴は、図1.34の図示から明らかなように、見たままの図面を見たままのところに配置するので、実際の形状がつかみやすく、したがって、製作上誤りが少ないということである。

1.4 投影法

表1.5 角と投影図の種類

角	正面図	平面図
第一角	A''	C'''
第二角	A'	C'''
第三角	A'	C'
第四角	A''	C'

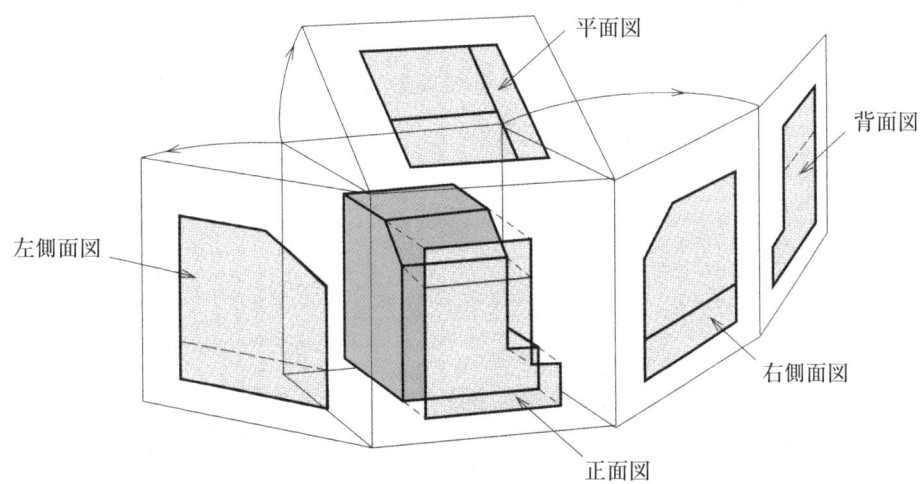

図1.34 第三角法による投影図の展開

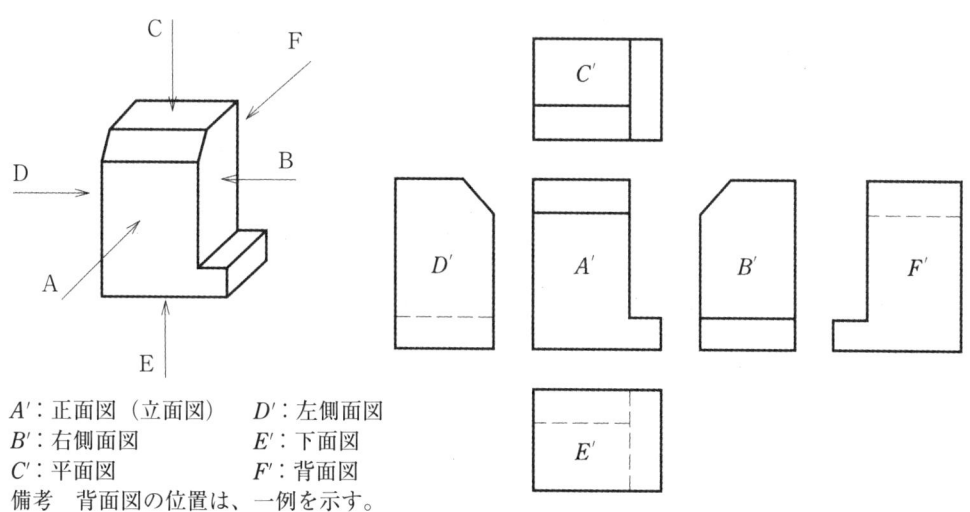

A'：正面図（立面図）　D'：左側面図
B'：右側面図　　　　　E'：下面図
C'：平面図　　　　　　F'：背面図
備考　背面図の位置は、一例を示す。

図1.35 第三角法による各投影図の配置

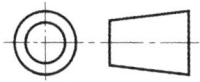

図1.36 第三角法の記号

31

2）第一角法による各投影図の配置

図1.37は、第一角に品物を置いて投影図を図示したものである。図でA''は正面図、B''は右側面図、C''は平面図を示している。

第一角法による正投影図は、正面図を中心にして右側面図と平面図とを、それぞれ矢印の方向に90°回転し、**図**1.38のように配置する。その他の第一角法による投影図も含めて、正投影図の配置を図示すると**図**1.39のとおりである。図面の表題欄またはその近くに**図**1.40に示すような第一角法の記号を示す。

3）矢示法による各投影図の配置

矢示法は、見た方向を矢印で示し、主投影図に対して自由な位置に投影図を配置する方法である。

主投影図以外の投影図は、その投影方向を示す矢印と識別のために大文字のローマ字で指示する。指示された投影図は、**図**1.41に示すように、主投影図に対応しない位置に配置してもよく、投影図を識別する大文字のローマ字は、関連する投影図の真下か真上のどちらかに置く。1枚の図面の中では、参照は同じ方法で配置する。

まとめ

① 第三角法の特徴は、見たままの図面を見たままのところ（対象物の手前）に配置するので、実際の形状がつかみやすいことである。

② 紙面の都合で第三角法では正しい配置に描けない場合、または、第三角法で描くとかえって図形が理解しにくくなる場合には、第一角法または矢示法を用いてもよい。

③ 実際の製図に当たっては、品物の形状をすべて表し、他の投影図と表示が重ならない最少の投影図を選び出して、正面図を中心に配置する。

図1.37 第一角法

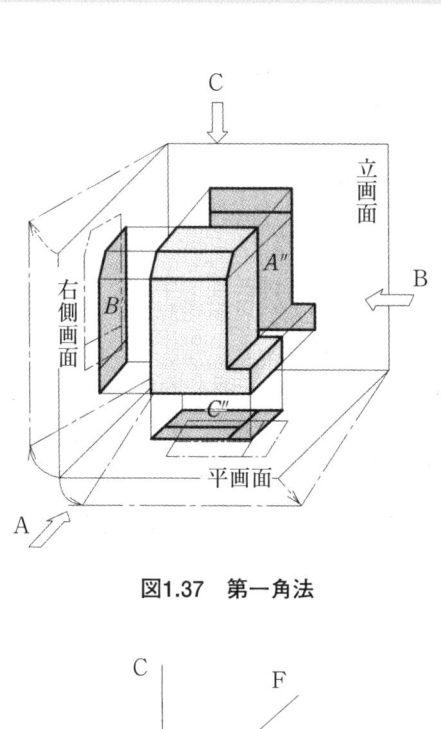

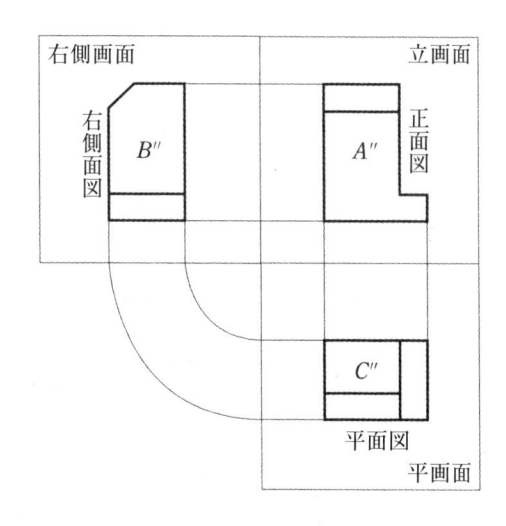

図1.38 第一角法による正投影図

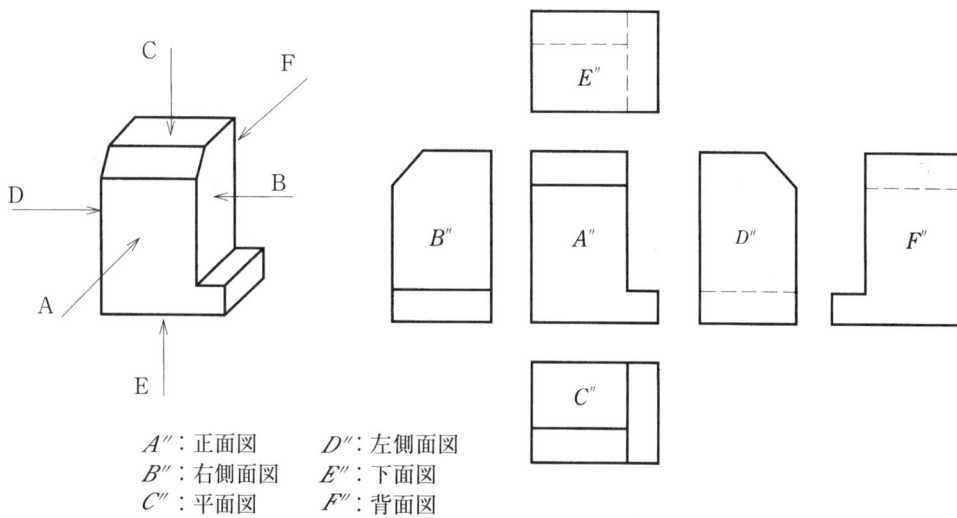

A''：正面図　D''：左側面図
B''：右側面図　E''：下面図
C''：平面図　F''：背面図

図1.39 第一角法による各図の配置

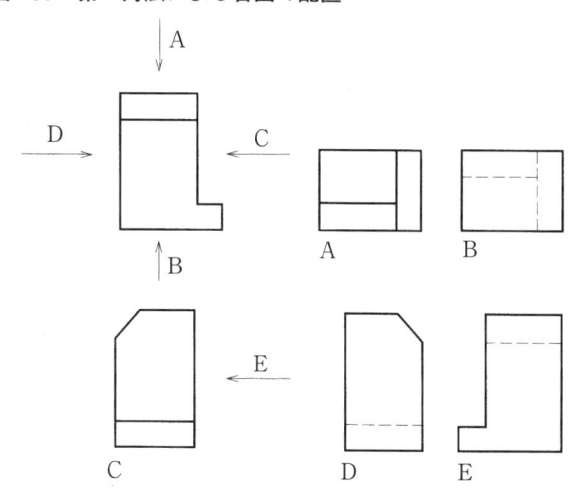

図1.40 第一角法の記号

図1.41 矢示法による投影図の配置の例

1.5 立体図の描き方

> **チェックポイント**
> ① 単一の平面上に表した対象物の平行投影を軸測投影という。
> ② 平行投影または透視投影で平面上に表した対象物の立体図（三次元像）を絵画的表現という。
> ③ 製図に用いられる軸測投影は等角投影、二等角投影、斜投影である。

軸測投影は、図1.42に示すように、対象物を一つの平面に映し出す平行投影である。正投影とは異なり、2～3面が同時に現れるため、立体図として対象物の概略が理解しやすい。一つの図例によって、対象物を絵画的にわかりやすく図示する絵画的表現は、図1.2のように、カタログなどの説明図や組立の順序を示す図などに広く用いられている。軸測投影による投影図の描き方について、共通事項をあげると以下のとおりである。
① 座標軸の方向は、条件に従って、その一つ（Z軸）が垂直になるように選ぶ。
② 対象物は、その主要な面、軸、りょう（稜）線を座標面に平行に置く。
③ 軸対象物は、必要がなければ半分は描かない。
④ 隠れた輪郭やりょう線は省略するのが望ましい。
⑤ 切断面または切り口を表すハッチングは、切断面または切り口の軸および輪郭に対して45度の角度で描く（図1.43(a)）。座標面に平行な面にハッチングを入れるときは、図1.43(b)のように座標軸に平行に描く。
⑥ 軸測投影で表示する場合には、通常、寸法記入を省略する。特殊な理由によって寸法記入が必要であると考える場合には、正投影図の場合と同じ規定に従う（図1.47参照）。

立体図の描き方として、軸測投影のうち、製図に推奨されている等角図、二等角図と斜投影のうちのキャビネット図のかき方を説明する。

（1）等角投影図の描き方

品物を図1.44(a)に示すように傾けてみると、幅・奥行・高さが現れて立体的に形状をつかむことができる。図1.44(b)は、この品物をABを水平線に対して垂直に、AB・AC・ADは互いに120°になるように傾けて等角投影した図で、AB・ACなど各辺の寸法を実長に等しくとったものを等角図という。

図1.44(b)においてAB・AC・ADの3直線は、等角図を描くときの基準となるもので等角軸と呼んでいる。

ここで、図1.45をもとに、等角図の作図順序を示そう。
① 等角軸の位置を決め、等角軸をかく（傾斜部分に注意）。
② 底辺から台の高さを取り、等角軸に平行に斜線を引く。
③ 底辺の寸法を取り、高さ方向にも寸法を取って全体の形を描く。また、斜面の下

1.5 立体図の描き方

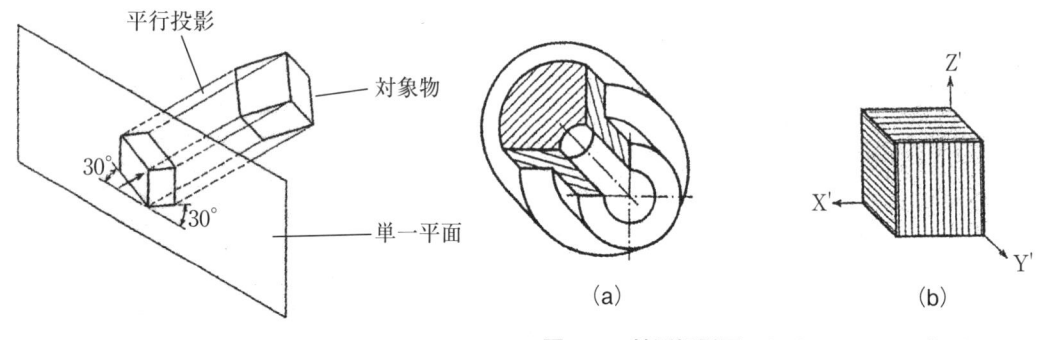

図1.42 軸測投影

図1.43 軸測投影図におけるハッチングの例

図1.44 等角図

① 等角軸をかく

② 台の高さを取り等角軸に平行線を引く

③ 台の垂直のふちを取り、また、斜面の下方の点 A' を取る。

④ 傾斜部を完成させる

⑤ 不要な線を消し、外形を太くかいて完成させる。

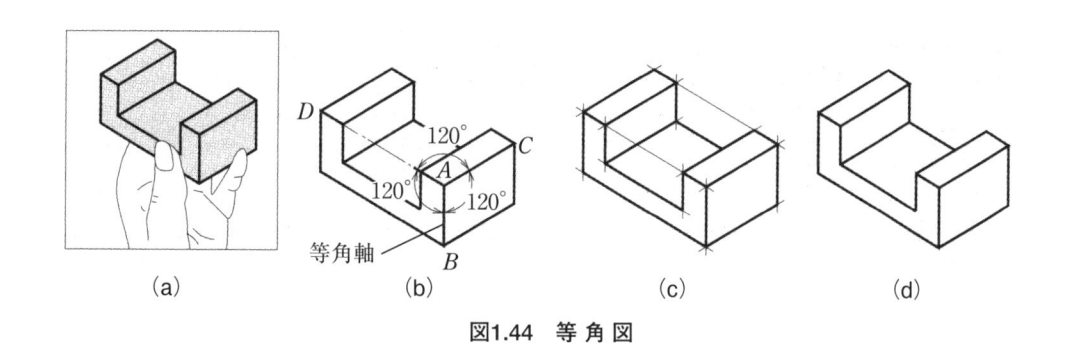

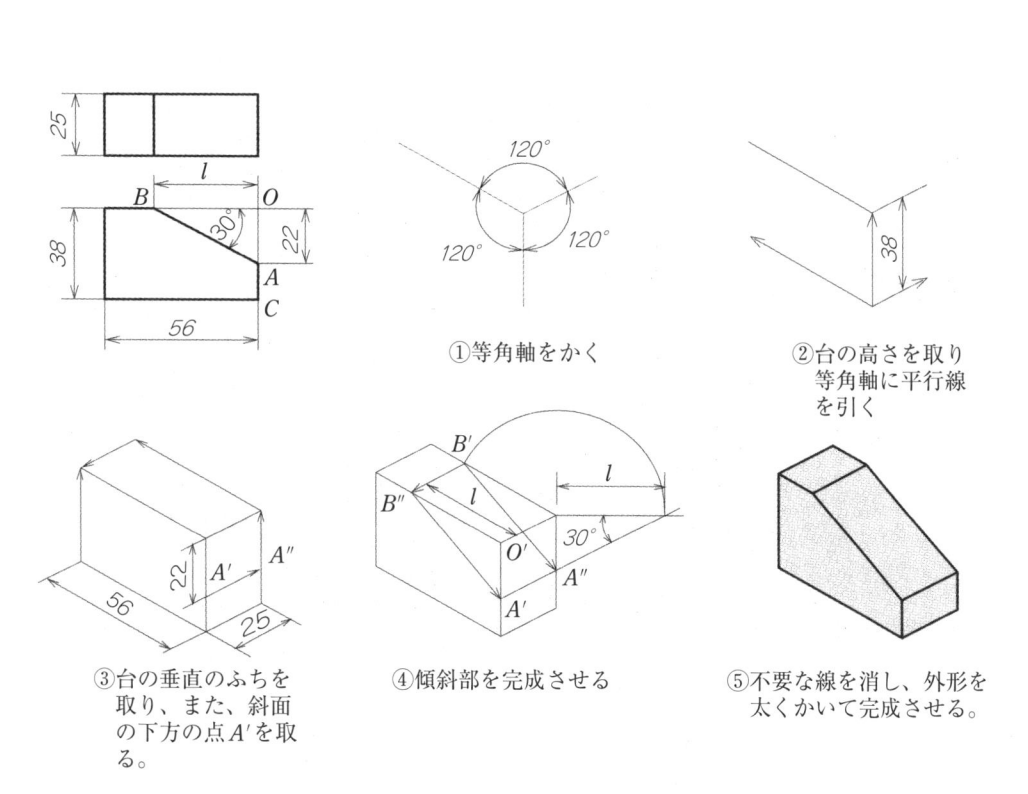

図1.45 等角図のかき方

方の点A'を取り、底辺に平行に$A'A''$を取る。

④　傾斜部の上方の点B'を求め、台の縁に平行に直線$B'B''$を引く。さらに、B'からA''へ、B''からA'へ直線を引き、傾斜部を完成させる。

⑤　不要な線を消し、外形を太く、はっきり引けば完成である。

図1.46は、例として立方体の等角図を、図1.47は、一般の場合の等角図の寸法記入例を示す。立体図への寸法記入は、正投影図の寸法記入法に従うもので、第2章で詳しく述べる。

（2）二等角投影図の描き方

二等角投影は、対象物の主要な面の形状が特に重要な場合に使用される。

二等角投影図における三つの座標軸の例を図1.48に示す。三つの座標軸の比率は、$u_{x'}:u_{y'}:u_{z'}=1/2:1:1$である。図の角度$\alpha$は7度、$\beta$は42度である。

図1.49は、立方体の2等角投影図の例である。図は、$a:b:c=1/2:1:1$であり、$\alpha=7°$、$\beta=42°$に取って描いたものである。

（3）キャビネット図のかき方

斜投影法は、投影線が互いに平行な平行投影法の一つであるが、投影面が投影線に対して斜めによぎる投影法であった。この投影法では、投影線と投影面とのなす角により、投影図の奥行と対象物の奥行との比が定まる。

図1.50は、立方体を立体的に表すために、水平より60°、45°、30°傾けて、奥行を表したもので、奥行きの線の傾きは、三角定規で取りやすく、品物の形状を表すのに最も都合のよい角度とする。

ここで、線の長さは、$A:B:C=1:1:1$である。

ところで、実際の形状に近い図示法を求めるため、図1.51に示す実験をしてみる。図1.51（a）～（c）のうち、どの長さが実際に自然にみえる奥行といえるであろうか。明らかに、図1.51（c）が最も自然にみえる形状であるといえる。

このように、奥行の傾きを45°、奥行の長さを実寸の1/2として描いた斜投影図を、キャビネット図という。なお、図1.51（a）のように、3軸とも実長となる斜投影図をカバリエ図という。

> **まとめ**
> ① 等角投影は、3本の座標軸（等角軸）からなり、各投影面がお互いになす角度が等しい正等角投影であり、得られた図を等角図という。
> ② 二等角投影図は、三つの座標軸の比率が、X軸方向$u_{x'}$：Y軸方向$u_{y'}$：Z軸方向$u_{z'}$＝1/2：1：1であり、水平方向とY軸とのなす角$\alpha=7°$、水平方向とX軸とのなす角$\beta=42°$として描いた軸測投影図である。
> ③ 奥行の傾きを45°、奥行の長さを実寸の1/2として描いた斜投影図を、キャビネット図という。なお、3軸とも実長となる斜投影図をカバリエ図という。

1.5 立体図の描き方

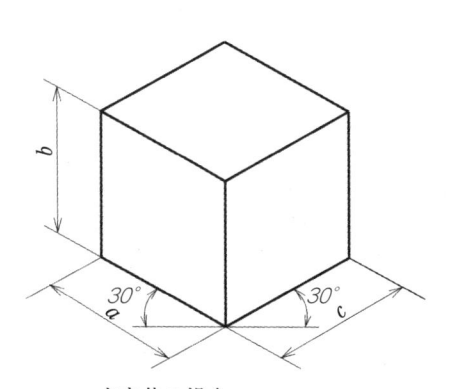

立方体の場合
(図形上の寸法は、$a:b:c = 1:1:1$)

図1.46 立方体の等角図

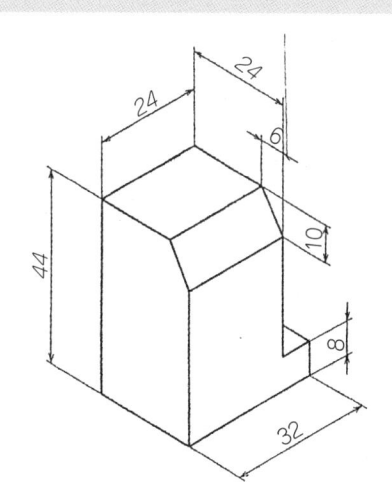

図1.47 等角図への寸法記入例

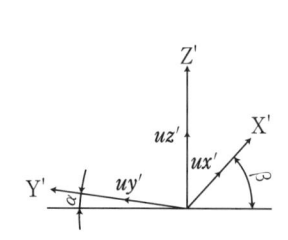

図1.48 二等角投影の三つの軸

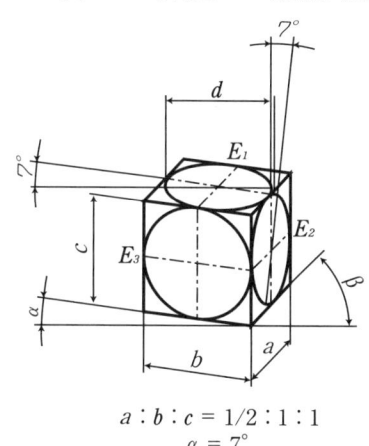

$a:b:c = 1/2:1:1$
$\alpha = 7°$
$\beta = 42°$

図1.49 立方体の二等角投影図

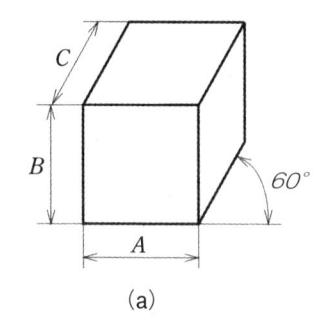

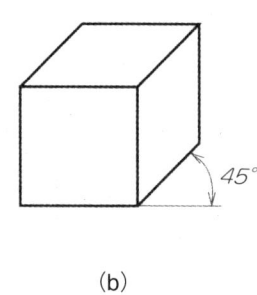

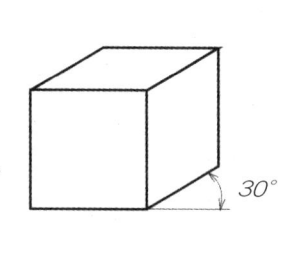

(a)   (b)   (c)

図1.50 立方体の斜投影図

(a) カバリエ図   (b)   (c) キャビネット図

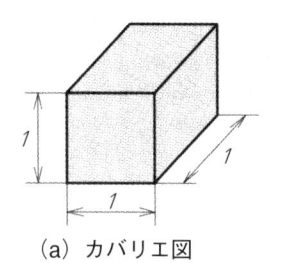

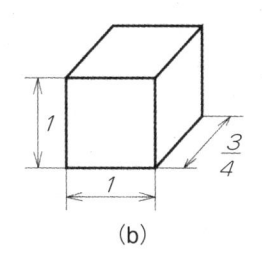

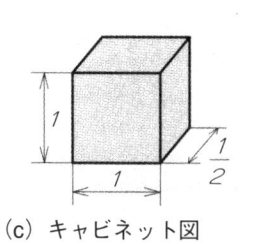

図1.51 斜投影図の奥行の長さ

1.6 立体の展開図

> **チェックポイント**
> ① 金属の薄板を折り曲げて、中空の容器を作るときには立体の展開図が必要である。
> ② 立体の展開図は、むだのない材料取りに必要である。

1枚の薄い金属あるいは紙などを折り曲げて、円形や長方形あるいはだ円形などの断面形状をもつ容器を作る場合は、容器の各面を一平面上に広げた図を作成してから行う。このような図を展開図という。

(1) 円柱の展開図

図1.52(a)に示すような、斜めに切断した円柱の展開図は、つぎの要領で描く。
① 円柱の投影図を描く。正面図には、斜めの切り口の特徴（傾斜）を表す。
　また、奥行が円形であることを平面図で表す。
② 平面図である円を12等分（等分数は、円の直径により適当に決める）し、円周上に交点を求め、上方の斜面に対しては記号 a～l、底面に対しては、番号 1～12 を交点に付ける。これらの交点より正面図の底辺に向かって作図線（細い実線）を引き、上側の交点a′、b′、c′、……、g′および下側の交点1′、2′、……、7′を求める。
③ 切断面の実形を求めるため、切断面に平行に補助の投影面を設ける。補助投影面

(a)

切り口の実形

(b) 投影図　　　(c) 側面の展開図

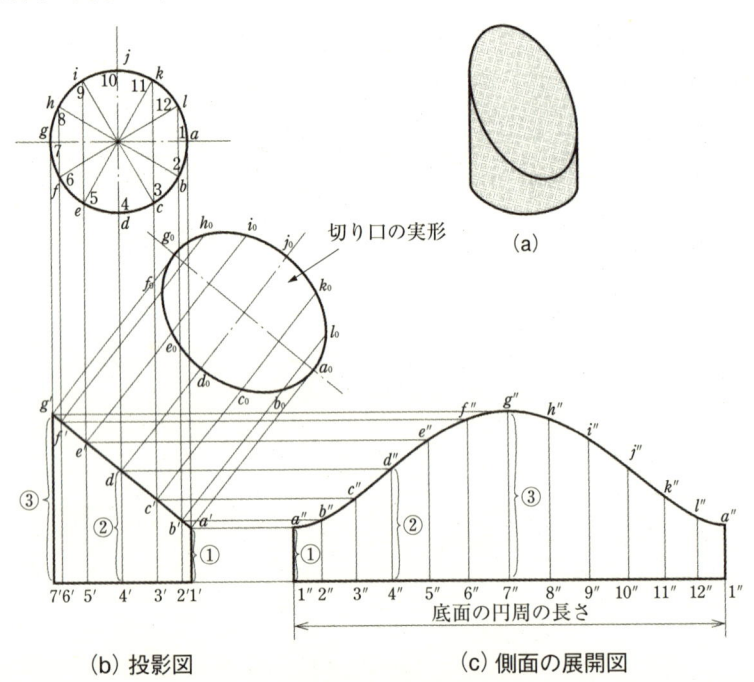

図1.52 円柱の展開図

は、その中心線 a_0g_0 上へ、切断面 $a'g'$ 上の各点 a'、b'、……、g' から垂線を立てる。垂線と中心線 a_0g_0 との交点を中心に、左右に平面図上の bl、ck、……、fh の長さをそれぞれ取って、b_0l_0、c_0k_0、……、f_0h_0 とする。得られた点 a_0、b_0、c_0、……、l_0、a_0 を雲形定規などを使ってなめらかな曲線でつなげば、円筒の切断面の実形が完成する。

④ 立体の側面の展開図を求めるには、正面図の底面 $1'7'$ を延長した線上に、図(c)のように底面の円周の長さを取り、平面図と同じく12等分（$1''$、$2''$、$3''$、……、$12''$、$1''$）して、等分点より垂線を立てる。

つぎに正面図 a'、b'、c'、……、g' 点から底面に平行線を引き、先の垂線との交点を a''、b''、c''、……、l''、a'' とし、これらの点をなめらかな曲線で結ぶ。

(2) 角柱の展開図

図1.53(a) は、斜めに切断した四角柱である。展開図の作図は、つぎの順序で行う。

① 第三角法により正面図 $2'3'c'b'$ と平面図 $abcd$ を描く（図1.53(b)）。

② 正面図の底面 $2'3'$ の延長線上に、平面図の1－2、2－3、3－4、4－1を取って各点を $1''$、$2''$、$3''$、$4''$、$1''$ とする。移した各点から直線 $1''-1''$ に垂線を立て、また、各高さを正面図から移し、それぞれ a''、b''、c''、d''、a'' をとる。これらの点を直線でつなげば側面の展開図ができる。それに上面と底面の展開図を付け加えて完成させる（図1.53(c)）。

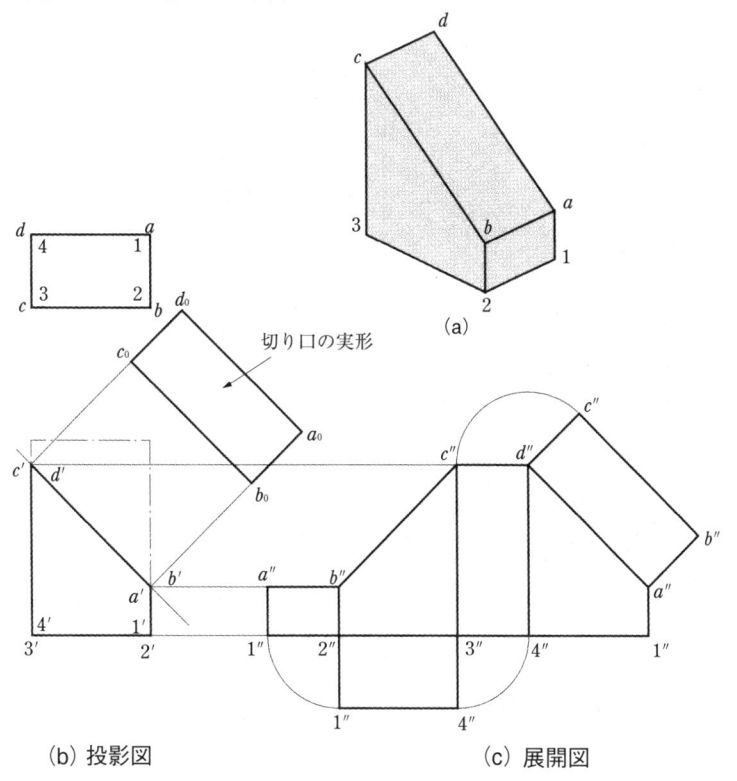

(a)

(b) 投影図　　　　　(c) 展開図

図1.53　角柱の展開図

> **まとめ**
> ① 立体の展開図を描くためには、第三角法による各投影図の配置（p31.図1.35）を参考に、正面図、平面図、右・左側面図のほかに、下面図、背面図も考慮する必要がある。
> ② 立体の展開図が正しいか、作成した展開図を紙面に描き、切り取って作ってみるとよい。

〔第1章　演習問題〕

〔問題1-1〕　以下の文章の空欄を埋めよ。
(イ) 描き出す線は、描き込む線よりも（　　）である。
(ロ) 製図に用いられる線の種類は、線の太さが、（　　）線と（　　）線と（　　）線の3種類であり、太さの比率は1：2：4である。
(ハ) 水平線は（　　）から（　　）に、垂直線は（　　）から（　　）に、右上がり斜線は（　　）から（　　）に，右下がり斜線は（　　）から（　　）に引く。
(ニ) 直線と円弧をつなげる場合、（　　）を描いてから（　　）を引く。

〔問題1-2〕　以下の問いに答えよ。
(イ) 元図（もとず）とは何か。
(ロ) 製図で使用する用紙のサイズを決める場合に重要なことは何か。
(ハ) 以下の文章の空欄を埋めよ。
　① 対象物が大きいものは（　　）して描き、対象物が小さいものは（　　）して描く。このときの尺度は、（　　）を採用する。
　② 製図用紙は（　　）列サイズを用いる。

〔問題1-3〕　以下の図①～③に示すような対象物の形状を第三角法によって投影図に示したものである。不足している線をフリーハンドで補いなさい。

① ② ③

第 2 章
図形の表し方と寸法の記入法

図面を作るための形状を表し、寸法が記入できるようになる

　第1章では、はじめに自転車のハンドルの例を示し、図面を描くための投影法を勉強した。さて、具体的に自転車のハンドルなど品物を作るための図形の表し方や形状の大きさを表す寸法の記入方法はどのようにすればよいだろうか。

　第2章では、図面を描くときの線や文字の種類と用法の決まり、図形の合理的な表し方、簡略図示法を学ぶ。また、図形の大きさを表す寸法の記入方法、寸法補助記号の使い方など、品物を作るために必要な寸法の記入方法について基本を学ぶ。

第2章のねらい

図面を描くときの線と文字の決まりは何？	2.1　図面に使われる線と文字
図形の表し方のポイントは何？	2.2　図形の表し方
図形に寸法はどのように入れるの？	2.3　寸法の記入方法

2.1 図面に使われる線と文字

> **チェックポイント**
> ① 製図に使われる線の種類は、太さによる種類と断続形式による種類がある。
> ② 図面作成には、製図に使われる線の種類とその用法を理解することが大切である。
> ③ 製図に用いる文字は、文字の外側輪郭が収まる基準枠の高さの呼びによって表し、文字の線の太さや文字間のすき間は、呼びとの比率で決まっている。

(1) 線の種類と用法

図面に描く線は、製図「表示の一般原則(線の基本原則)」(JIS Z 8312：1999)に基づき、図面に描く線の基本要件を次のように規定している。
① 線の太さ方向の中心は、線の理論上描くべき位置の上にあること。
② 線は明確にくっきりと濃く描き、濃度および太さが一定していること。

1) 線の種類

(a) 線の基本形(断続形式)

表2.1は、線の基本形(線形と呼ぶ)を示したものである。線形の種類(断続形式)は、実線以外はいずれも線の構成要素である長線、短線、極短線、点などの線・点と、すきま、長すきまなどのすきまを組み合わせたものである。線形の呼び方と線の構成要素の組み合わせの関係を表2.1の「参考」に示す。

(b) 線の要素と長さ

表2.2は、線の要素の呼び方と長さの関係を示したものである。ここで、d は線の太さである。

(c) 線の太さ

線の太さの基準は、0.13、0.18、0.25、0.35、0.5、0.7、1、1.4 および 2 mm があり、シャープペンシルの心、製図用ペンなどの太さを選択するときの基準となるものである。そのうち 0.13、0.18 mm の線は、図面を複製、複写したとき見にくくなることがあるので、なるべく使用しないようにする。

線の太さの種類は、細線、太線の2種類であるが、特別の太さとして建築部門で比較的よく用いられる極太線を規定し、形式的には3種類となっている。

表2.3は、線の太さの比率を示したものである。線の太さの比率は、細線：太線：極太線＝1：2：4となっている。表には、線の太さの基準を細線、太線、極太線に適用した例を示している。①〜③の選択は、図面サイズが小さい場合、複雑な図面の場合は①を、図面サイズが大きい場合、図面が複雑ではない場合には③を目安とするとよい。

表2.1 線の基本形の種類

線形記号	線の基本形（線形）	呼び方
01	————————————————	実線
02	— — — — — — — —	破線
03	— — — — — —	跳び破線
04	—————・—————・—————	一点長鎖線
05	—————・・—————・・—————	二点長鎖線
06	—————・・・—————・・・—————	三点長鎖線
07	・・・・・・・・・・・・・・・	点線
08	——・——・——・——・——・——	一点鎖線
09	——・・——・・——・・——	二点鎖線
10	— ・ — ・ — ・ — ・ —	一点短鎖線
11	— ・・ — ・・ — ・・ —	一点二短鎖線
12	— ・・ — ・・ — ・・ —	二点短鎖線
13	— ・・ — ・・ — ・・ —	二点二短鎖線
14	— ・・・ — ・・・ —	三点短鎖線
15	— ・・・・ — ・・・・ —	三点二短鎖線

参考 "呼び方"は"線の構成要素"を表し，次のような意味になっている。線の要素の呼び方と定義は表2.2による。
　　破線："短線・すきま"，跳び破線："短線・長すきま"，
一点鎖線："長線・すきま・極短線・すきま"，
二点鎖線："長線・すきま・極短線・すきま・極短線・すきま"，
その他の線形では，長："長線"，短："短線"，
点："すきま・点・すきま"，二短："短線・すきま・短線"，
二点："すきま・点・すきま・点・すきま"，
三点："すきま・点・すきま・点・すきま・点・すきま"．

表2.2 線の要素と長さ

線の要素	線形番号	長さ
点	04～07 および 10～15	0.5 d 以下
すきま	02 および 04～15	3 d
極短線	08 および 09	6 d
短線	02、03 および 10～15	12 d
長線	04～06、08 および 09	24 d
長すきま	03	18 d

備考： この表の線の長さは，端部が半円および直角となっている線の要素に適用される。半円の端部をもつ線の要素の長さは，描画ペン（墨を用いた管状ペン）によって描かれる始点から終点までの距離であり，表2.2の長さに d を加えたものとなる。

表2.3 線の太さの比率と太さの基準の適用例

太さの種類	太さの比率	太さの基準の適用例 [mm]		
		①	②	③
細線	1	0.25	0.35	0.5
太線	2	0.5	0.7	1
極太線	4	1	1.4	2

2.1 図面に使われる線と文字

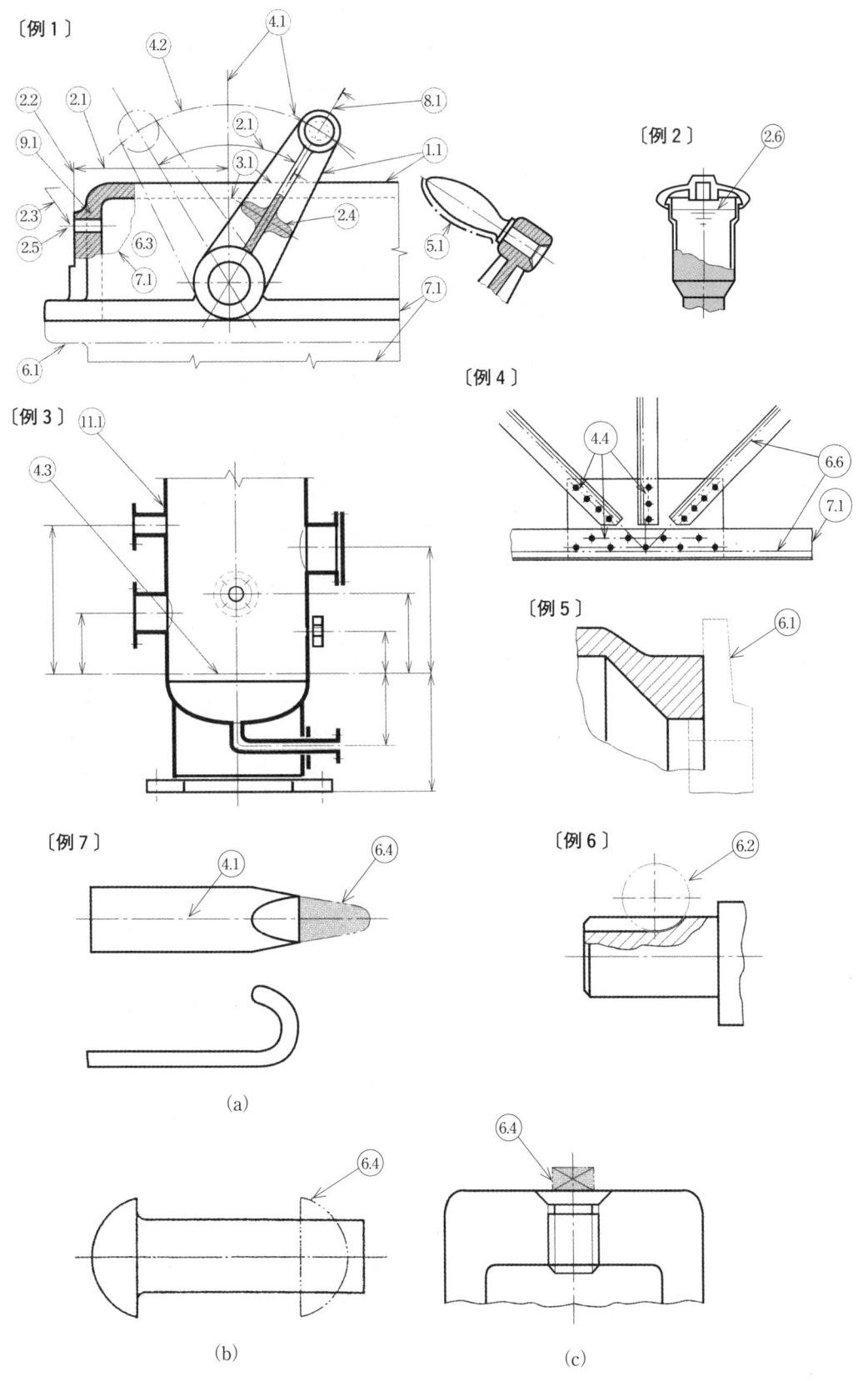

図2.1 線の用法の図例（1）

〔例8〕　〔例9〕　〔例10〕

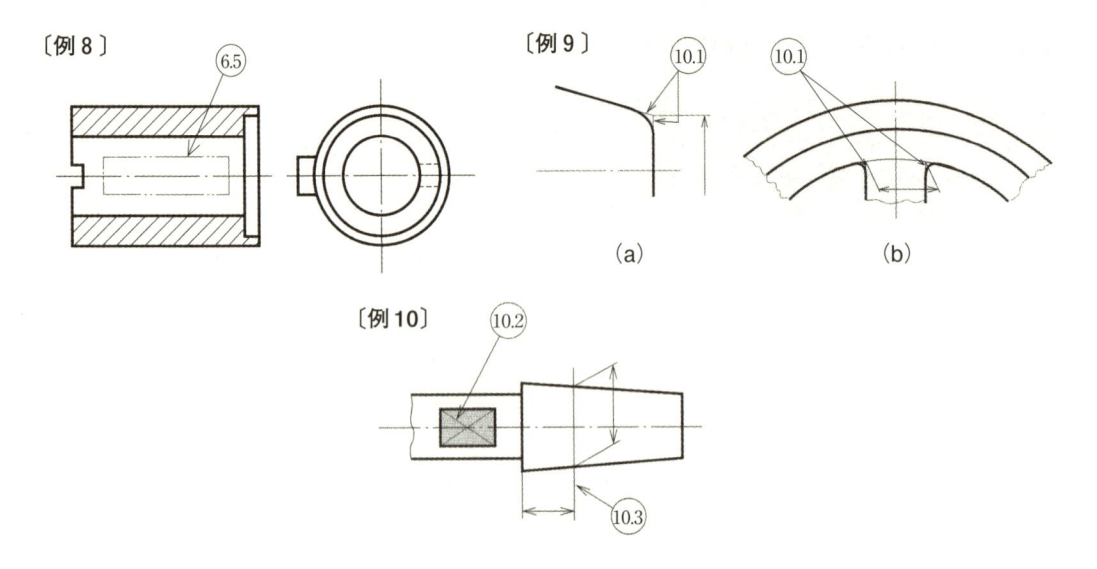

図2.1　線の用法の図例（2）

表2.4　線の断続形式と太さとの組合せによる呼び方

断続形式	細線	太線	極太線
実線	細い実線	太い実線	(極太の実線)
破線	細い破線	(太い破線)	―
一点鎖線	細い一点鎖線	太い一点鎖線	(極太の一点鎖線)
二点鎖線	細い二点鎖線	(太い二点鎖線)	―

　（d）線の種類による呼び方

　表2.4は、線の断続形式と太さの比率との組み合わせによる呼び方を示したものである。表のうち、極太線はISO 128に規定はない。なお、（　）を付けたものは、複雑な図面などで特に区別が必要な場合の他はなるべく用いないことになっているので注意する。

　2）線の用法

　（a）線の種類による用法

　表2.5は、線の種類による主な用法を示す。表の右端の数字は、**図2.1**に示す各図例の照合番号で、実際には、本章の2節、3節で図面を描くときに必要となるもので、表2.5をいつでも参照できるように心掛けておくとよい。

　（b）重なる線の優先順位

　製図する際に、同じ位置に描かれる線が重なる場合、たとえば、中心線とかくれ線などの異なる用途の線が2種類以上重なる場合、どの線を優先させるかを決めておくと便利で、間違いも少ない。JIS規格には、表2.5に示すように、優先順位が規定されている。**図2.2**は、重なる線の優先順位の図示例である。

　（c）線の間隔

　図面のマイクロフィルム撮影や複写による縮小・拡大によって、いわゆる"線がつぶ

2.1 図面に使われる線と文字

表2.5 線の種類および用途

用途による名称	線の種類[6]		線の用途	図2.1の照合番号
外形線	太い実線	———————	対象物の見える部分の形状を表すのに用いる。	1.1
寸法線	細い実線		寸法を記入するのに用いる。	2.1
寸法補助線			寸法を記入するために図形から引き出すのに用いる。	2.2
引出線			記述・記号などを示すために引き出すのに用いる。	2.3
回転断面線		———————	図形内にその部分の切り口を90度回転して表すのに用いる。	2.4
中心線			図形に中心線（4.1）を簡略に表すのに用いる。	2.5
水準面線[4]			水面、液面などの位置を表すのに用いる。	2.6
かくれ線	細い破線または太い破線	— — — — —	対象物の見えない部分の形状を表すのに用いる。	3.1
中心線	細い一点鎖線		(a) 図形の中心を表すのに用いる。 (b) 中心が移動する中心軌跡を表すのに用いる。	4.1 4.2
基準線		—·—·—·—	特に位置決定のよりどころであることを明示するのに用いる。	4.3
ピッチ線			繰返し図形のピッチをとる基準を表すのに用いる。	4.4
特殊指定線	太い一点鎖線	——·——	特殊な加工を施す部分など特別な要求事項を適用すべき範囲を表すのに用いる。	5.1
想像線[5]	細い二点鎖線		(a) 隣接部分を参考に表すのに用いる。 (b) 工具、ジグなどの位置を参考に示すのに用いる。 (c) 可動部分を、移動中の特定の位置または移動の限界の位置で表すのに用いる。 (d) 加工前または加工後の形状を表すのに用いる。 (e) 図示された断面の手前にある部分を表すのに用いる。	6.1 6.2 6.3 6.4 6.5
重心線			断面の重心を連ねた線を表すのに用いる。	6.6
破断線	不規則な波形の細い実線またはジグザグ線	～～～	対象物の一部を破った境界、または一部を取り去った境界を表すのに用いる。	7.1
切断線	細い一点鎖線で、端部および方向の変わる部分を太くしたもの[7]	⌐_⌐	断面図を描く場合、その断面位置を対応する図に表すのに用いる。	8.1
ハッチング	細い実線で、規則的に並べたもの	/////	図形の限定された特定の部分を他の部分と区別するのに用いる。例えば、断面図の切り口を示す。	9.1
特殊な用途の線	細い実線	———————	(a) 外形線およびかくれ線の延長を表すのに用いる。 (b) 平面であることを示すのに用いる。 (c) 位置を明示または説明するのに用いる。	10.1 10.2 10.3
	極太の実線	▬▬▬▬	薄肉部の単線図示を明示するのに用いる。	11.1

注[4] JIS Z 8316には、規定されていない。
[5] 想像線は、投影法上では図形に現われないが、便宜上必要な形状を示すのに用いる。また、機能上・工作上の理解を助けるために、図形を補助的に示すためにも用いる。
[6] その他の線の種類は、JIS Z 8312によるのがよい。
[7] 他の用途と混用のおそれがないときは、端部および方向の変わる部分を太くする必要はない。

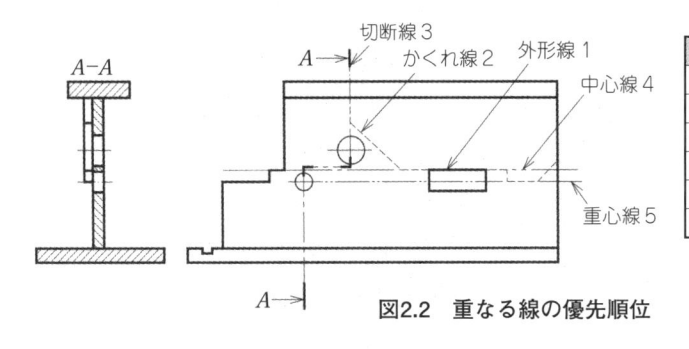

優先順位	用途による名称
1	外形線
2	かくれ線
3	切断線
4	中心線
5	重心線
6	寸法補助線

図2.2 重なる線の優先順位

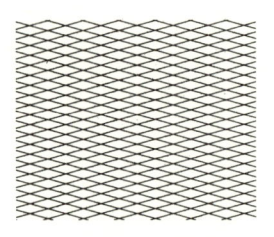

図2.3　密集する交差線の図例 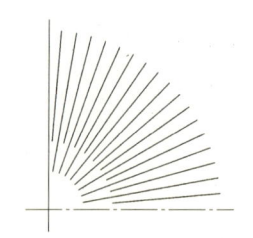　　　　図2.4　多数の線が1点に集中する図例

れたり"、"団子になったり"ということが生じないための規定で、互いに接近して描く線の間隔（線と線の中心間距離）は、原則として次のように行う。
① 平行線の線間隔は、線の太さの3倍以上とする。また、線と線のすきまは0.7mm以上にすることがよい。
② 密集する交差線の場合には、図2.3に示すように、その線間隔を線の太さの4倍以上とする。
③ 多数の線が一点に集中する場合には、図2.4に示すように、線間隔が線の太さの約3倍になる位置で線を止め、点の周囲をあけるのがよい。

（2）文字
図面に用いる文字およびその大きさは、つぎのように規定されている。
1）文字の種類
図面に用いる文字の種類は、漢字、仮名、ローマ字、数字および記号である。
① 漢字は、常用漢字表（昭和56年10月1日内閣告示第1号）によるのがよい。ただし、16画以上の漢字は、できる限り仮名書きとする。
② 仮名は、平仮名または片仮名のいずれかを用い、一連の図面においては混用はしない。ただし、外来語、動・植物の学術名および注意を促すための表記に片仮名を用いることは混用とはみなさない。
③ ローマ字、数字および記号の書体は、A形書体またはB形書体のいずれかの直立体または斜体を用い、混用はしない。

2）文字の大きさ
文字の大きさは、図2.5に示すように、一般に文字の外側輪郭が収まる基準枠の高さ h の呼びによって表す。漢字や仮名も基準枠の考え方は同じである。ローマ字、数字および記号の大きさは、JIS Z 8313-1 に規定する基準の高さ h で表す。
文字の種類と大きさの呼びの種類を表2.6に示す。（　）内の呼びは特に必要がある場合に用いる。

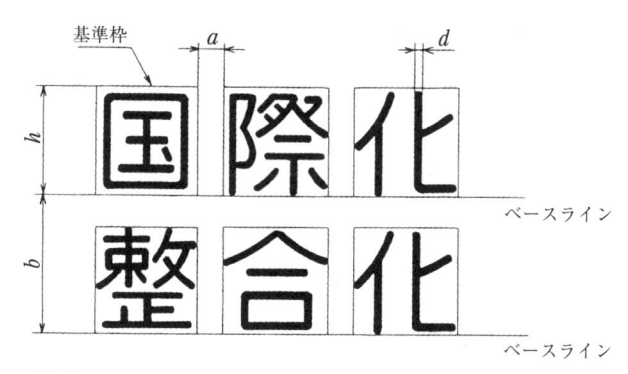

備考　この図は、書体および字体を表す例ではない。

図2.5　漢字の基準枠と基準高さ

表2.6　文字の大きさの呼び

(単位：mm)

文字の種類		文字の大きさの呼び
漢　字		3.5[1)]、5、7、10、〔14、20〕
仮　名		2.5[1)]、3.5、5、7、10、〔14、20〕
ローマ字、数字および記号	大文字	2.5、3.5、5、7、10、〔14、20〕
	小文字	2.5、3.5、5、7、10、〔14〕

注1) ある種の複写方式では、この大きさは適さない。
　　特に鉛筆書きの場合は注意する。

表2.7　文字線の太さ

(単位：mm)

文字の種類		文字の大きさの呼び
漢　字		文字の大きさの呼びの1/14
仮　名		文字の大きさの呼びの1/10
ローマ字、数字および記号	A形書体	文字の大きさの呼びの1/14
	B形書体	文字の大きさの呼びの1/10

注1．製品総質量は，1500 kgとする。
　2．表面粗さは，Rz12.5とする。

図2.6　漢字、ローマ字などが混在する場合

　図2.5に示す文字の線の太さ d は、文字の大きさの呼び h に対して**表2.7**のように規定されている。

　文字間のすき間 a は、文字の線の太さの2倍以上とする。ただし、隣り合う文字の線の太さが異なる場合は、広いほうの文字の線の太さの2倍以上とする。ベースラインの最小ピッチ b は、用いている文字の最大の呼び h の14/10とする。

　漢字、ローマ字および数字が混在する場合、**図2.6**のようにベースラインをそろえて並べる。

大きさ	7	mm	断面詳細矢視側図計画組
大きさ	5	mm	断面詳細矢視側図計画組
大きさ	3.5	mm	断面詳細矢視側図計画組

図2.7　漢字の例（この図は、書体および字体を表す例ではない）

大きさ	10	mm	アイウエオカキクケ
大きさ	7	mm	コサシスセソタチツ
大きさ	5	mm	てとなにぬねのはひ
大きさ	3.5	mm	ふへほまみむめもや
大きさ	2.5	mm	ゆよらりるれろわん

図2.8　仮名の例（この図は、書体および字体を表す例ではない）

　漢字の例を図2.7に、仮名の例を図2.8に、それぞれ示す。
　ローマ字、数字および記号の例は、A形書体を図2.9に、B形書体の例を図2.10に示す。

> **まとめ**
> ① 線の太さの種類は、細線と太線があり、特別の太さとして建築部門で比較的よく用いられる極太線を規定している。
> ② 線の太さの比率は、細線：太線：極太線＝1：2：4であり、9種類の太さの基準から、線の太さの比率で選択する。
> ③ 機械製図に用いられる線の用途から線の断続形式を分けると、実線、破線、一点鎖線、二点鎖線の4種類である。
> ④ 図面に用いる文字の種類は、漢字、仮名、ローマ字、数字および記号である。
> ⑤ 漢字は、常用漢字表によるが、16画以上の漢字は、できる限り仮名書きとする。
> ⑥ 仮名は、平仮名または片仮名のいずれかを用い、一連の図面においては混用はしない。
> ⑦ 文字の大きさは、一般に文字の外側輪郭が収まる基準枠の高さ h の呼びによって表す。

図2.9　A形書体の例（上段：斜体、下段：直立体）

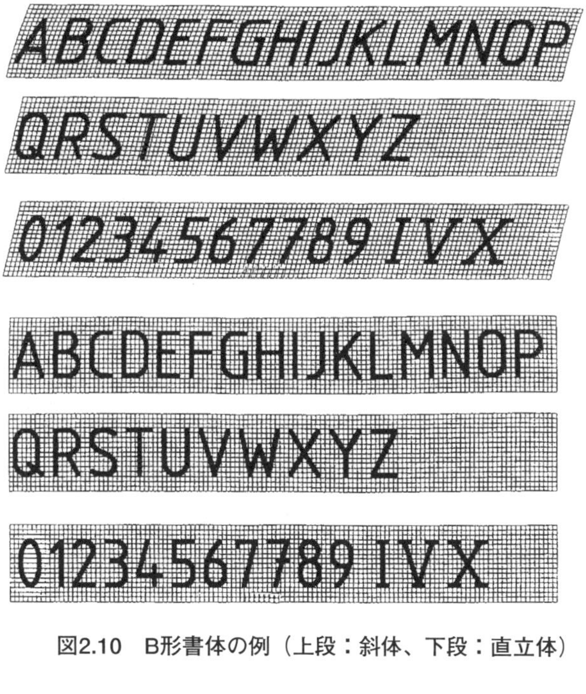

図2.10　B形書体の例（上段：斜体、下段：直立体）

2.2 図形の表し方

> **チェックポイント**
> ① 正面図は、対象物の特徴をもっともよく表す投影図を選び、これを主投影図と呼ぶ。
> ② 主投影図を中心に、他の投影図は主投影図では定義できない形状・大きさを表すのに用いる。
> ③ 平面図、側面図などが、主投影図と同じような図形となるならば、投影図の簡略化につとめる。
> ④ わかりやすい図面を描くためには、実形図示を心掛ける。
> ⑤ 合理的な図形省略の方法は、図面が簡潔に表され、製図の能率向上につながる。

機械製図では、図形を表す場合、第三角法による投影図の描き方をもとに、各種図示法のテクニックを用いて図面を描く。

図面を描くためには、図2.11に示すように、つぎの4点を意識して進めることが大切である。

① 主投影図の重視…正面図を主投影図という。主投影図以外の投影図は、主投影図のみでは図形を定義できない場合の、主投影図を補うための投影図である。

② 投影図の簡略化…対象物のすべてを完全に表すのではなく、製作できる必要最小限の情報を盛り込めばよいので、投影図は簡略化できる。

③ 実形図示…実形とは、実際に現れる形状のことで、製作に必要な寸法が表れる形状でもある。実形図示とは、対象物を製作するための形状を外形線で投影図に表すことである。その際、製作に必要な寸法が表れるように、回転投影図、補助投影図、展開図、部分拡大図などを利用して、投影図を描く上でいろいろな工夫がなされる。また、かくれ線で表されているところは実形が隠れているので、断面図示することによって実形が実線で表される。このように、断面図示は、実形図示のため重要な役割を果たす。

④ 図形の省略…図示を必要とする部分を分かりやすくするため、対称図形、繰り返し図形などはすべてを図示する必要がない。また、図形すべてを描くと必要な部分がぼけて、かえって理解の妨げになる。このような場合には、図形を省略することができる。

（1）図の配置（主投影図の重視）

先ずはじめなければならないことは、図形をどのように描くか、図形の配置の問題である。絵画でいうと構図を決めることに相当する。

2.2 図形の表し方

```
図形の表し方
    ├─ 主投影図（正面図）の重視   正面図で表せない形状を明確に表示する
    │   ├─ 右側面図              投影図の選択
    │   ├─ 平面図
    │   ├─ 左側面図
    │   ├─ 背面図
    │   └─ 下面図
    ├─ 投影図の簡略化   投影図をすべて表さない簡略な図示法
    │   ├─ 部分投影図
    │   ├─ 局部投影図
    │   └─（補助投影図）
    ├─ 実形図示   対象物の実際の形状が現れるように工夫した図示法
    │   ├─ 外形線による図示
    │   ├─ 回転投影図
    │   ├─ 補助投影図
    │   ├─ 展開図
    │   ├─ 部分拡大図
    │   └─ 断面図示
    │        ├─ 長手方向に切断しないもの
    │        ├─ 全断面図
    │        ├─ 片側断面図
    │        ├─ 部分断面図
    │        ├─ 回転図示断面図
    │        ├─ 組み合わせ断面図
    │        └─ 薄肉部の断面図
    ├─ 図形の省略   図示を必要とする部分を分かりやすくするために行う図示法
    │   ├─ 対称図形
    │   ├─ 繰り返し図形
    │   └─ 中間部分の省略
    └─ 特殊な図示   図形の形状や大きさを指示するための特殊な図示法
        ├─ 簡明な図示
        ├─ 交わり部の慣用図示
        ├─ 平面・穴の表示
        ├─ 加工・処理範囲
        └─ 加工部の表示
```

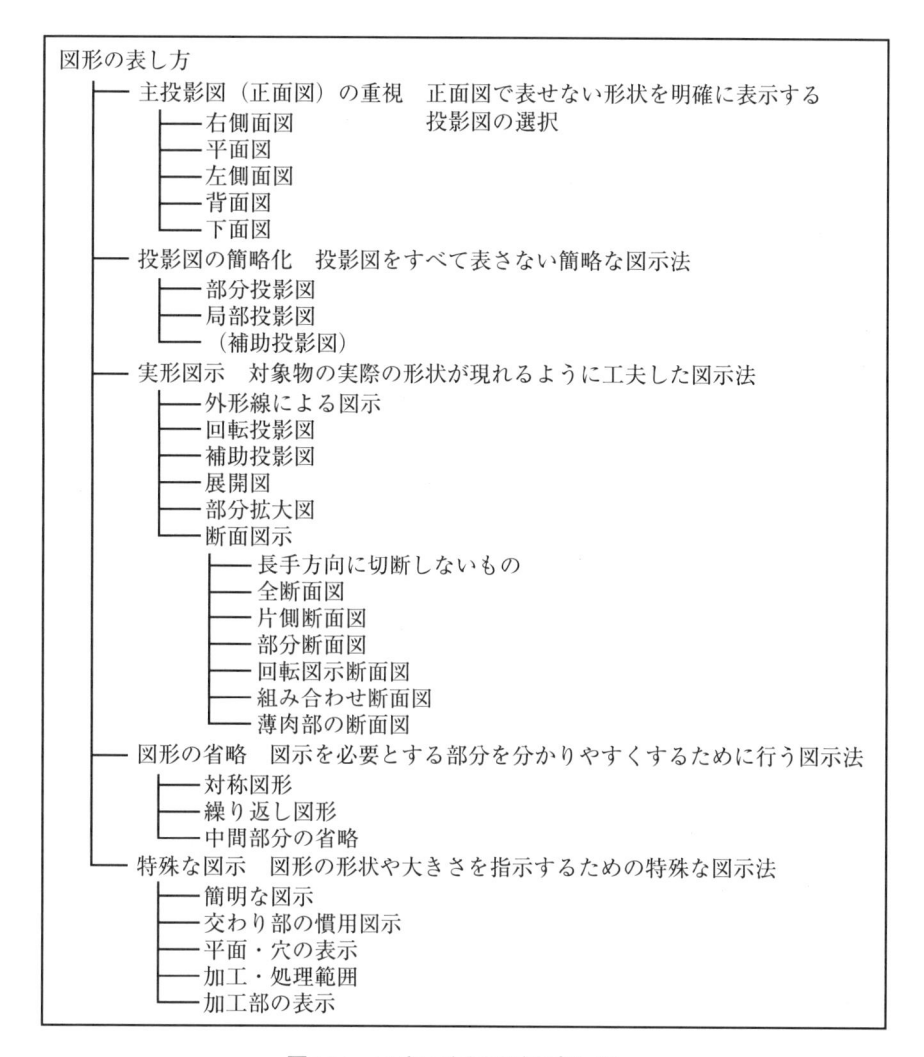

図2.11　いろいろな図形の表し方

(a)　(b)

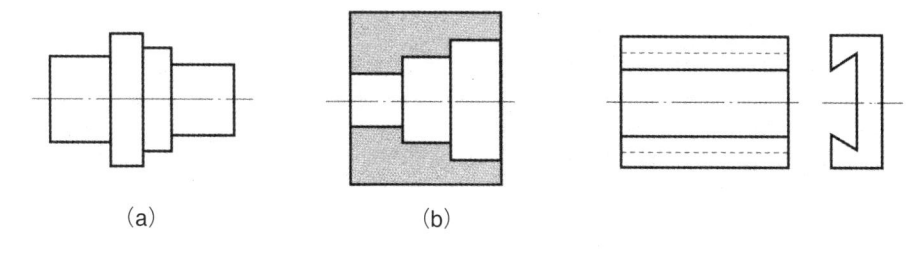

図2.12　旋　削

図2.13　平削り

投影図の描き方で学んだ正面図は、主投影図と呼ばれる。主投影図は、対象物の情報を最も多く与える投影図とするが、図面の使用目的によって異なる。

1）主投影図の配置

① 計画図、実施設計図、組立図などの場合、対象物を使用する状態を主投影図とする。

② 製作図の場合、対象物の加工にあたって、図面を最も多く利用する工程で対象物を置く（機械に取付ける）状態を主投影図とする。**図2.12**は、旋盤でバイトという工具を用いて加工する旋削の例、**図2.13**は平削りの例である。

③ 特別の理由がない場合、対象物を横長に置いた状態を主投影図とする。

投影図は、主投影図を中心に、（右）側面図、平面図の3投影図をもって表すのが一般的である。しかし、基本的に、主投影図以外の投影図は、主投影図だけで対象物の形状・大きさが表せない場合に描くもので、できるだけ投影図の数は少なくし、主投影図だけで図形の大きさ・寸法を表せるものに対しては、他の投影図を描かない。

図2.14は、対象物とその主投影図を示したものである。図(a)は等角図、図(b)は主投影図で、図のϕ（"まる"と読む）は、32mmと54mmが直径を表していること、C3（しー3）は角部に1辺が3mm、45°の面取りを施すこと、R4（あーる4）は、角部に半径4mmの丸みをつけることをそれぞれ意味している。

このように、寸法を記入する場合、各種の記号（ϕ、C、Rなどを寸法補助記号という）を用いれば、側面からみた図（右側面図）を描かなくても、対象物の製作ができる。すなわち、主投影図のみで図面ができるのである。

2）上側・右側の重視

図2.12では、主投影図を加工量の多い側を右側に置いている。図2.13の平削りでは、平削りされる加工量の多い面を正面図に配置している。工作物の寸法測定は、右利きの場合、右手にノギスを持って上側から長さ寸法を、右側から外径・内径などの奥行の寸法をそれぞれ測定する（p172、図4.9・4.10参照）。すなわち、図の配置において、上側・右側を重視するようになる。

また、キー溝、リブ、突起、穴など、対象物に特徴的な部分があるときは上側・右側に配置する（図2.16〜2.19、2.64、2.65など）。

（2）投影図の簡略化

投影図は、対象物の形状、大きさに関する情報を盛り込むため、主投影図である正面図、（右）側面図、平面図の3面図で表すのが一般的である、と述べた。しかし、対象物のすべてを完全に表すのではなく、製作できる必要最小限の情報を盛り込めばよいので投影図は簡略化できる。そのため、主投影図に加えて、必要とする部分の形状・寸法のみを表す投影図の描き方がある。

1）部分投影図

図形の一部を示せばたりる場合には、**図2.15**のように、対象物の一部分だけの投影図

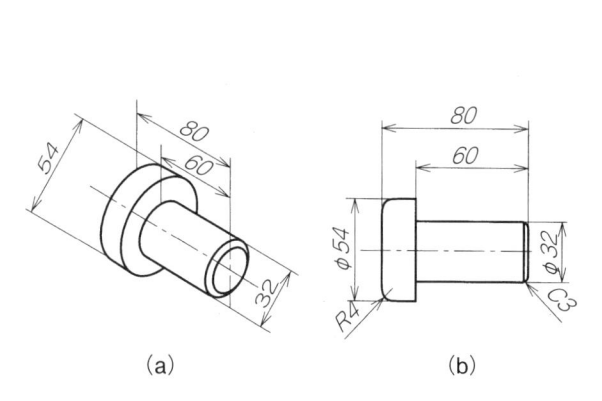

図2.14　主投影図のみの例

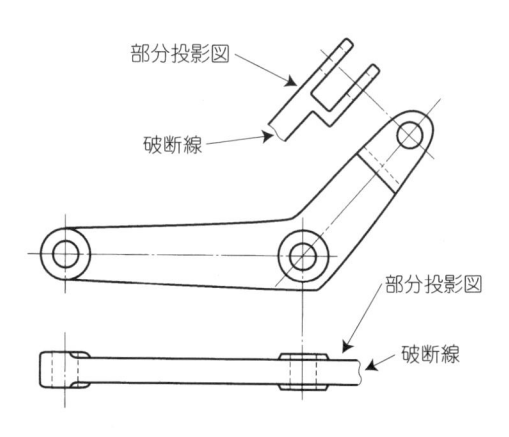

図2.15　部分投影図

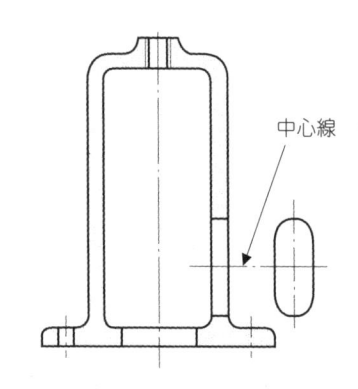

図2.16　右側面の局部投影図（鋳ヌキ穴）

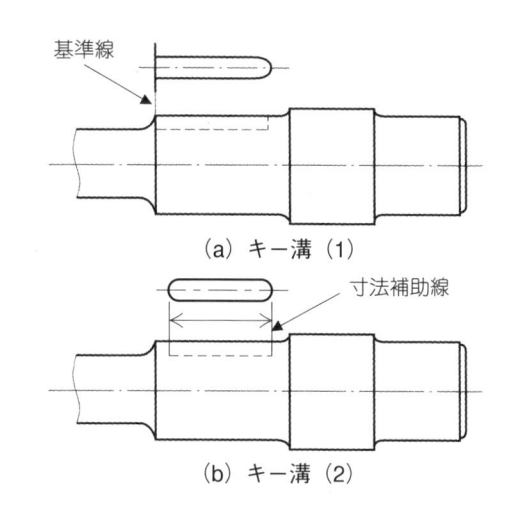

図2.17　平面の局部投影図

で表す部分投影図とすることができる。この場合、省いた部分との境界を破断線で示す。ただし、明確な場合は、破断線を省略してもよい。

2）局部投影図

対象物の穴、溝など一局部だけの形を図示すればたりる場合には、**図2.16**、**図2.17**のように、その必要部分を局部投影図として表す。

このとき、投影関係を示すために、原則として主となる図に中心線、基準線、寸法補助線などで結ぶ。

（3）実形図示

実形とは、図面に実際に現れる形状のことで、実形図示とは、対象物を製作するための形状・寸法を実形で図面に盛り込むことである。そのため、かくれ線で表されている

ところは実形が隠れているわけで、断面図示することによって実形が実線で表される。

1）外形線による図示

外形線は対象物の実形をもっともよく表すものである。**図2.18**のように、互いに関連する図の配置は、なるべくかくれ線を用いなくてもすむようにする。ただし、比較対照することが不便になる場合には、**図2.19**のように、この限りではない。

2）回転投影図

投影図に、ある角度をもっているために、実形が表れないときには、その部分を回転して、その実形を図示することができる（**図2.20**、**図2.21**）。

なお、見誤るおそれがある場合には、作図に用いた線を残す（**図2.22**）。

3）補助投影図

斜面部がある対象物で、その斜面の実形を表す必要があるときには、次によって補助投影図で表す。

① 斜面に対向する位置に補助投影図として表す（**図2.23**）。

② 紙面の関係などで、補助投影図を斜面に対向する位置に配置できない場合には、矢示法を用いて示し、その旨を矢印および英字の大文字で示す（**図2.24**(a)）。ただし、**図2.24**(b) に示すように、折り曲げた中心線で結び、投影関係を示してもよい。

③ 補助投影図は、必要な部分だけを描くようにする。

4）展開図

板を折り曲げて作る対象物や面で構成される対象物の実形は、**図2.25**、**図2.26**のように展開図で表す。この場合、"展開図"という文字を展開図の上側、または、下側のいずれか一方に統一して描く。

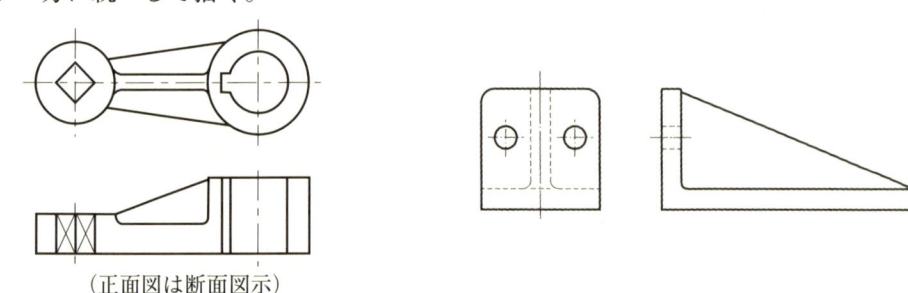

（正面図は断面図示）

図2.18 外形線による実形図示

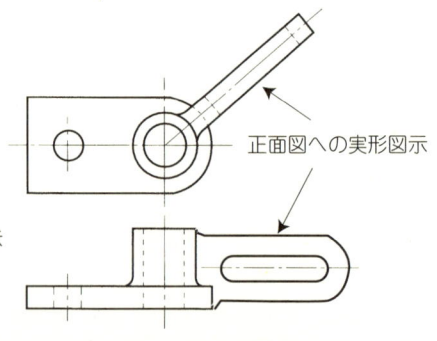

図2.19 互いの投影図で比較対照する場合

アームを回転して図示

（断面図示）

図2.20 回転投影図によるアームの実形図示

正面図への実形図示

図2.21 回転投影図

2.2 図形の表し方

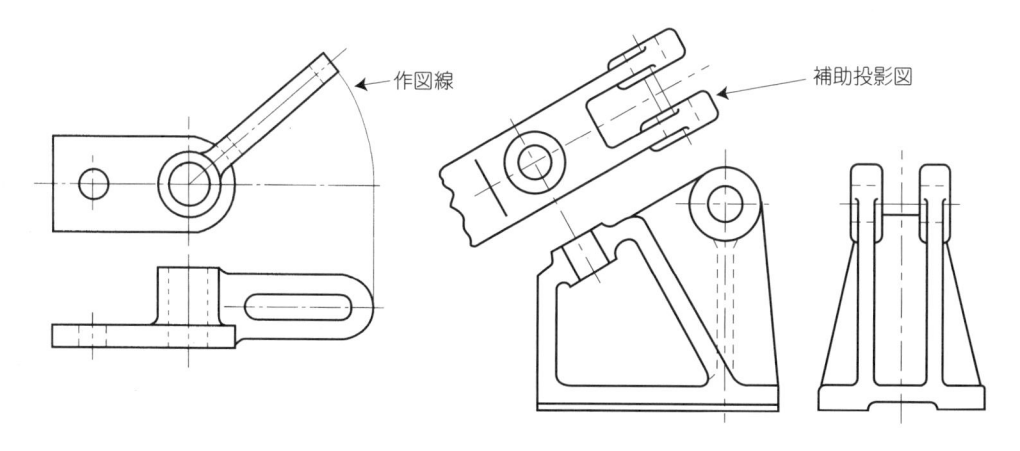

図2.22 作図線を残した回転投影図 ←作図線

図2.23 補助投影図 ←補助投影図

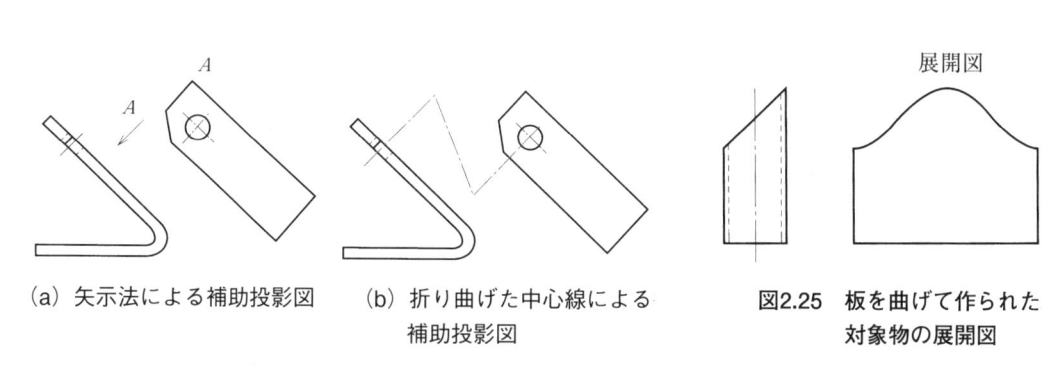

（a）矢示法による補助投影図

（b）折り曲げた中心線による補助投影図

図2.24 紙面に余裕がない場合の補助投影図

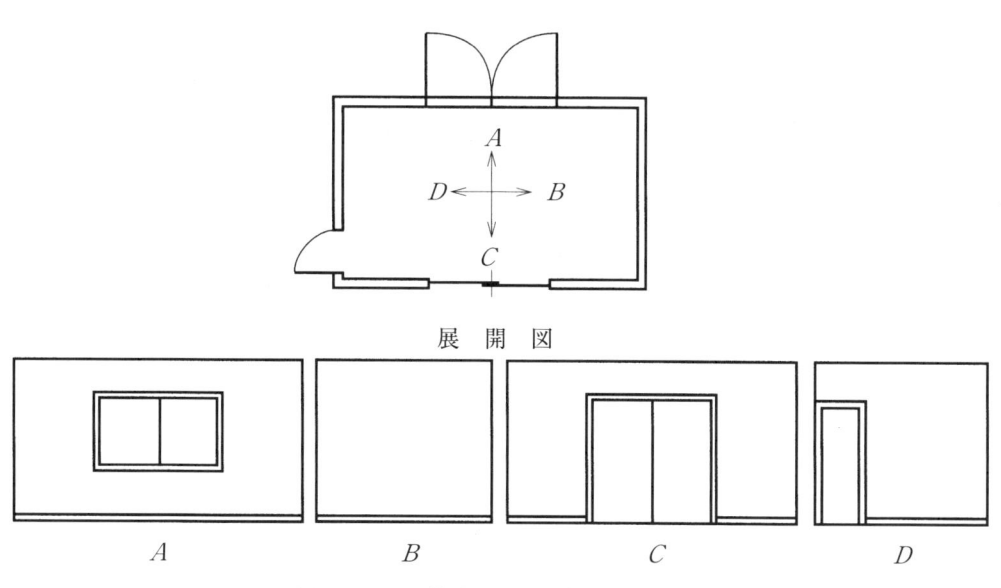

図2.25 板を曲げて作られた対象物の展開図

展開図

展　開　図

図2.26 面で構成された対象物の展開図

57

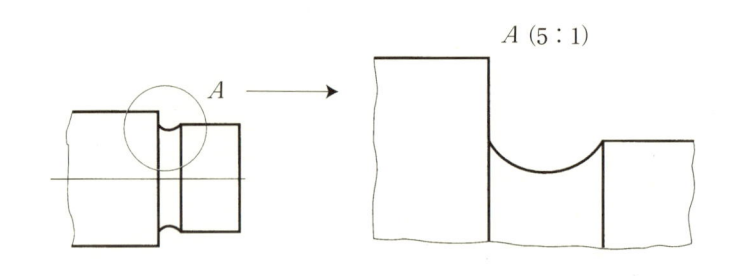

図2.27　部分拡大図

5）部分拡大図

特定部分の図形が小さいために、その部分の詳細な図示や寸法の記入ができないときは、図2.27のように、その部分を細い実線で囲み、かつ、英字の大文字で表示するとともに、その該当部分を別の箇所に拡大して描き、表示の文字および尺度を付記する。

6）断面図示

実形図示の立場から、対象物の内部の形状を実形で表すために、特定の位置で切断して隠れた部分の形状を、外形線でわかりやすく示す「断面図示」がある。

（a）断面図示の順序

断面図は、切断面を設定して対象物を仮に切断し、切断面の手前の部分を取り除く。その順序を示す。

① 断面図示をする位置を決定する

断面図示をするには、原則として基本中心線[※1]を含む平面で切断する。この場合、切断線は記入しない。

図2.28は、断面図示の順序を示したものである。図の①は対象物を基本中心線を含む切断面A、または切断面Bで切断するところである。

② 切断面の手前側を取り除く

図2.28の②に示すように、切断面の手前側を取り除く。

※1　対象物の基本となる中心線のことで、例えば、歯車・車軸などの回転軸の中心線をいう。一般に対称図形では、対称中心線に相当する。

---

③ 切り口の形状を考える

図2.28の③に示すように、切断による切り口の形状を考える。

④ 正投影図の描き方に従って投影図を描く

図2.28の④に示すように、切り口を外形線で表示する。

⑤ 必要に応じて切り口にハッチングを施す

図をわかりやすくする必要がある場合、断面図に表れる切り口にハッチングを施す。

2.2 図形の表し方

切断面A　全断面図

① 断面図示をする位置を決定する
② 切断面の手前側の部分を取り除く
③ 切り口の形状を考える
④ 正投影図の描き方に従って投影図を描く

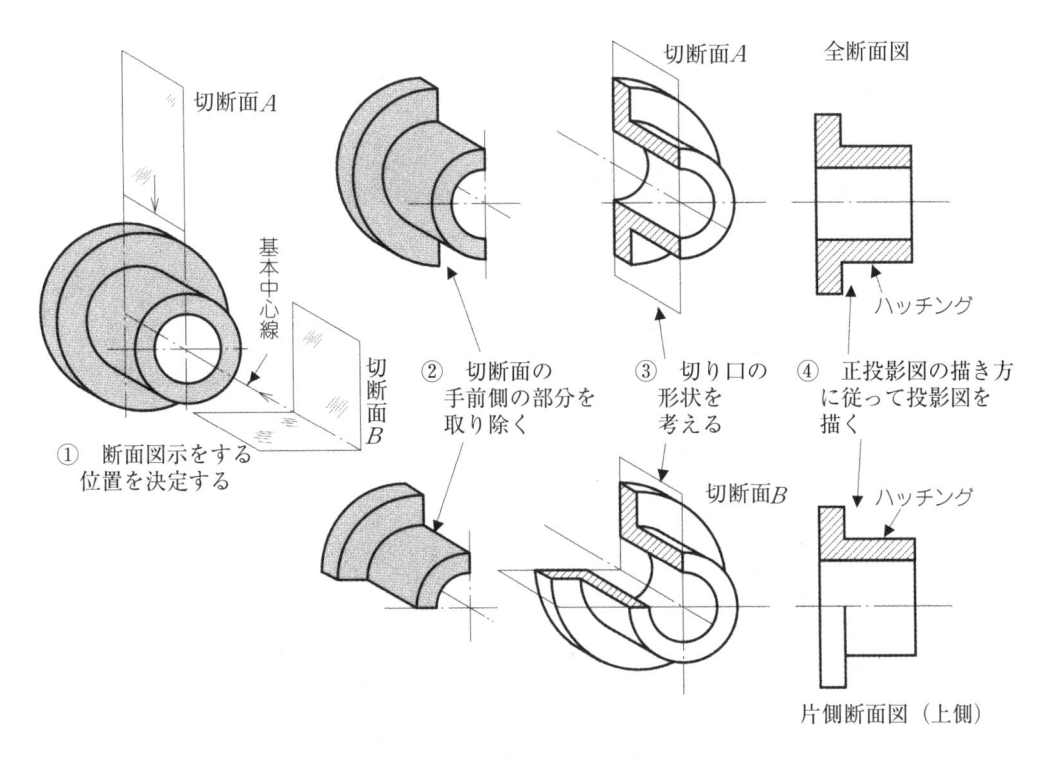

切断面A
切断面B
基本中心線
ハッチング
切断面B
ハッチング
片側断面図（上側）

図2.28　断面図示の順序

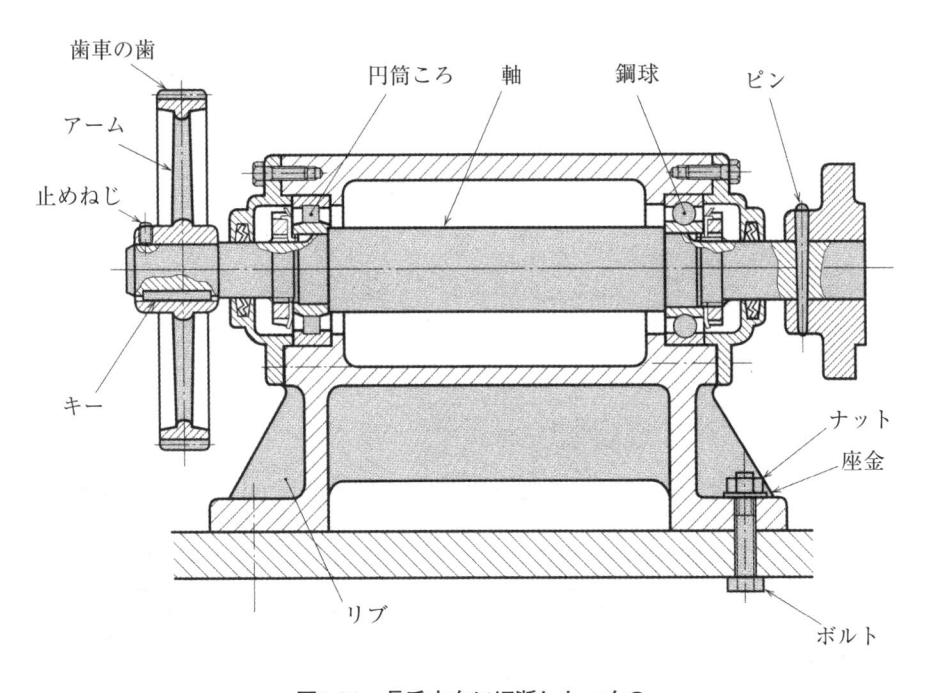

歯車の歯　円筒ころ　軸　鋼球　ピン
アーム
止めねじ
キー
ナット
座金
リブ
ボルト

図2.29　長手方向に切断しないもの

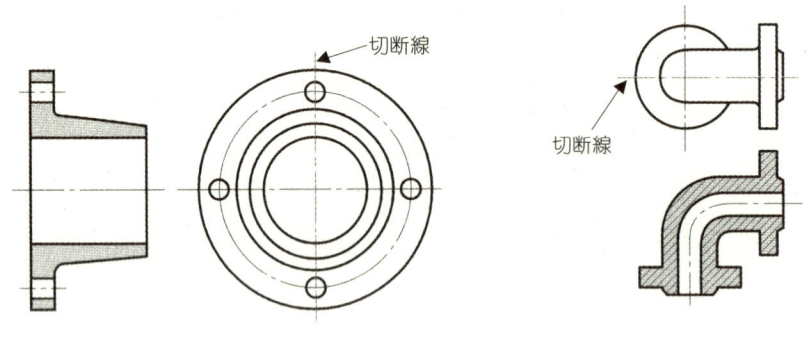

図2.30　回転体の全断面図　　　図2.31　特徴を最もよく表す位置における全断面図

（b）長手方向に切断しないもの

切断したために理解を妨げるもの（例1）、または切断しても意味がないもの（例2）は、原則として長手方向に切断しない。**図2.29**に長手方向に切断しない機械要素の例を示す。

例1：リブ、車のアーム、歯車の歯

例2：軸、ピン、ボルト、小ねじ、リベット、キー、ナット、座金、鋼球

（c）断面図の種類と表し方

（ア）全断面図

図2.28の切断面Aによって得られた断面図を全断面図という。原則として切断面は、**図2.30**、**図2.31**に示すように、対象物の基本的な形状を最もよく表すような面を選ぶ。

必要がある場合には、特定の部分の形をよく表すように切断面を決めて描くのがよい。この場合には、切断線によって切断の位置を示す（**図2.32**）。

（イ）片側断面図

図2.28の切断面Bによって得られた断面図のように、上下（または左右）対称な品物で外形と断面を同時に示したいときは、一般に、対称中心線の上側（**図2.33**）、または右側（**図2.34**）を断面で表す。この図を片側断面図という。

（ウ）部分断面図

図2.35に示すように、外形図の必要とする要所の部分だけを部分断面図として表すことができる。この場合、破断線によってその境界を示す。

（エ）回転図示断面図

ハンドルや車などのアームおよびリム、リブ、フック、軸、構造物の部材などの切り口は、つぎのように90°回転して表すことができる。

① 切断箇所の前後を破断して、その間に描く（**図2.36**）。
② 切断線の延長上に描く（**図2.37**）。
③ 図形内の切断箇所に重ねて、細い実線を用いて描く（**図2.38**）。

（d）組合せによる断面図

二つ以上の切断面による断面図を組み合わせて行う断面図は、つぎの原則によって図示する。

2.2 図形の表し方

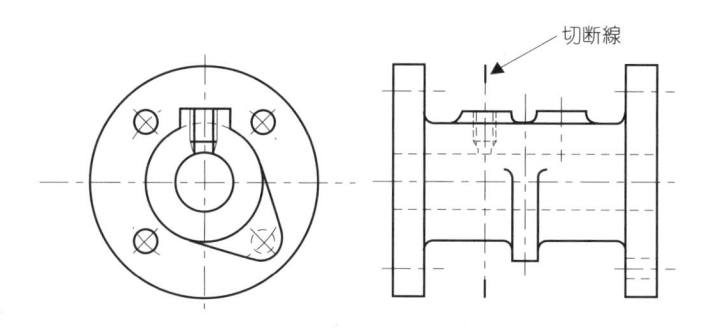

図2.32 切断線を例示した全断面図

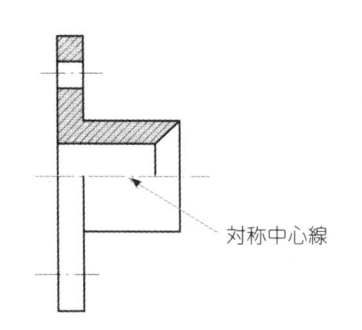

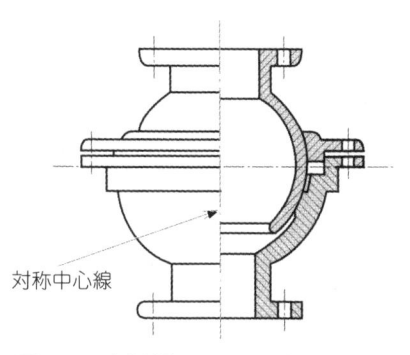

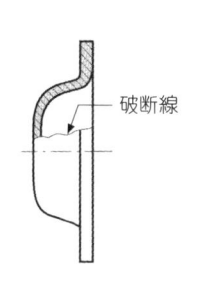

図2.33 上側断面による片側断面図　　図2.34 右側断面による片側断面図　　図2.35 部分断面図

(a)　　　　　　　　　　　　(b)

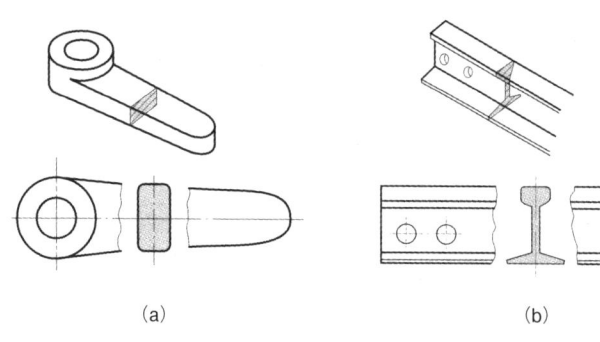

図2.36 切断箇所の前後を破断する回転図示断面図

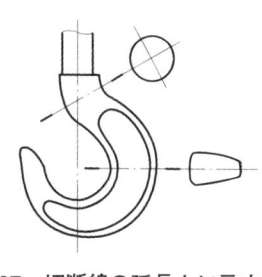

図2.37 切断線の延長上に示す回転図示断面図

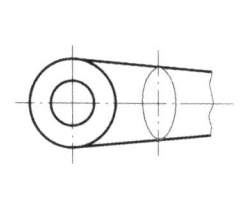

(a) ハンドルのアーム　　(b) リブ

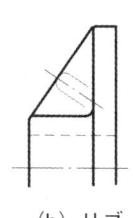

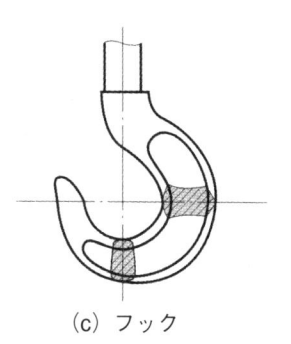

(c) フック

図2.38 図形内の切断箇所に重ねて描く例

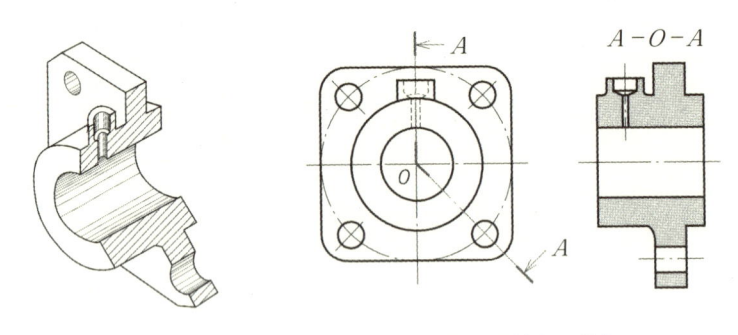

図2.39 相交わる2平面で切断する場合

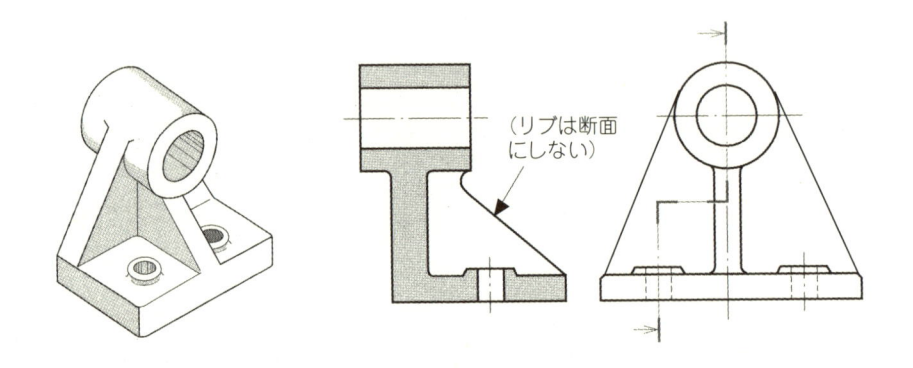

図2.40 平行な2平面で切断する場合

① 切断面の表示：切断面を示す切断線を引き、その両端部に見た方向を矢印で、また、切断箇所を英字の大文字で表示する。
② 断面箇所の表示：断面図の上側または下側のいずれか一方に統一して、切断箇所に表示した文字を $A-A$ のように記入する。
③ 表示の文字：表示の文字は、断面図の向きに関係なくすべて上向きにし、明りょうに大きくかく。

図2.39は、相交わる2平面で切断する場合、**図2.40**は、平行な2平面で切断する場合、**図2.41**は、曲がりに沿った中心面で切断する場合の例を、それぞれ示す。

（e）多数の断面図による図示

多数の断面図による図示は、つぎによる。

① 複雑な形状の対象物を表す場合には、必要に応じて多数の断面図を描いてもよい（**図2.42**、**図2.43**）。
② 一連の断面図は、寸法の記入および図面の理解に便利なように、投影の向きに合わせて描くのがよい。この場合、切断線の延長線上または主中心線上に配置することが望ましい（**図2.44**）。
③ 対象物の形状が徐々に変化する場合、多数の断面によって表すことができる（**図2.45**）。

2.2 図形の表し方

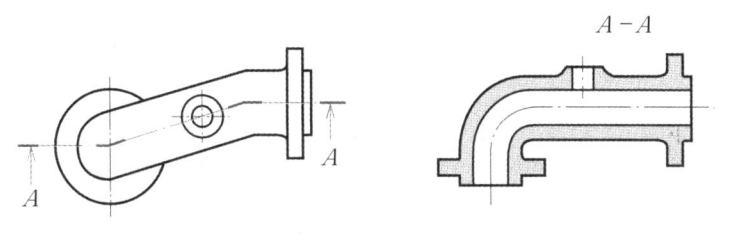

図2.41 曲がりに沿った中心面で切断する場合

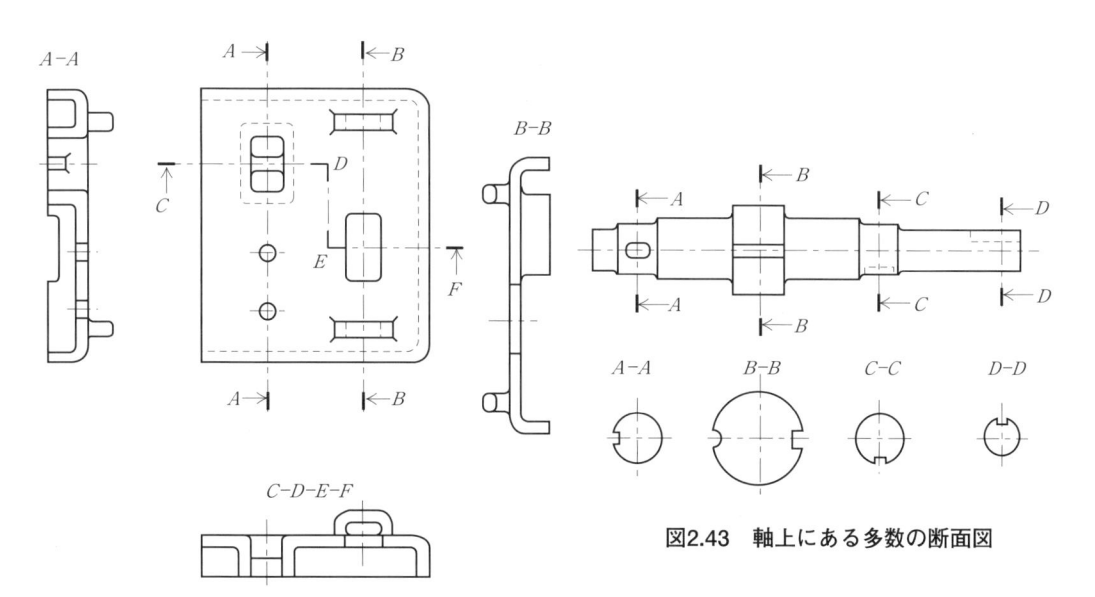

図2.42 多数の断面図の図示

図2.43 軸上にある多数の断面図

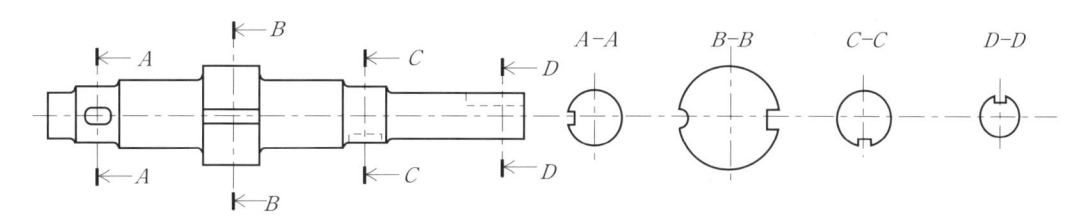

図2.44 主中心線の延長上に表す断面図

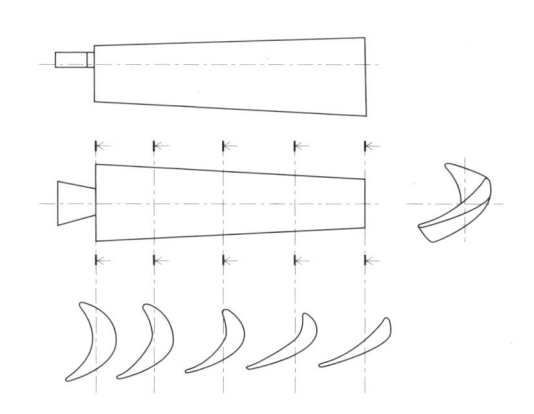

図2.45 形状が徐々に変化する場合の断面図

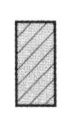

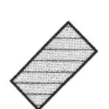

(a) 外形線に対し45°のハッチング

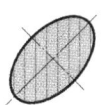

(b) 中心線に対し45°のハッチング

図2.46 ハッチングの施し方

(e) 切断面のハッチング

必要があって切断図に表れる切り口にハッチングを施す場合には、つぎのようにする。

① 普通に用いるハッチングは、主として中心線または断面図の主となる外形線に対して45°に細い実線で等間隔に施す(図2.46)。

② 同じ切断面上に現れる同一部品の切り口には、同一のハッチングを施す(図2.47)。ただし、階段状の切断面の各段に現れる部分を区別する必要がある場合には、ハッチングをずらすことができる(図2.48)。

③ 切り口の面積が広い場合は、その外形線に沿って適切な範囲にハッチングを施す(図2.47)。

④ 隣接する切り口のハッチングは、線の向きまたは角度を変えるか、その間隔を変えて区別する(図2.49)。

(g) 薄肉部の断面図

ガスケット、薄板、形鋼などで、切り口が薄い場合には、つぎのようにする。

① 図2.50(a)、(b)のように、断面の切り口を黒く塗りつぶす。

② 図2.50(c)、(d)のように、実際の寸法にかかわらず、1本の極太の実線で表す。

①、②いずれの場合にも、これらの切り口が隣接している場合には、それを表す図形の間に、0.7mm以上のすき間をあける。

(4) 図形の省略

実形図示の原則を守りつつ、図形の形状・大きさの正しい理解を妨げることなく、いかに能率よく描けるか、製図の簡略化の観点に重点を置いた図示法がある。

1) 対称図形の省略

図形が対称形状の場合には、対称性を明確にし、作図の時間と紙面を省くため、つぎのいずれかの方法によって対称中心線の片側を省略することができる。

① 図2.51～図2.53のように、対称中心線の片側の図形だけを描き、その対称中心線の両端部に短い2本の平行線(対称図示記号という)を付ける。

② 図2.54、図2.55のように、対称中心線の片側だけの図形を、対称中心線を少し越えた部分まで描く。このときは、対称図示記号を省略することができる。

2) 繰り返し図形の省略

ボルト、ボルト穴、管、管穴、はしごの横木など、同種、同形の形状が多数並ぶ場合には、つぎによって図形を省略することができる。

① 繰返し図形が規則正しく並ぶときは、両端部(一端は1ピッチ分)または要点だけを実形(図2.56(a)、(c))、または、図記号(例えば十字)によって示し(同図(b))、他はピッチ線と中心線との交点で示す。

ただし、図記号を用いて省略する場合には、その意味を引出線により記述する(同図(b))か、わかりやすい位置に記述する(同図(d))。

なお, 寸法記入で明らかな場合には、ピッチ線に交わる中心線は省略できる(同図(e))。

2.2 図形の表し方

図2.47 同一部品のハッチング

図2.48 階段状の断面図示

図2.49 隣接する切り口のハッチング

（a）形鋼　（b）薄板の組立　（c）容器　（d）充てん材の表示

図2.50 薄肉部の断面図示

図2.51 左右対称図形の省略　図2.52 上下対称図形の省略　図2.53 構造物の左右対称図形の省略

（a）要点を実形で表した例　（b）十字の図記号によって表した例

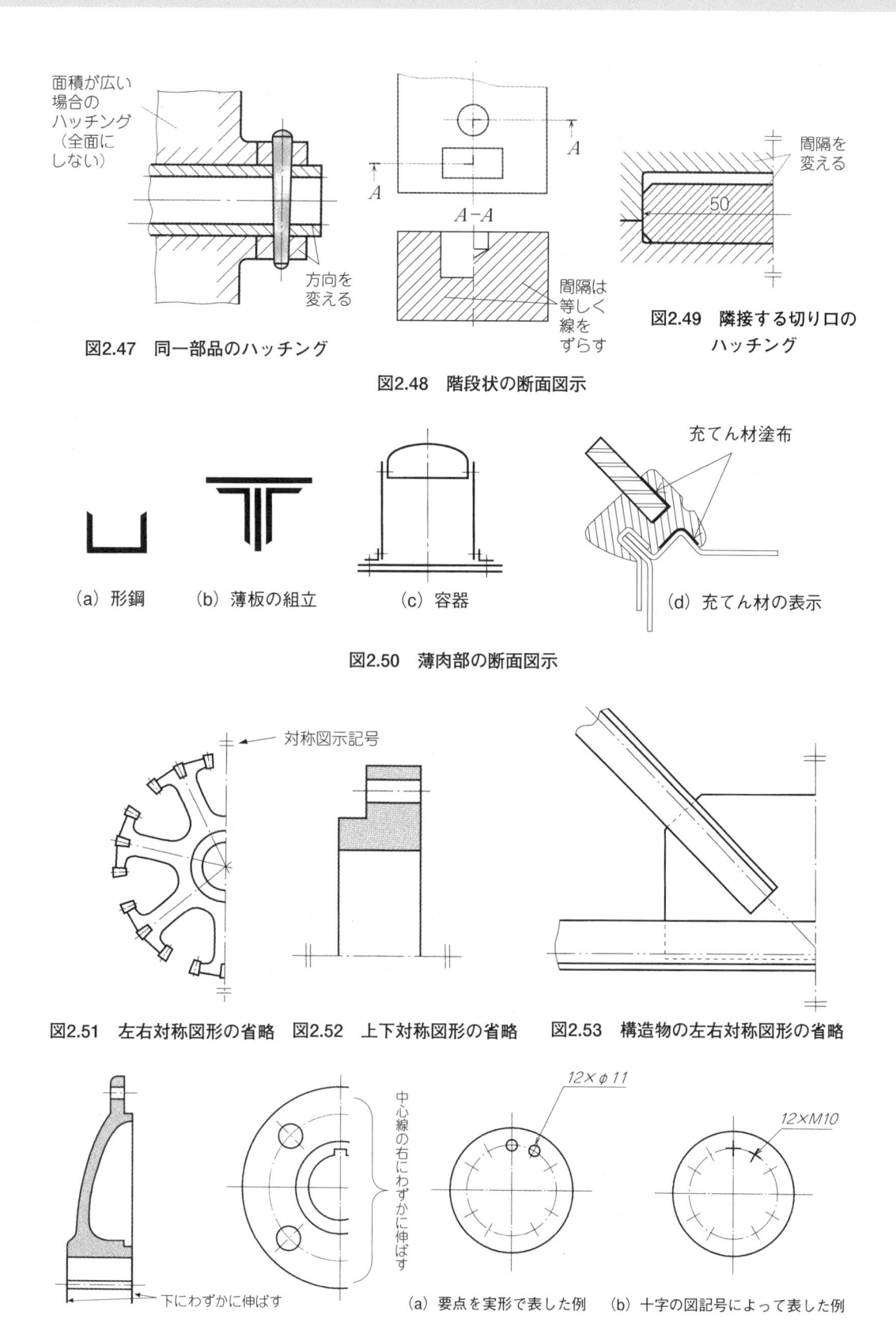

図2.54 上下対称図形　図2.55 左右対称図形　図2.56 繰返し図形の省略（1）

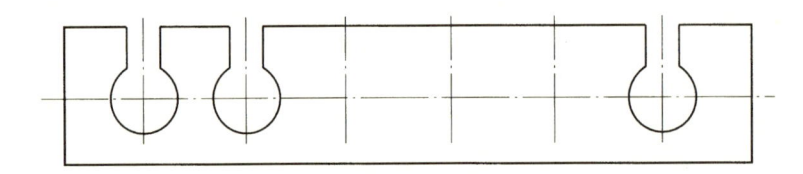

(c) 両端部を実形で表した例

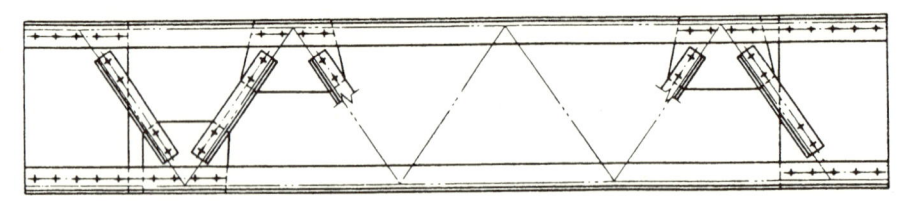

注) ＋：φ16リベット

(d) 図記号によって表した例

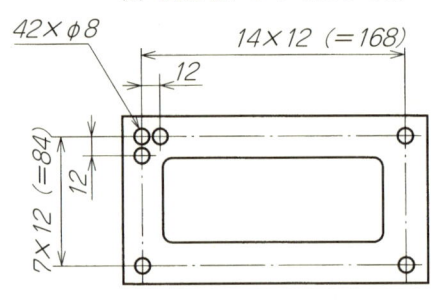

(e) 寸法を記入してある例

図2.56 繰返し図形の省略（2）

② 繰返し図形が特定位置だけに正しく並ぶときは、その両端部（一端は1ピッチ分）または要点だけを実形で図示し、他はその特定の交点だけを図記号によって示す（**図2.57**(a)）。

ただし、まぎらわしくない場合には、特定の交点の全部を図記号によって示してもよい（**図2.57**(b)）。

③ 繰返し図形が不規則に並ぶときは、②に準じて表す。

④ 2種類以上の繰返し図形が並ぶときは、その種類ごとに異なる図記号によって示す（**図2.58**）。

3）中間部分の省略による図形の短縮

同一断面形の部分（例1）、同じ形が規則正しく並んでいる部分（例2）、または長いテーパなどの部分（例3）は、紙面を省くため中間部分を切り取って、その肝要な部分だけを近づけて図示することができる。

例1：軸、棒、管、形鋼
例2：ラック、工作機械の親ねじ、橋の欄干、はしご
例3：テーパ軸

① 切り取った端部は、破断線で示す（**図2.59**、**図2.60**）。なお、要点だけを図示する場合、紛らわしくなければ破断線は省略できる（**図2.61**）。

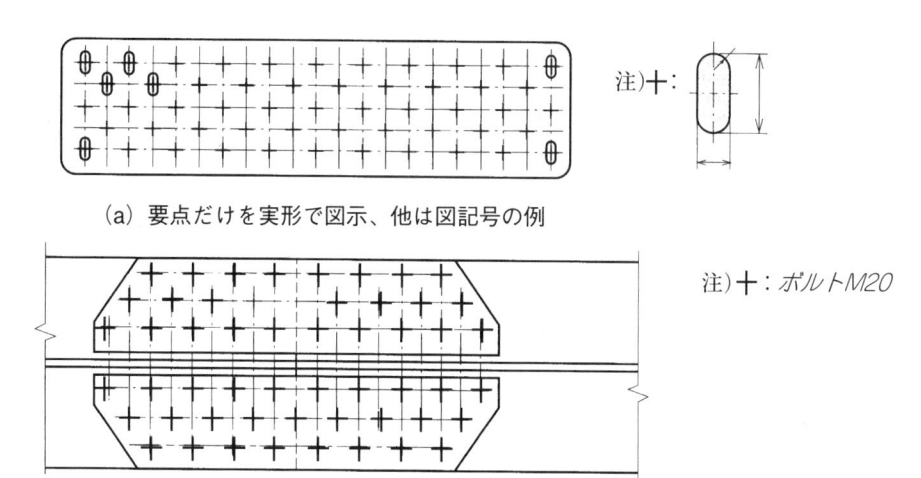

2.2　図形の表し方

(a) 要点だけを実形で図示、他は図記号の例

注)＋：ボルトM20

(b) 特定の交点をすべて図記号で表示する例

図2.57　繰返し図形が特定位置だけに規則正しく並ぶ例

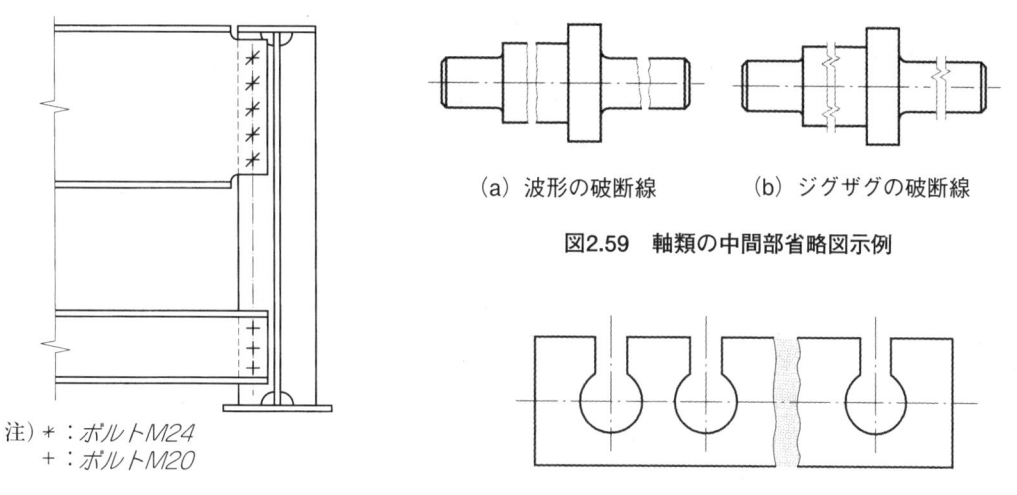

(a) 波形の破断線　　(b) ジグザグの破断線

図2.59　軸類の中間部省略図示例

注)＊：ボルトM24
　　＋：ボルトM20

図2.58　2種以上の繰返し図形が並ぶ例

図2.60　同じ形が規則正しく並んでいる部分の省略図示例

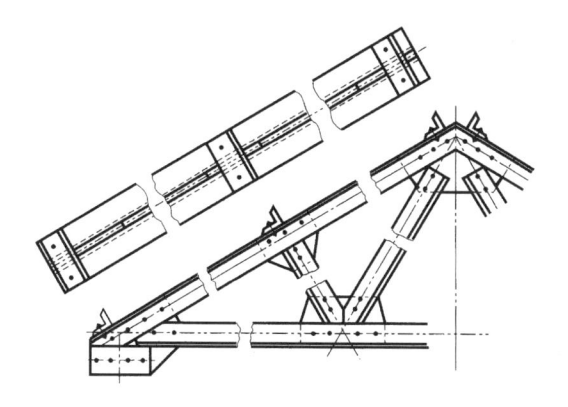

図2.61　要点の図示による破断線の省略例

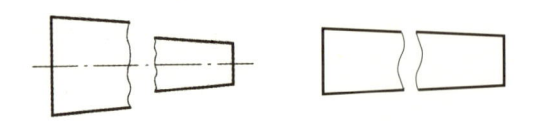

(a) 傾斜が急な場合　(b) 傾斜が緩い場合

図2.62　テーパ・こう配部分の省略例

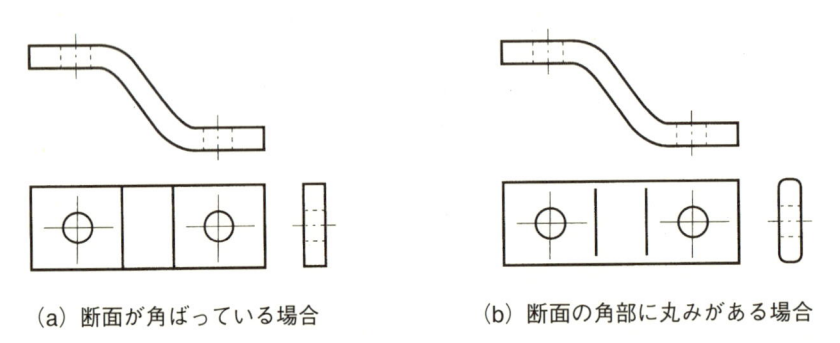

(a) 断面が角ばっている場合　(b) 断面の角部に丸みがある場合

図2.63　交わり部に丸みがあるときの図示例

② テーパ部分、こう配部分を切り取った図示では、傾斜が急な場合（**図2.62**(a)）と、傾斜がゆるい場合（**図2.62**(b)）とがある。傾斜がゆるいものは、実際の角度で図示しなくてもよい。

（5）特殊な図示
対象物の製作の妨げにならない、特殊な図示法がある。
1）簡明な図示
図示を必要とする部分をわかりやすくするために、かくれ線は、対象物の形状の理解を妨げなければ、これを省略するようにする（**図2.33**、**2.34**）。
2）交わり部の慣用図示
① 交わり部に丸みがある場合、対応する図にこの丸みの部分を表す必要があるときは、**図2.63**のように交わり部に丸みがない場所の交線の位置に太い実線で表す。
② 円柱が、他の円柱または角柱と交わる部分の線（相貫線）は、直線で表すか（**図2.64**(a)、(b)、**図2.65**）正しい投影に近似させた円弧で表す（**図2.64**(c)）。
③ リブなどを表す線の端末は、直線のまま止める。
なお、関連する丸みの半径が著しく異なる場合には、端末を内側または外側に曲げて止めても良い（**図2.66**）。
3）平面、穴の表示
図形内の特定な部分が平面または穴であることを特に表示したい場合には、**図2.67**、**図2.68**のように、平面または穴の部分に細い実線で対角線を記入する。

2.2 図形の表し方

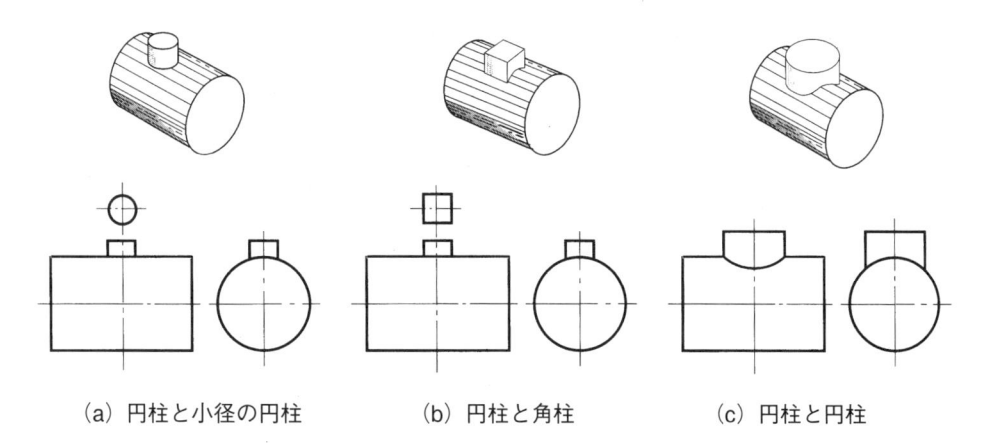

(a) 円柱と小径の円柱　　　(b) 円柱と角柱　　　(c) 円柱と円柱

図2.64　円柱と他の円柱、角柱の交わり部の慣用図示

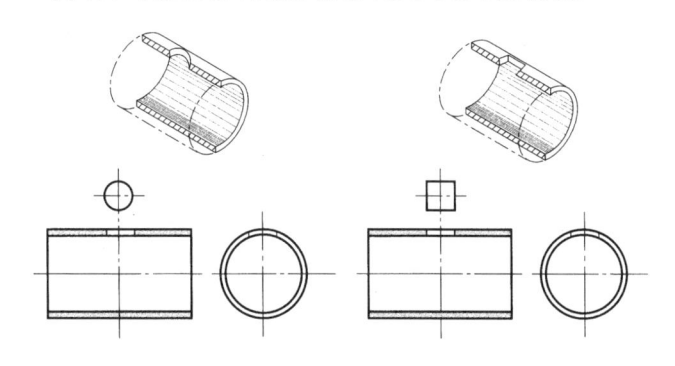

(a) 円筒外周の丸穴の例　　(b) 円筒外周の角穴の例

図2.65　円筒にあいた丸・角穴の慣用図示

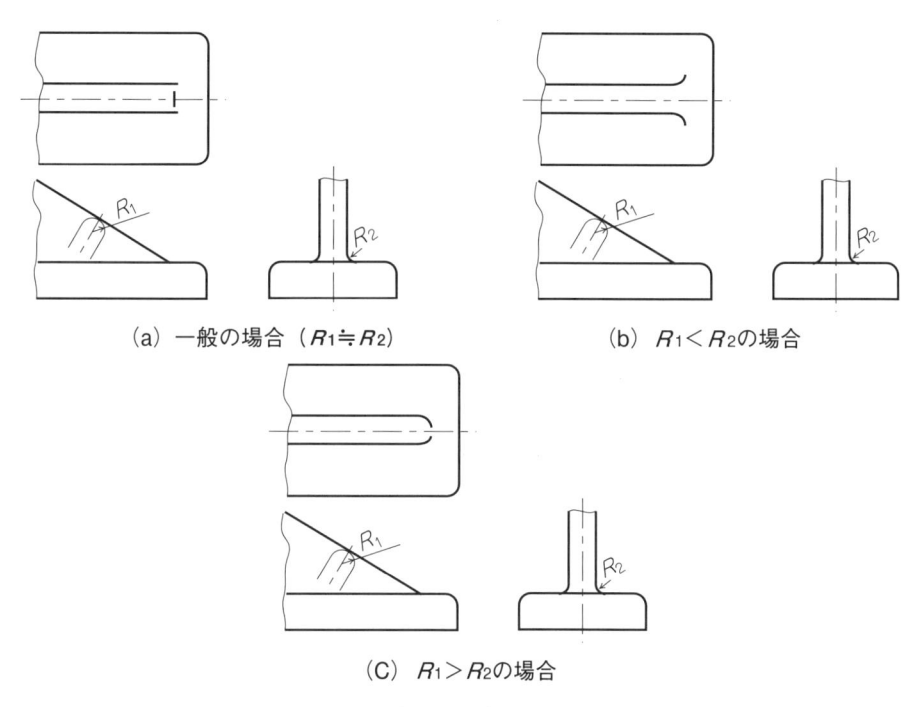

(a) 一般の場合（$R_1 ≒ R_2$）　　(b) $R_1 < R_2$の場合

(C) $R_1 > R_2$の場合

図2.66　リブを表す線の端末の図示

図2.67　平面の表示

図2.68　穴の表示

図2.69　面の一部に特殊な加工を施す場合

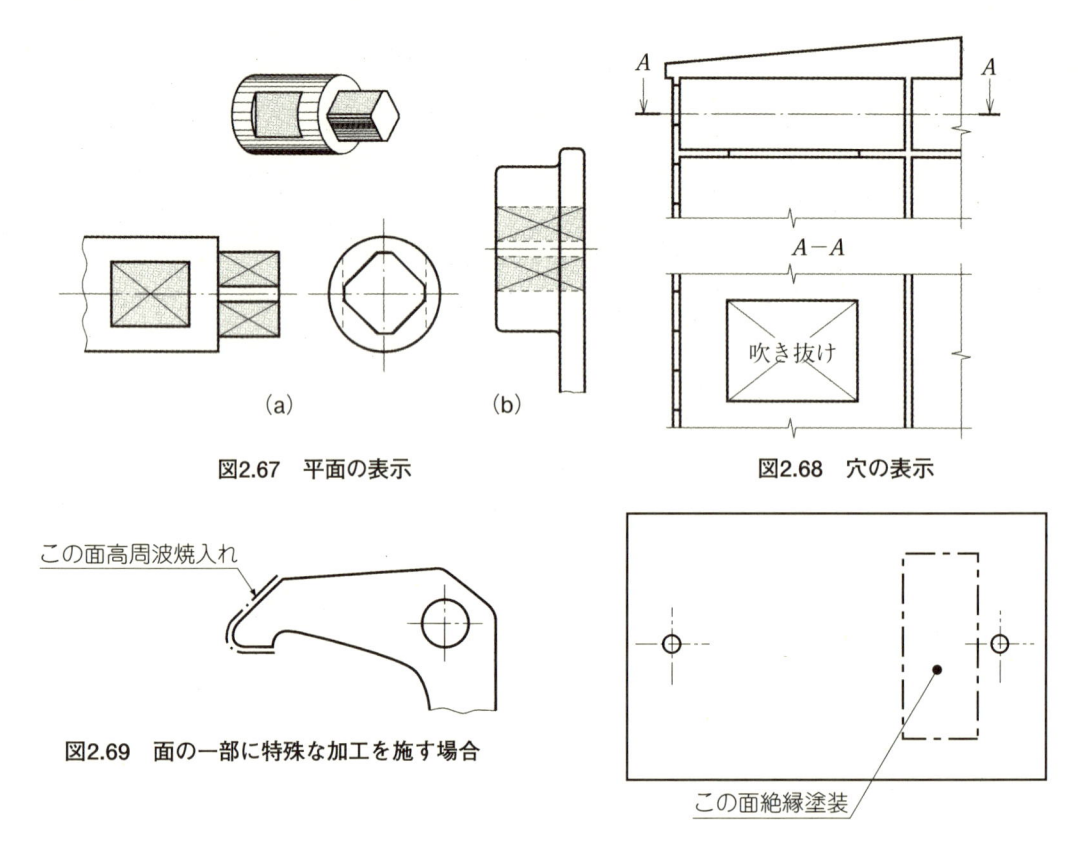

図2.70　図形中に特殊の範囲を指示する場合

4）加工・処理範囲の限定

対象物の面の一部分に特殊な加工を施す場合には、**図2.69**に示すように、その範囲を、外形線に平行にわずかに離して引いた太い一点鎖線によって示すことができる。また、図形中の特定の範囲を指示する必要がある場合には、**図2.70**に示すように、その範囲を太い一点鎖線で囲む。

5）加工部の表示

加工部の表示は、つぎによる。

① 溶接部品の溶接部分を参考に表す必要がある場合には、つぎの例による。
　ⓐ 溶接部材の重なりの関係を示す場合には、**図2.71**の例による。
　ⓑ 溶接構成部材の重なりの関係および溶接の種類と大きさを表す場合には、**図2.72**(a)の溶接記号を用いた指示に対して、組立図のように溶接寸法を必要としない場合には、**図2.72**(b)の例のように溶接部位を塗りつぶして指示することができる。
② 薄肉溶接構造物の強度を増加させる溶接構造例を**図2.73**に示す。
③ ローレット加工した部分、金網、しま鋼板などの特徴を表示する場合には、外形の一部分にその模様を描く。この場合の例を**図2.74**～**図2.76**に示す。
　また、非金属材料を特に示す必要がある場合には、原則として**図2.77**の表示方法

2.2 図形の表し方

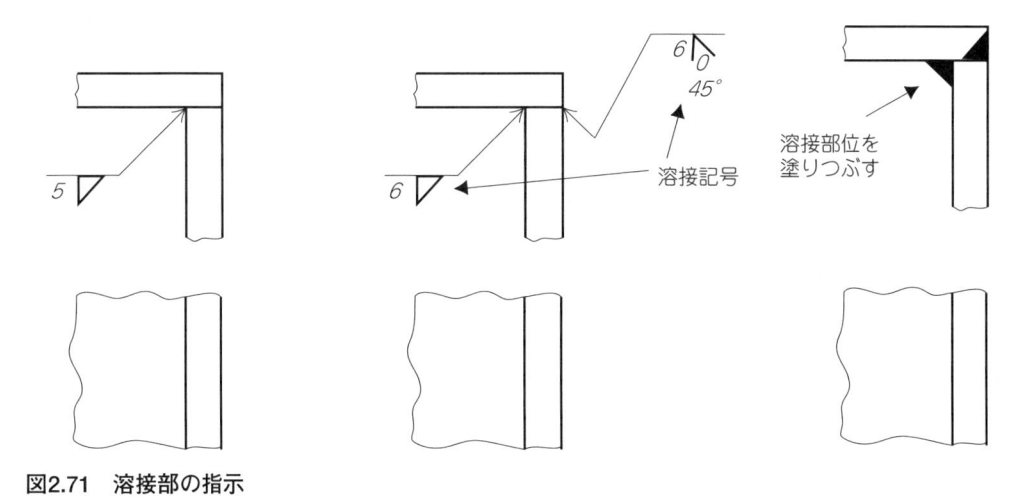

図2.71 溶接部の指示

（a）溶接記号による場合　　　（b）溶接寸法を必要としない場合

図2.72 溶接部材の重なりの関係および溶接の種類などの指示

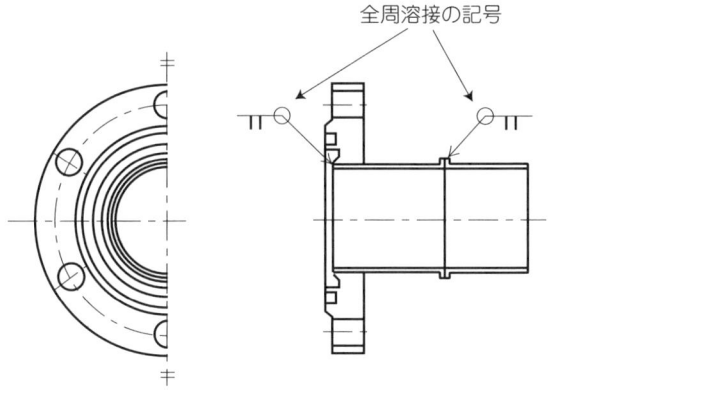

図2.73 薄肉溶接構造物の溶接構造例

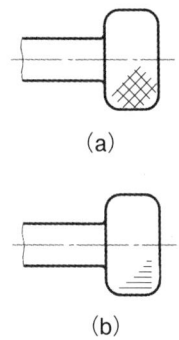

図2.74 ローレット加工した部分の例

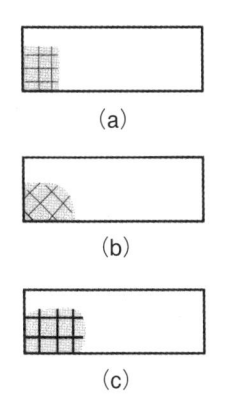

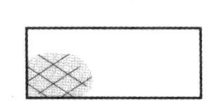

図2.75 金網の例　　　　　　図2.76 しま鋼板の例

71

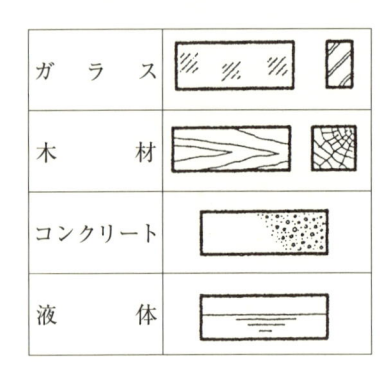

図2.77　非鉄金属の表示例

によるか、該当規格の表示方法による。この場合でも、部品図には材質を別に文字で記入する。外観を示す場合も、切り口の場合もこれによってよい。

④　加工に用いる工具・ジグなどの形を参考として図示する場合には、図2.1〔例6〕に示すように、細い二点鎖線で図示する。

⑤　加工前、または加工後の形を表す場合には、図2.1〔例7〕に示すように細い二点鎖線で図示する。

⑥　切断面の手前側にある部分を図示する必要がある場合には、それを細い二点鎖線で図示する（図2.1〔例8〕）。

　また、対象物に隣接する部分を参考として図示する必要がある場合にも、細い二点鎖線で図示する。なお、対象物の図形は隣接部分に隠されても、かくれ線としない（図2.1〔例5〕）。

まとめ

①　投影図は、主投影図である正面図以外に、（右・左）側面図、平面図、背面図、下面図がある。

②　簡略化した投影図には、部分投影図、局部投影図、補助投影図などがある。

③　実形図示は、外形線による図示を原則とし、回転投影図、補助投影図、展開図、部分拡大図、断面図示などの製図テクニックを使って行う。

④　図形の省略には、対称図形・繰り返し図形・中間部分の省略などがある。

⑤　特殊な図示には、簡明な図示、慣用図示、平面・穴の表示、加工・処理範囲、加工部の表示などがあり、寸法や加工の指示をする上で必要となってくる。

2.3　寸法の記入方法

> **チェックポイント**
> ①　寸法は、"どこから"を意味する寸法補助線、"どのように"を意味する寸法線、"どこまで"を意味する寸法補助線と寸法数値によって示す。
> ②　対象物の機能上必要な寸法（機能寸法）は、必ず記入する。
> ③　寸法は、なるべく主投影図に集中する。
> ④　関連する寸法は、なるべく1か所にまとめて記入する。

　図形の表し方では、対象物の形状と大きさの情報をどのように図面に盛り込むかを学んだ。
　寸法は、対象物の形と大きさを具体的に表す手段である。図面上、対象物の形状は正しく表示されていても、指示する寸法に間違いがあると設計者が意図するものは作れない。
　ここでは、寸法の記入方法について説明する。

（1）一般原則
寸法を記入する上で基本となる一般原則を示す。
①　対象物の機能・製作・組立などを考えて、必要と思われる寸法を明瞭に図面に指示する（図2.160 参照）。
②　寸法は、対象物の大きさ、姿勢および位置を最も明らかに表すのに必要で十分なものを記入する。
③　対象物の機能上必要な寸法（機能寸法）は、必ず記入する（図2.78）。
④　寸法は、寸法線・寸法補助線・寸法補助記号などを用いて、寸法数値によって示す。

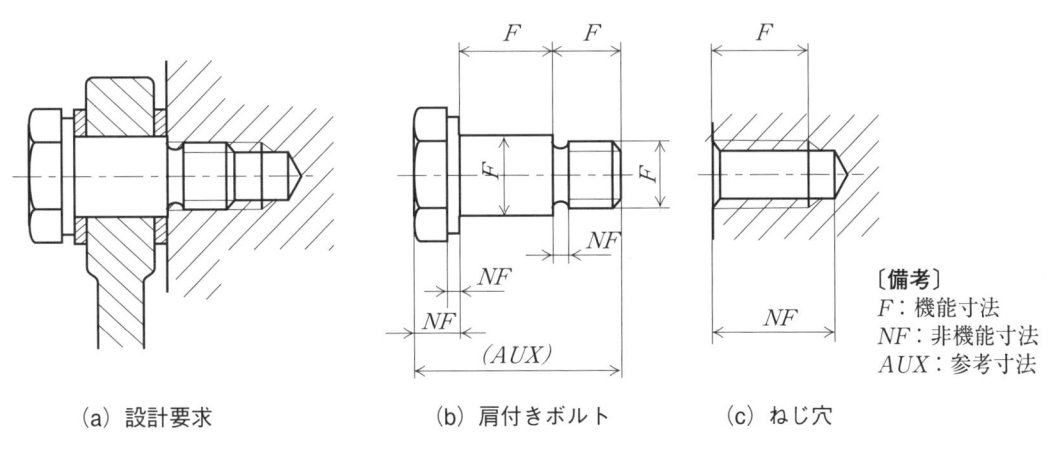

〔備考〕
F：機能寸法
NF：非機能寸法
AUX：参考寸法

（a）設計要求　　　　（b）肩付きボルト　　　（c）ねじ穴

図2.78　機能寸法と非機能寸法

⑤　寸法は、なるべく主投影図に集中する（図2.161参照）。

⑥　図面に示す寸法は、特に明示しない限り、その図面に図示した対象物の仕上がり寸法を示す。

⑦　図形の上側・右側への寸法記入は、寸法補助線が描き出す線となり有利である。

⑧　寸法は、なるべく計算して求める必要がないように記入する（図2.163参照）。

⑨　寸法は、なるべく工程ごとに配列を分けて記入する（図2.160参照）。

⑩　関連する寸法は、なるべく1か所にまとめて記入する（図2.164参照）。

⑪　寸法は、必要に応じて基準とする点、線または面を基にして記入する（図2.163参照）。

⑫　寸法は、重複記入を避ける（図2.162参照）。

⑬　寸法には、機能上（互換性を含む。）必要な場合、寸法公差の記入法（p126）によって寸法の許容限界を指示する。ただし、理論的に正しい寸法を除く。

⑭　寸法のうち、参考寸法については、寸法数値に括弧を付ける。

寸法は、"どこから"を意味する寸法補助線、"どのように"を意味する寸法線、"どこまで"を意味する寸法補助線と寸法数値によって示す。したがって、寸法補助線は、寸法の範囲を示し、製作上、測定上の基準となるものである。

寸法線は、数値によって表された長さまたは角度の方向を示し、したがって、測定方法をも指示していることになる。

寸法の表示のし方は、寸法線、寸法補助線の描き方と、寸法数値の記入のし方にわけて考えることができる。

（2）寸法線・寸法補助線の描き方

寸法補助線は、普通実長を表す外形線の両端から外形線に直角に引く。寸法線は、寸法を示そうとする外形線に平行に引く。したがって、寸法線と寸法補助線は直角に交わる。

図2.79は、寸法補助線・寸法線の引き方を示したものである。たとえば、辺AB、BCの長さを投影図に表示するには、同図(b)のようにする。

ここで、寸法線・寸法補助線を引く上での注意事項を列挙すると、つぎの通りである。

1）寸法線・寸法補助線を引く上での注意事項

①　寸法線・寸法補助線には、細い実線を用いる。

②　寸法補助線は、寸法線との交点より3mm程度伸ばして引く（図2.80）。

　　図面に寸法補助線を引き出すと図が紛らわしくなるときは、寸法補助線は省略できる（図2.81）

③　寸法線は、原則として指示する長さまたは角度を測定する方向に平行に引く（図2.80）。

④　寸法線またはその延長線の端には、矢印、斜線または黒丸（以下、総称するときは端末記号という。）を付け、つぎのように描く。

（ア）矢印の矢先は、一般的には**図2.82**(a)のように、開いたものが用いられる。また、

2.3 寸法の記入方法

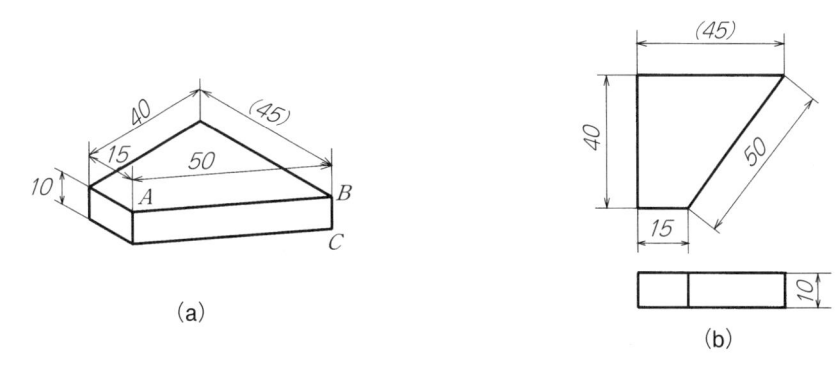

図2.79 寸法線・寸法補助線の引き方

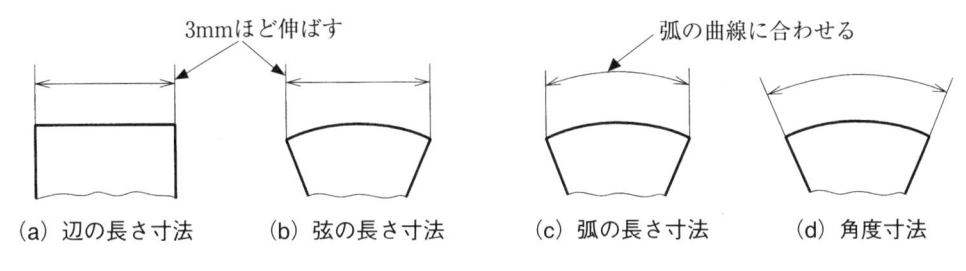

図2.80 寸法線の引き方

(a) 辺の長さ寸法　(b) 弦の長さ寸法　(c) 弧の長さ寸法　(d) 角度寸法

図2.81 寸法補助線の省略

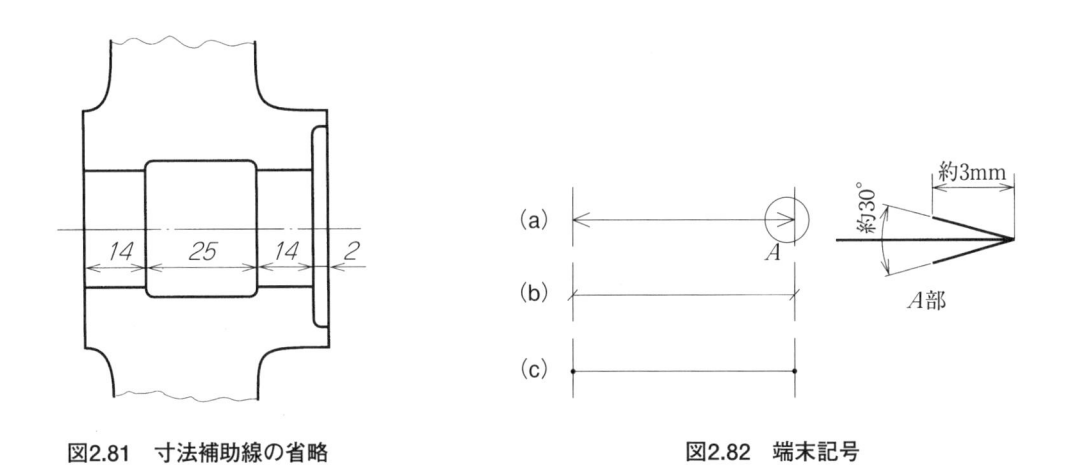

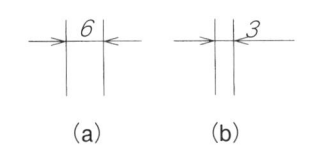

図2.82 端末記号

図2.83 内に向けた寸法線の矢印

矢印を記入する余地がないときは、図2.83のように寸法線を延長して寸法線をはさみ、内に向けて矢印を記入してもよい。

（イ）斜線は、寸法補助線をよぎり、左下から右上に向かい約45°に交わる短線とする（図2.82(b)）。

（ウ）黒丸は、寸法線の端を中心とした塗りつぶした小さい円とする（図2.82(c)）。

⑤ 寸法線に付ける端末記号は、一連の図面では、次に示す場合を除き、同じ形のものに統一して用いる。

（ア）半径を指示する寸法線には弧の側にだけ矢印を付け、中心の側には付けない（図2.84のA_1、A_2）。

（イ）累進寸法記入法（図2.84のB）の起点には、起点記号を用い、他端には矢印を用いる。起点記号は、寸法線の起点を中心とした白ぬきの小さい円で、黒丸より大きく描く。

（ウ）寸法補助線の間隔が狭くて矢印を記入する余地がないときには、矢印のかわりに黒丸（図2.84のC）、または斜線（図2.84のD）を用いてもよい。ただし、同一図面では図中のCかDのどちらかの描き方に統一する。

⑥ 寸法を指示する点または線を明確にするため、特に必要な場合には、寸法線に対してなるべく60°の角度をもつ互いに平行な寸法補助線を引くことができる（図2.85）。

⑦ 寸法線が隣接して連続する場合には、寸法線は一直線上にそろえて記入するのがよい（図2.86(a)）。また、関連する部分の寸法は、一直線上に記入するのがよい。（図2.86(b)、(c)）。

⑧ 角度を記入する寸法線は、角度を構成する二辺またはその延長線（寸法補助線）の交点を中心として、両辺またはその延長線の間に描いた円弧で表す（図2.87）。

⑨ 狭い箇所を指示するための引出線[※2]は、寸法線から斜め方向に引き出し、寸法数値を記入する。この場合、引出線の引き出す側には何も付けない（図2.88）。

※2 引出線は、寸法記入の他に、加工寸法、注記、部品番号などの記入にも用いられる。

⑩ 寸法補助線は、図形との間をわずかに離してもよい（図2.89）

⑪ 互いに傾斜する二つの面の間に丸みまたは面取りが施されているとき、二つの面の交わる位置を示すには丸み、または面取りを施す以前の形状を細い実線で表し、その交点から寸法補助線を引き出し、図2.90のように記入する。

2）対称図形の寸法記入

① 対称の図形で対称中心線の片側だけを表した図では、寸法線はその中心線を越えて適切な長さに延長する。この場合、延長した寸法線の端には、端末記号を付けない（図2.91）。ただし、誤解のおそれがない場合には、寸法線は、中心線を越えなくてもよい（図2.92）。

② 対称の図形で多数の径の寸法を記入するものでは、寸法線の長さをさらに短くして、図の例のように数段に分けて記入することができる（図2.93）。

2.3 寸法の記入方法

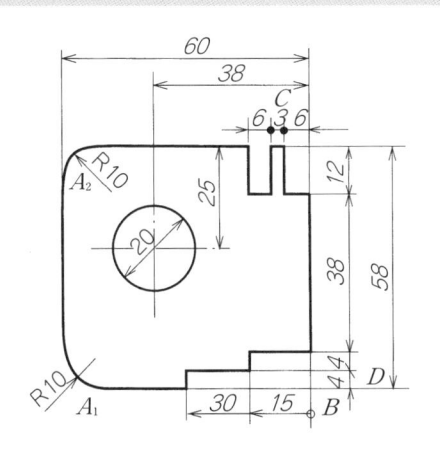

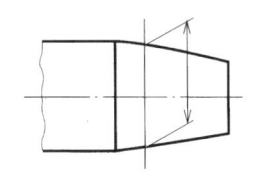

図2.84 端末記号の使い方の例

図2.85 寸法指示を明確にする場合の寸法補助線の引き方

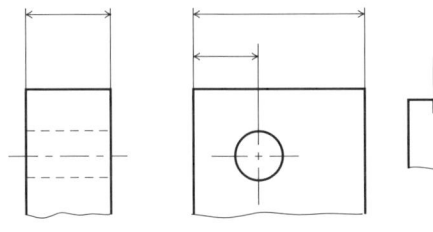

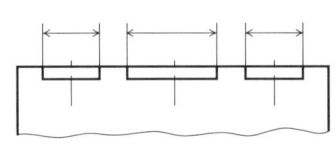

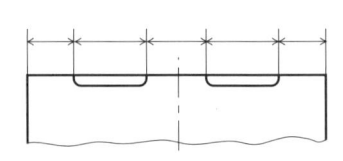

(a) 関連する寸法　　(b) 一直線上に断続する寸法　　(c) 一直線上に連続する寸法

図2.86 関連する寸法、連続する寸法の記入例

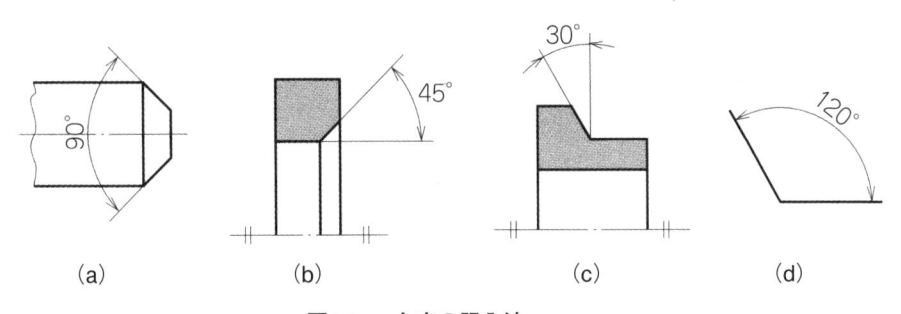

図2.87 角度の記入法

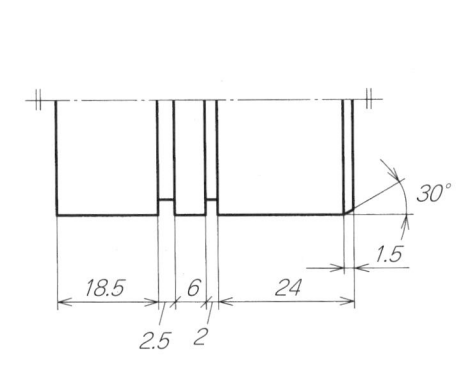

図2.88 引出線を使った寸法記入

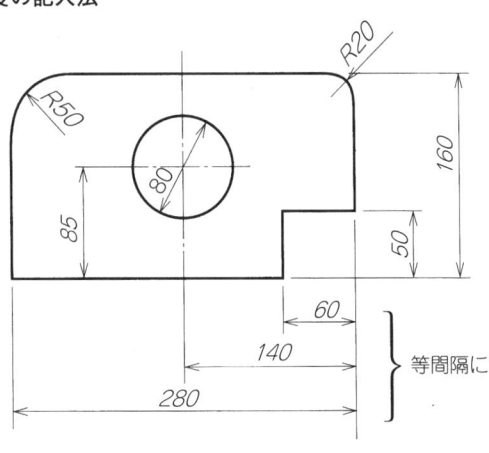

図2.89 寸法補助線の引き方の例

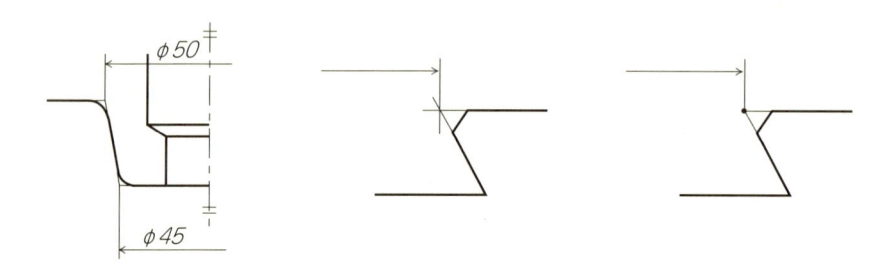

(a) 傾斜部に丸みがある例 　(b) 傾斜部に面取りがある例（1）　(c) 傾斜部に面取りがある例（2）

図2.90　互いに傾斜する二つの面の丸みまたは面取り部の寸法の入れ方

（3）長さの寸法と角度の表し方

長さ、角度の単位の取扱い、寸法数値の描き方は、次の約束のもとに行う。

1）寸法数値の描き方

① 長さの寸法数値は、原則としてミリメートルの単位で記入し、単位記号は付けない。ただし、特に他の単位、例えばインチなどを用いる必要がある場合には、その単位記号を記入する。

② 角度の寸法数値は、一般に度の単位で記入し、必要がある場合には、分および秒を併用することができる。度、分、秒、を表すには、数字の右肩にそれぞれ°、′、″を記入し（例1）、また、角度の単位をラジアンで記入する場合には、数値の後にradを記入する（例2）。

　　例1：90°　　22.5°　　3′ 21″　　6° 21′ 5″　　8° 0′ 30″
　　例2：0.52rad　　π／3 rad

③ 寸法数値に用いる文字（以下、寸法数字という）は、「製図に用いる文字（JIS Z 8313）」による。小数点は、下の点とし、数字の間を適当にあけて、その中間に大きめに書く。また、寸法数値のけた数が多い場合、3けたごとに数字の間を適当にあけ、コンマを付けない。

　　例：125 . 35　　12 . 00　　22 320

④ 寸法数字は、原図だけでなく、複写した図面またはマイクロフィルムから再生した図面でも、完全に読めるように十分な大きさで記入する。

2）寸法数値の位置および向き

寸法数値を記入する位置および向きは、特に定める累進寸法記入法（P85-（Ⅲ）参照）の場合を除き、つぎの二つの方法がある。

一般にはつぎに示す方法1を用いることになっているが、方法2の成立のいきさつが"見やすくかきやすい"、生産能率・製図能率の向上には、はかりしれないものがあるとの理由で、左右方向はISO通り、上下方向は、寸法線を中断したアメリカ方式で描くことになったというものである。

ただし、この二つの方法は、同一の図面内では混用してはならないことになっている。

2.3 寸法の記入方法

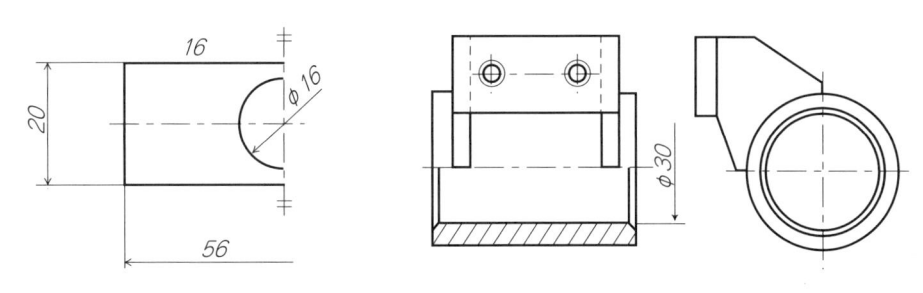

(a) 対称中心線の片側だけの表示例　　　(b) 直径の表示例

図2.91　対称図形の寸法線の引き方

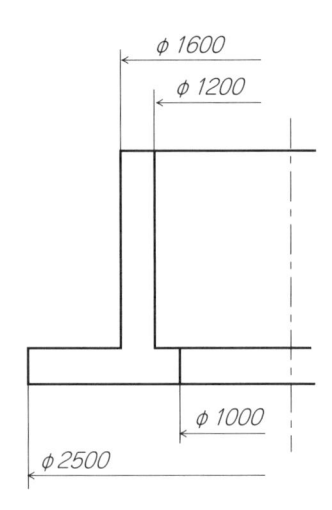

図2.92　対象図形で寸法線が中心線を越えない例

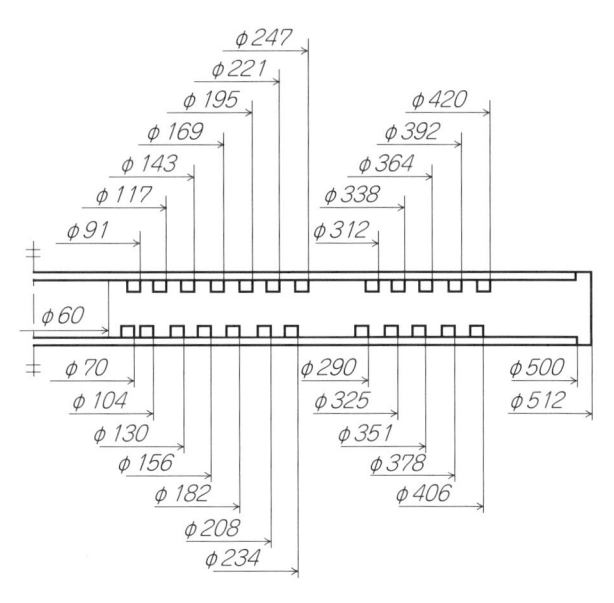

図2.93　対称図形で多数の径の寸法記入

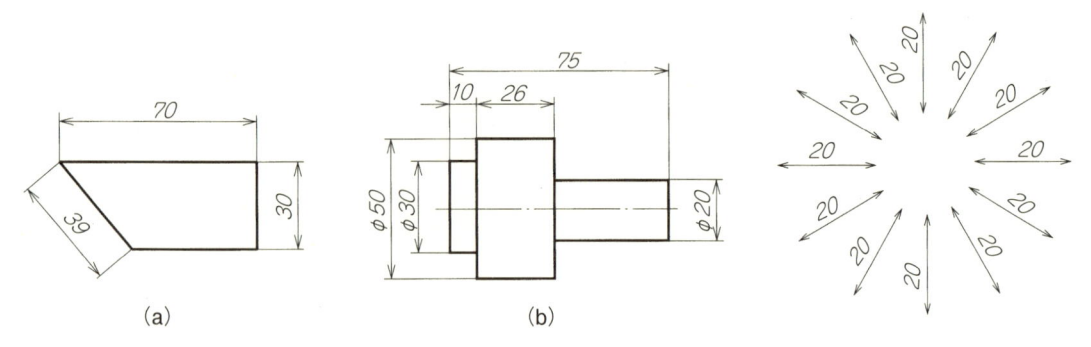

図2.94　方法1による寸法記入方法　　　図2.95　斜めの寸法線に対する寸法記入

また、一連の図面においても混用しないようにする。

（a）**方法1**
① 寸法数値は、**図2.94**（a）、（b）のように水平方向の寸法線に対しては図面の下辺から、垂直方向の寸法線に対しては図面の右辺から読めるように描く。
② 斜め方向の寸法線に対しても**図2.95**、**図2.96**のようにこれに準じて描く。
③ 寸法数値は、寸法線を中断しないで、これに沿ってその上側にわずかに離して記入する。この場合、寸法線のほぼ中央に描くのがよい。
④ 垂直線に対し左上から右下に向かい約30°以下の角度をなす方向（**図2.97**（a）の斜線部）には、寸法線の記入を避ける。ただし、図形の関係で記入しなければならない場合には、図2.97（b）、（c）のように、その場所に応じて、紛らわしくないように記入する。

（b）**方法2**
① 寸法数値は、図面の下側から読めるように描く。
② 水平方向以外の方向の寸法線は、**図2.98**に示すように寸法数値を挟むために中断し、その位置は寸法線のほぼ中央とする。
③ 角度寸法の記入法も、**図2.99**に示すように②に準じる。

3）寸法記入上の留意事項
① 寸法線が短くて、方法1・2の原則に沿えない場合は、**図2.100**の例による。
② 寸法数値を表す一連の数値は、**図2.101**（a）に示すように、図面に描いた線で分割されない位置に描く。
③ 寸法数値は、線に重ねて記入してはならない。ただし、やむを得ない場合には、引出線を用いて記入する（図2.101（b））。
④ 寸法数値は、寸法線に交わらない箇所に記入する（**図2.102**）。
⑤ 寸法補助線を引いて記入する直径の寸法が対称中心線の方向にいくつも並ぶ場合には、各寸法線はなるべく同じ間隔に引き、小さい寸法を内側に、大きい寸法を外側にして寸法数値をそろえて記入する（**図2.103**（a））。ただし、紙面の都合で寸法線の間隔が狭い場合には、寸法線を対称中心線の両側に交互に記入してもよい（図

2.3 寸法の記入方法

　　　　(a)　　　　　　　(b)

図2.96　角度寸法の記入法

(a) 寸法線を避ける領域

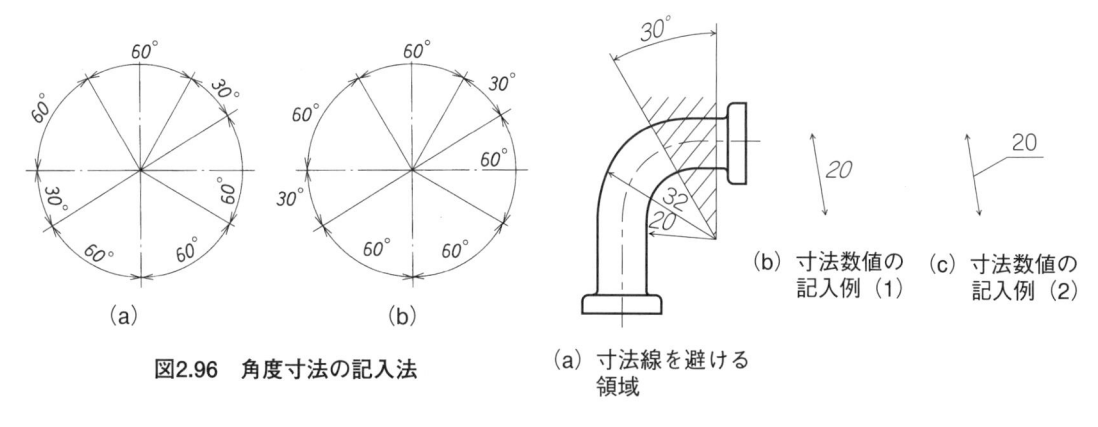

(b) 寸法数値の記入例（1）　(c) 寸法数値の記入例（2）

図2.97　寸法線の記入を避ける領域

　　　(a)　　　　　　　　　(b)

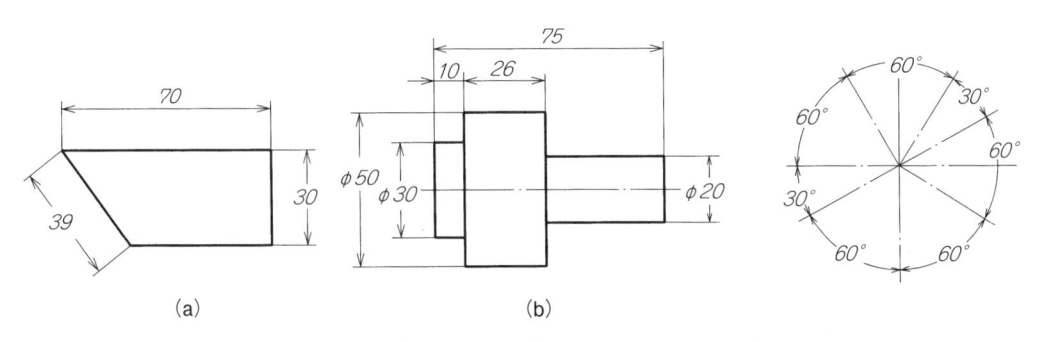

図2.98　方法2による長さ寸法の記入方法

図2.99　方法2による角度寸法の記入法

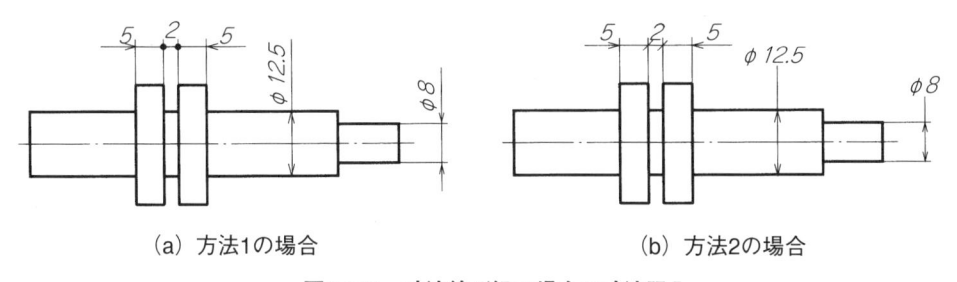

(a) 方法1の場合　　　　(b) 方法2の場合

図2.100　寸法線が短い場合の寸法記入

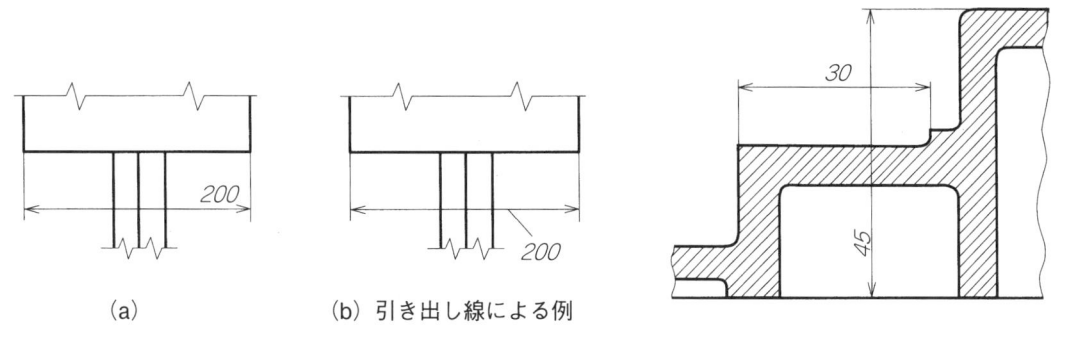

(a)　　　　　(b) 引き出し線による例

図2.101　寸法数値と図面に描いた線とが重ならない工夫

図2.102　寸法線の交差と寸法数値の記入

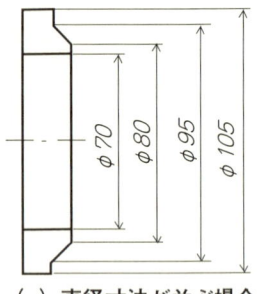

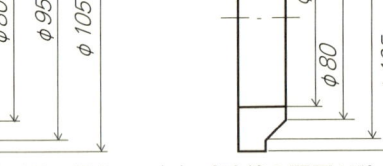

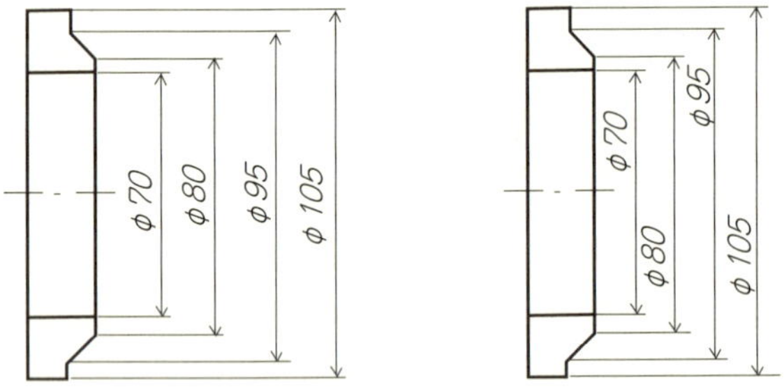

(a) 直径寸法が並ぶ場合　　(b) 寸法線の間隔が狭い場合

図2.103　直径寸法が対称中心線の方向に並ぶ寸法記入

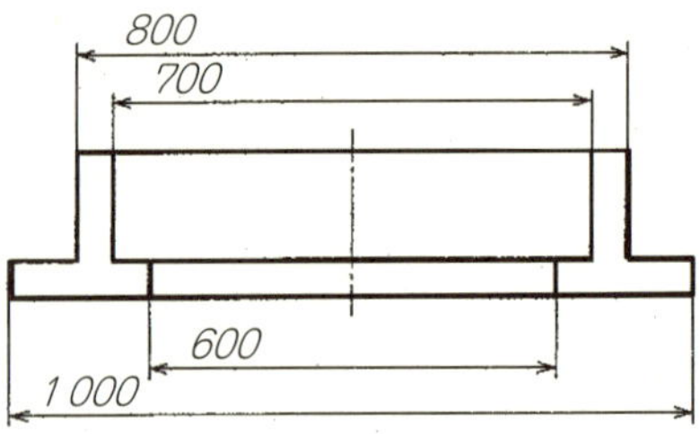

図2.104　寸法線が長い場合の寸法記入

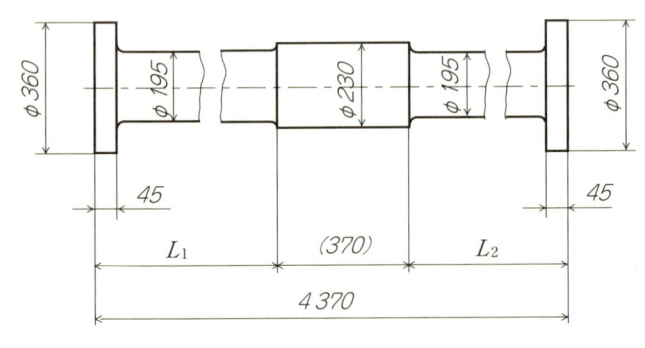

図2.105　文字記号を用いた寸法記入

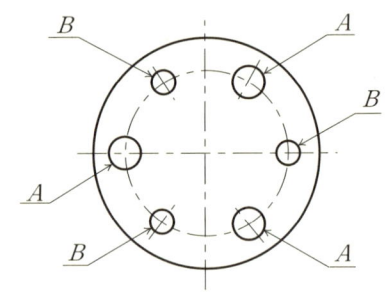

品番 記号	1	2	3
L_1	1 915	2 500	3 115
L_2	2 085	1 500	885

$A = \phi 12$
$B = \phi 10$

図2.106　文字記号と引出線による寸法記入

2.103 (b))。

⑥　寸法線が長くて、その中央に寸法数値を記入すると分かりにくくなる場合には、いずれか一方の端末記号の近くに片寄せて記入することができる（**図2.104**）。

⑦　寸法数値の代わりに、文字記号を用いてもよい。この場合、その数値を別に表示する（**図2.105**、**図2.106**）。

4）寸法配置を考慮した寸法記入方法

多数の寸法を連続して記入しなければならないときは、次の各方法のいずれかが便利である。

①　直列寸法記入法：直列に連なる個々の寸法に与えられる寸法公差[※3]が、逐次累積してもよい場合に適用する（**図2.107**）。（　）内の数値は参考寸法である。

②　並列寸法記入法：この方法によれば、並列に記入する個々の寸法公差は、他の寸

※3　図面に示される寸法は基準寸法といい、製作上は基準寸法からある一定の範囲内に品物ができればよいとする。この範囲を寸法公差という（P126 参照）。

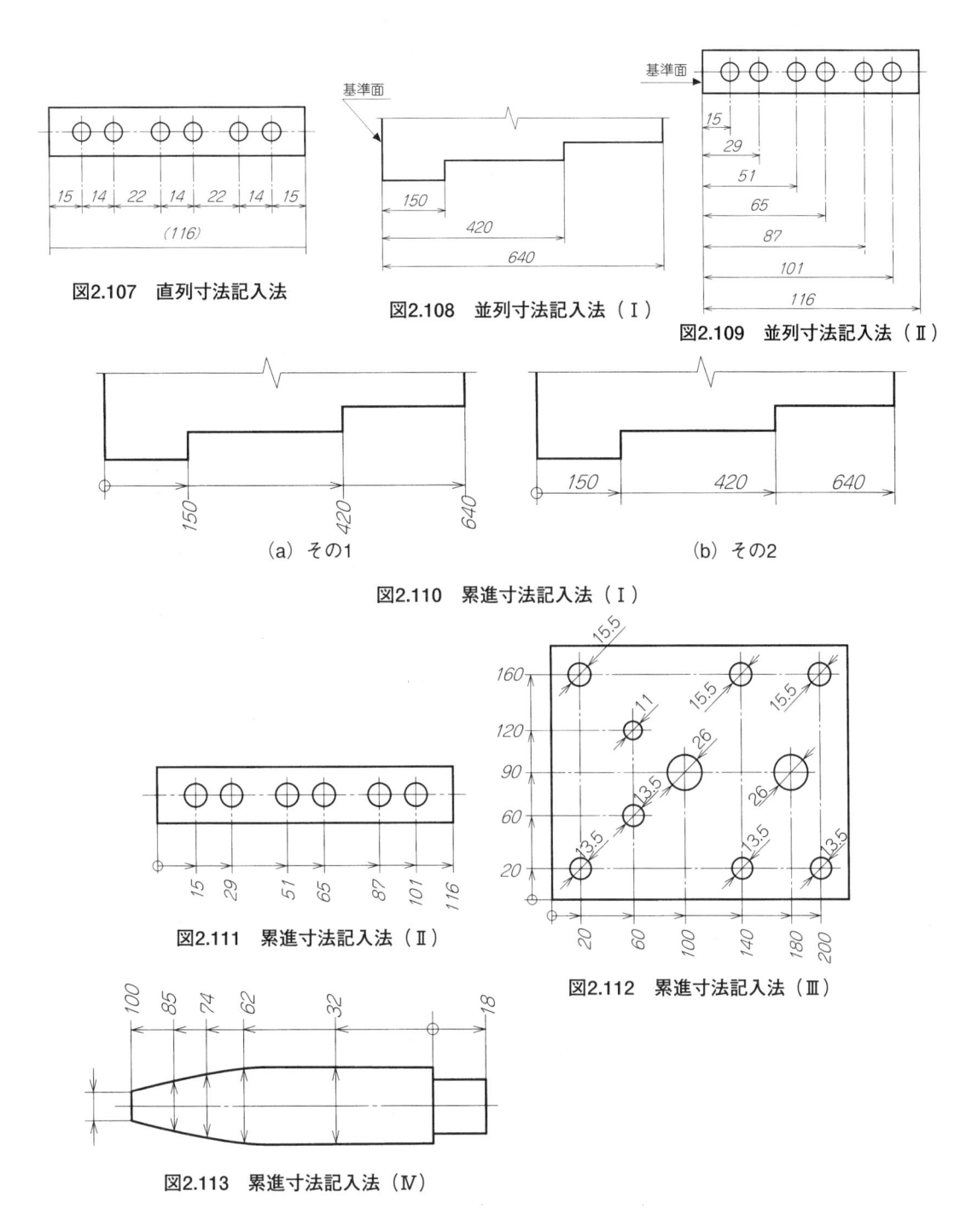

図2.107　直列寸法記入法

図2.108　並列寸法記入法（Ⅰ）

図2.109　並列寸法記入法（Ⅱ）

（a）その1　　　　　　　　（b）その2

図2.110　累進寸法記入法（Ⅰ）

図2.111　累進寸法記入法（Ⅱ）

図2.112　累進寸法記入法（Ⅲ）

図2.113　累進寸法記入法（Ⅳ）

法公差には影響を与えない（**図2.108**、**図2.109**）。この場合、共通側の寸法補助線の位置は機能・加工などの条件を考慮して適切に選ぶ。図は基準面からの寸法である。

③　累進寸法記入法：寸法公差に関しては、並列寸法記入法とまったく同等の意味をもちながら、1本の連続した寸法線で簡便に表示できる方法である。この場合、寸法の起点の位置は、起点記号（○）で示し、寸法線の他端は矢印で示す。寸法の記入例を**図2.110**〜**図2.113**に示す。

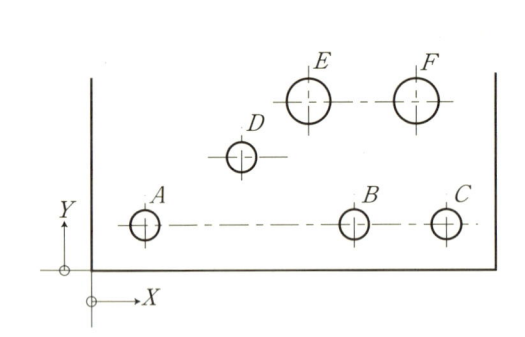

	X	Y	ϕ
A	20	20	13.5
B	140	20	13.5
C	200	20	13.5
D	60	60	13.5
E	100	90	26
F	180	90	26

図2.114 座標寸法記入法（直角座標）

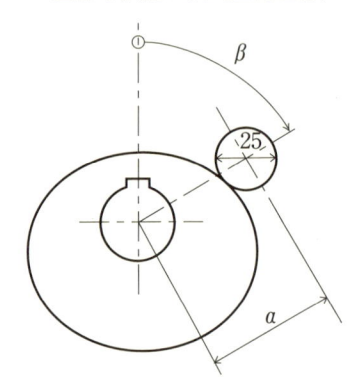

β	0°	20°	40°	60°	80°	100°	120〜210°	230°	260°	280°	300°	320°	340°
a	50	52.5	57	63.5	70	74.5	76	75	70	65	59.5	55	52

図2.115 座標寸法記入法（極座標）

④　座標寸法記入法：穴の位置、大きさなどの寸法は、**図2.114**および**図2.115**のように、座標を用いて表にしてもよい。この場合、表に示すX、Yまたはβの数値は、起点からの寸法である。

　　起点は、たとえば、基準穴、対象物の一隅など機能または加工の条件を考慮して選ぶ。

（4）寸法補助記号を用いた寸法記入法
1）寸法補助記号

主投影図の描き方（第2章2.2の（1））で学習したように、ϕ、R、Cは図面を簡潔に、わかりやすくする役目をもつ。これらの記号は、寸法のもつ意味をより具体的に表す助けとなるもので寸法補助記号という。**表2.8**は、製図で使われる寸法補助記号を示したものである。

2.3 寸法の記入方法

表2-8 寸法補助記号

区 分	記 号	呼び方	用 法
直 径	φ	まる	直径の寸法の、寸法数値の前に付ける。
半 径	R	あーる	半径の寸法の、寸法数値の前に付ける。
球の直径	Sφ	えすまる	球の直径の寸法の、寸法数値の前に付ける。
球の半径	SR	えすあーる	球の半径の寸法の、寸法数値の前に付ける。
正方形の辺	□	かく	正方形の一辺の寸法の、寸法数値の前に付ける。
板の厚さ	t	てぃー	板の厚さの寸法数値の前に付ける。
円弧の長さ	⌒	えんこ	円弧の長さの寸法の、寸法数値の上に付ける。
45°の面取り	C	しー	45°の面取りの寸法の、寸法数値の前に付ける。

図2.116 直径の表示　　図2.117 φを区別した直径の表示

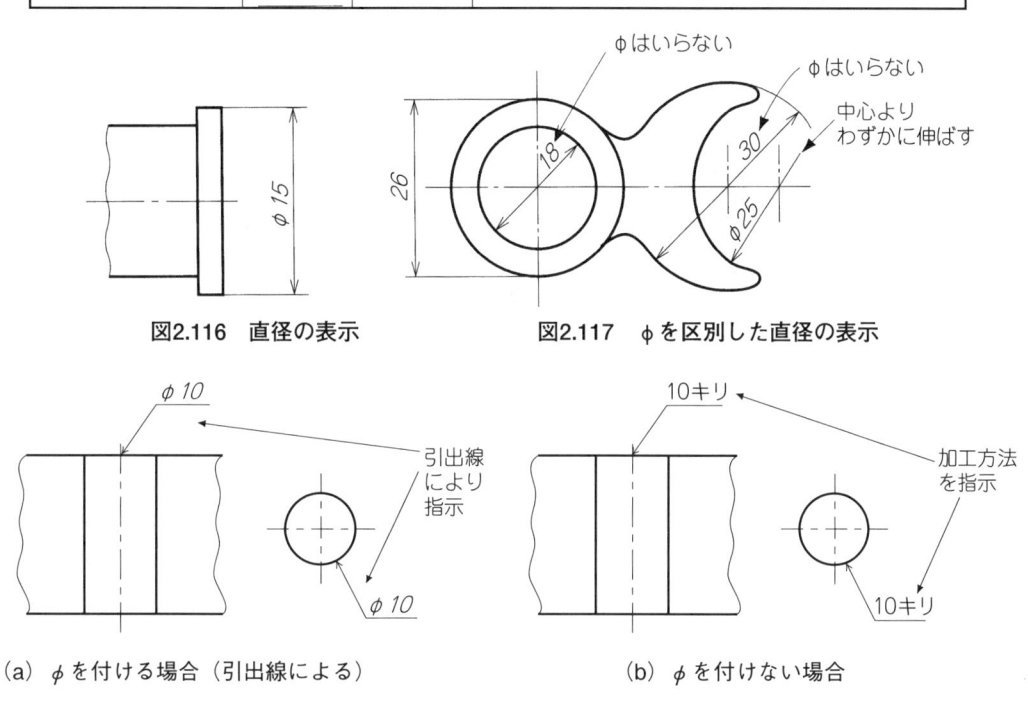

(a) φを付ける場合（引出線による）　　(b) φを付けない場合

図2.118 穴の直径の寸法数値

2）寸法補助記号の使い方

（a）直径の表し方

直径の表し方は、つぎによる。

① 対象とする部分の断面が円形であるとき、その形を図に表さないで、円形であることを示す場合には、**図2.116**に示すように、直径記号φを寸法数値の前に、寸法数値と同じ大きさで記入して示す。

② 円形の図に直径の寸法を記入する場合で、寸法線の両端に端末記号が付く場合には、**図2.117**に示すように、寸法数値の前に直径の記号φは記入しない。ただし、引

85

出線を用いて寸法を記入する場合には、図2.118(a)のように、記号φを記入する。

③　円形の一部を欠いた図形で寸法線の端末記号が片側の場合は、半径の寸法と誤解しないように、φを寸法数値の前に付ける（図2.117、2.162）。

④　円形の図および側面図で円形が現れない図のいずれの場合でも、直径の寸法数値の後に明らかに円形になる加工方法が併記されている場合には、寸法数値の前に直径の記号φは記入しない（図2.118(b)、図2.138）。

⑤　円弧で構成する部分で、円弧が180°以内でも加工上特に直径の寸法を必要とするものに対しては、直径の寸法を記入する（図2.119）。

直径の異なる円筒が連続していて、その寸法数値を記入する余地がないときは、図2.120のように、片側に寸法線の延長線と矢印を描き、直径の記号φと寸法数値を記入する。

（b）半径の表し方

半径の表し方は、つぎによる。

①　半径の寸法は、図2.121(a)のように、半径の記号Rを寸法数値の前に寸法数値と同じ大きさで記入する。ただし、半径を示す寸法線を円弧の中心まで引く場合には、同図(b)のように、この記号を省略できる。

②　円弧の半径を示す寸法線には、図2.121のように、円弧の側にだけ矢印を付け、中心の側には付けない。なお、小円のように矢印や寸法数値を記入する余地がないときは、図2.122の例による。

③　半径の寸法を指示するために円弧の中心の位置を示す必要がある場合には、十字または黒丸でその位置を示す（図2.123、図2.132(a)）。

④　円弧の半径が大きくて、その中心の位置を示す必要がある場合に、紙面などの制約があるときには、その半径の寸法線を折り曲げてもよい。この場合、寸法線の矢印の付いた部分は、正しい中心の位置に向いていなければならない（図2.123）。

⑤　同一中心をもつ半径は、図2.124に示すように、長さ寸法と同様に累進寸法記入法を用いて表示できる。

⑥　実形を示していない投影図に実際の半径を指示する場合には、図2.125のように、寸法数値の前に"実R"の文字記号を、展開した状態の半径を指示する場合には、図2.126のように、"展開R"の文字記号を記入する。

⑦　半径の大きさが他の寸法から導かれる場合には、図2.127のように、半径を示す矢印と数値などの記号（R）によって指示する。なお、記号の代わりに（$R8$）と記入しても意味は同じである。

（c）球の直径または半径の表し方

図2.128に示すように、球の直径は$S\phi$、球の半径はSRを、それぞれ寸法数値の前に記入する。

（d）正方形の辺の表し方

正方形の辺の表し方は、つぎによる。

2.3 寸法の記入方法

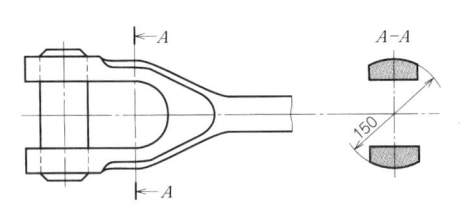

図2.119 円弧における直径寸法表示

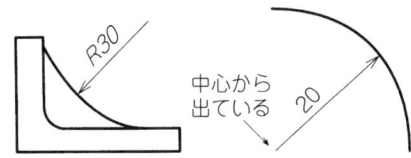

(a) 通常の場合　(b) 半径の中心から寸法線が出ている場合

図2.121 半径の表示

(a)　(b)

図2.120 特殊な直径表示法

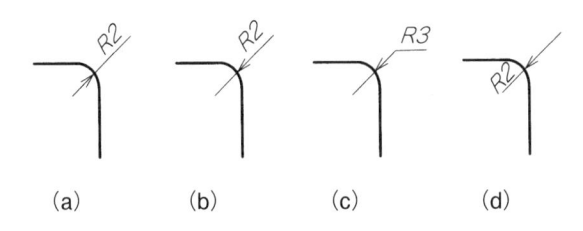

(a) (b) (c) (d)

図2.122 小円の半径の表示

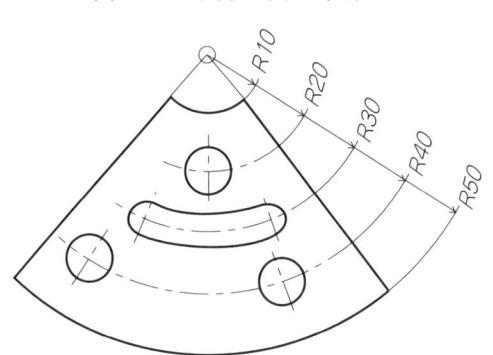

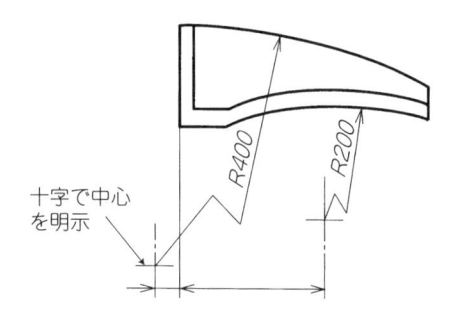

図2.123 半径の中心の明示

図2.124 半径の累進寸法記入法

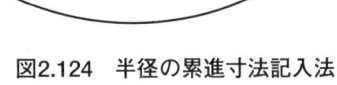

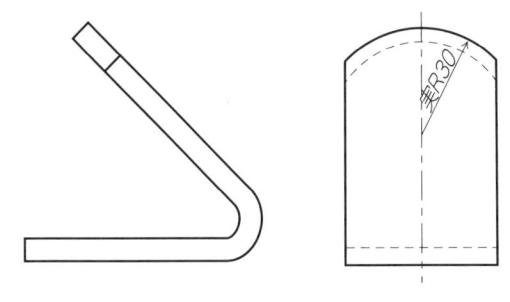

図2.125 実際の半径を示す方法

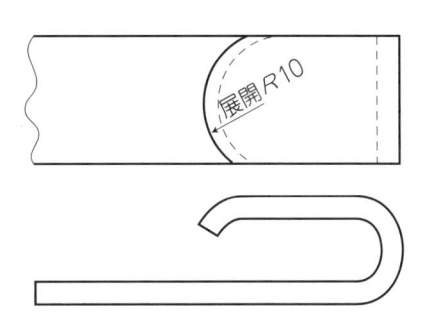

図2.126 展開図の半径を示す方法

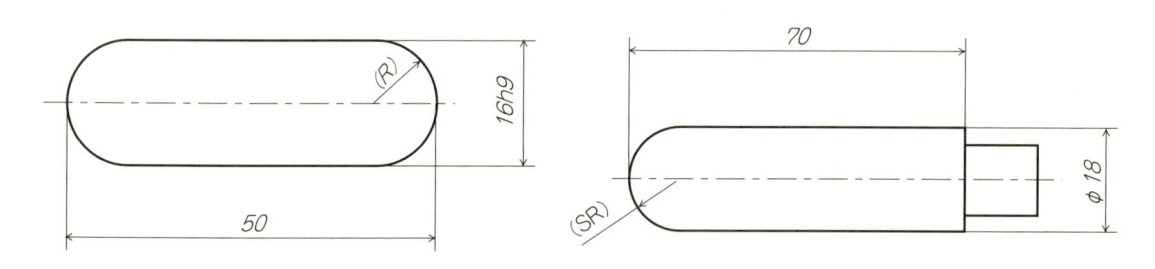

(a) 半径が幅16から導かれる　　　　(b) 半径が円筒の直径18から導かれる

図2.127　半径の大きさが他の寸法から導かれる場合

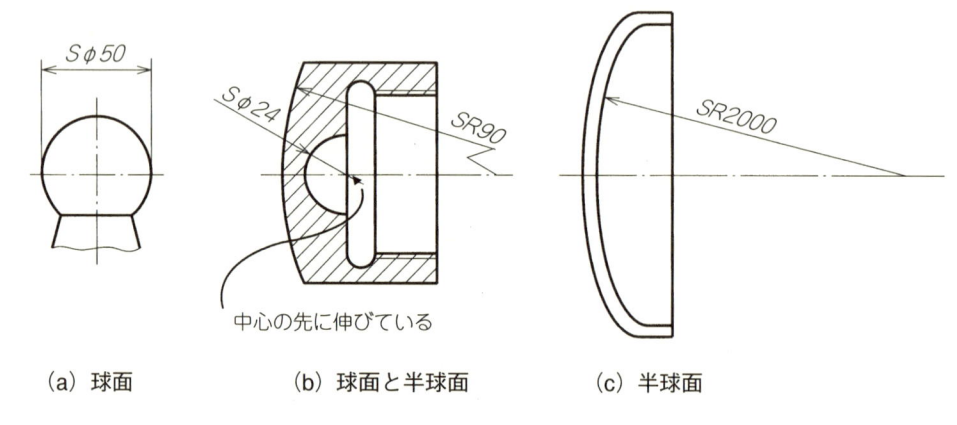

　　(a) 球面　　　　(b) 球面と半球面　　　　(c) 半球面

図2.128　球の直径および半径の表示

① 断面が正方形であることを表すときには、寸法数字の前に寸法数字と同じ大きさの記号□を記入する（**図2.129**）。
② 正方形を正面から見た場合のように、正方形が図に表される場合には、正方形の一辺であることを示す記号□を付けずに、両辺の寸法を記入しなければならない（**図2.130**）。

（e）厚さの表し方

主投影図に、板の厚さの寸法を表す場合には、その図の付近または図の見やすい位置に、厚さを表す寸法数字の前に、寸法数値と同じ大きさで厚さを示す記号 t を記入する（**図2.131**）。

（f）曲線の表し方

曲線の表し方は、つぎによる。
① 円弧で構成する曲線の寸法は、**図2.132**に示すように、一般にはこれらの円弧の半径と、その中心または円弧の接線の位置とで表す。
② 円弧で構成されない曲線の寸法は、**図2.133**(a)に示すように、曲線上の任意の点の座標寸法で表す。この方法は、円弧で構成する曲線の場合にも、必要があれば用いてもよい（図2.133(b)）。

（g）弦・円弧の長さの表し方

図2.134(a)に弦の長さを、図2.134(b)に円弧の長さの表し方を示す。

2.3 寸法の記入方法

図2.129 正方形断面の寸法記入

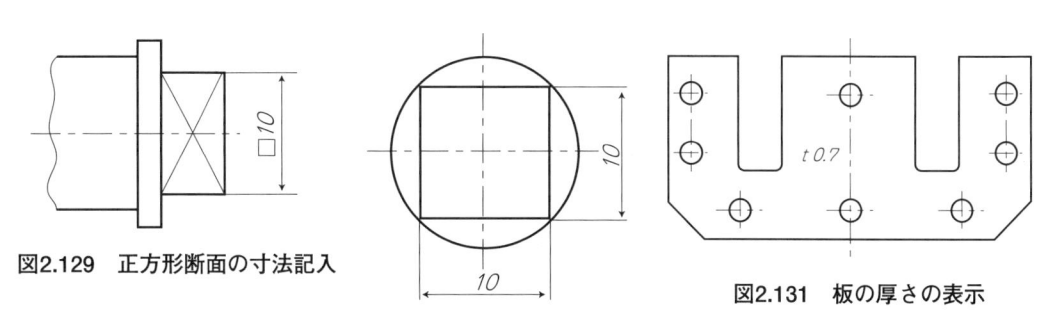

図2.130 正方形部分の寸法記入

図2.131 板の厚さの表示

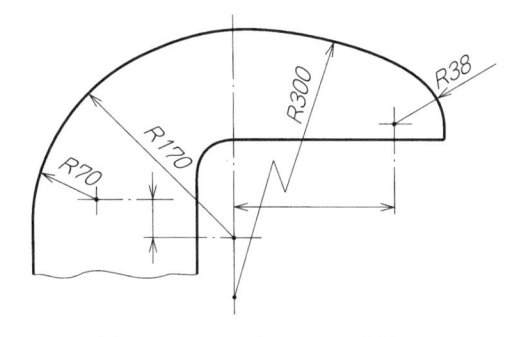

(a) 半径とその中心による方法

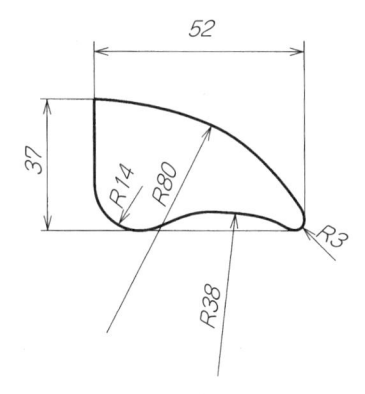

(b) 半径と円弧の接線の座標による方法

図2.132 曲線の寸法記入

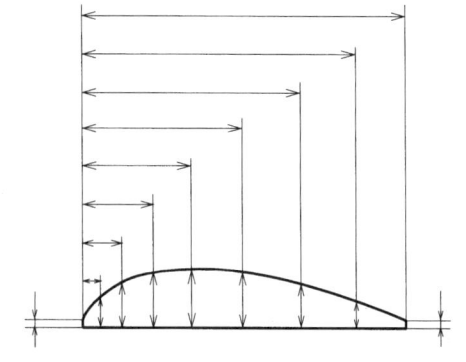

(a) 曲線上の任意の点の座標寸法で表示

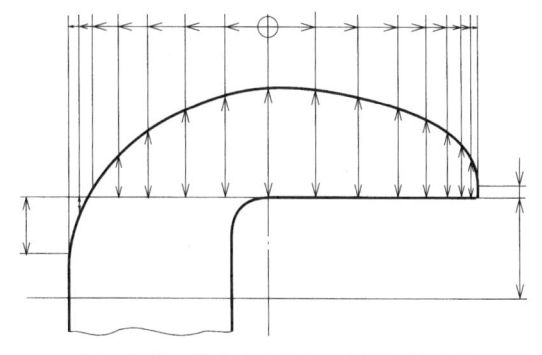

(b) 円弧で構成する場合の座標寸法表示

図2.133 曲線の寸法記入

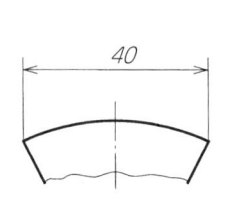

忘れずに

(a) 弦の寸法表示

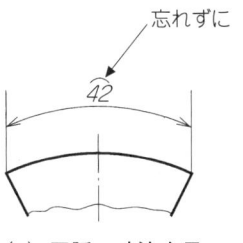

(b) 円弧の寸法表示

図2.134 弦・円弧の長さの寸法表示

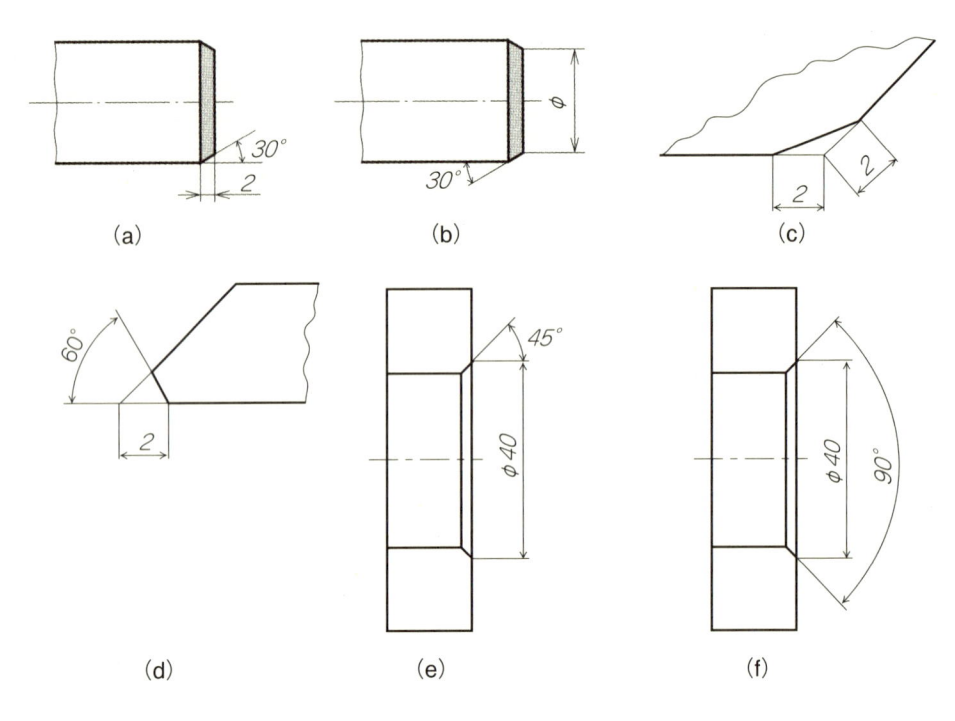

図2.135　通常の面取り記入方法

（h）面取りの表し方

　一般の面取りは、**図2.135**に示すように、通常の寸法記入方法によって表す。45°面取りの場合には、面取りの寸法数値×45°（**図2.136**）、または記号Ｃによって表す（**図2.137**）。

（5）特殊な寸法の表し方
1）穴の寸法の表し方

穴の寸法の表し方は、つぎによる。

① きり穴、打抜き穴、鋳抜き穴など、穴の加工方法による区別を示す必要がある場合には、工具の呼び寸法または基準寸法を示し、その後に加工方法の区別を、加工方法の用語を規定しているJIS規格によって指示する（**図2.138**）。ただし、**表2.9**に示すものについては、この表の簡略指示によることができる。

② 一群の同一寸法のボルト穴、小ねじ穴、ピン穴、リベット穴などの寸法の表示は、穴から引出線を引き出して、その総数を示す数字の次に×を挟んで穴の寸法を記入する（**図2.139**）。この場合、穴の総数は、同一箇所の一群の穴の総数を記入する。

③ 穴の深さを指示するときは、穴の直径を示す寸法の次に"深さ"（片仮名で示すときは深サ）とかき、その数値を記入する（**図2.140**(a)）。ただし、貫通穴のときは、穴の深さを記入しない（図2.140(b)）。

なお、穴の深さとは、きりの先端の円すい部、リーマの先端の面取部などを含まない円筒部の深さ（図2.140(c)のH）をいう。

2.3 寸法の記入方法

(a)　　　　　　(b)

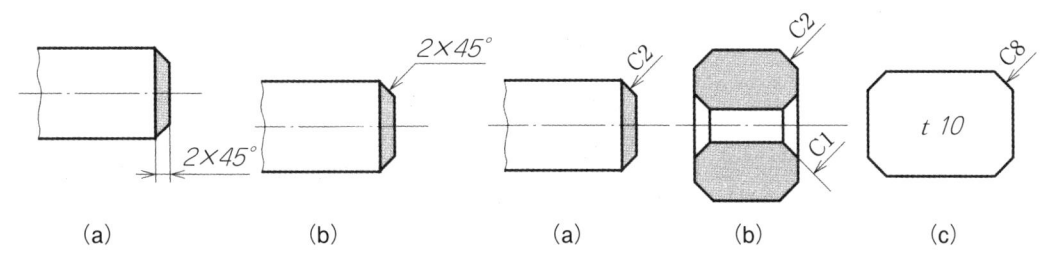

図2.136　45°の面取りの記入方法

(a)　　(b)　　(c)

図2.137　記号Cを使った面取りの記入方法

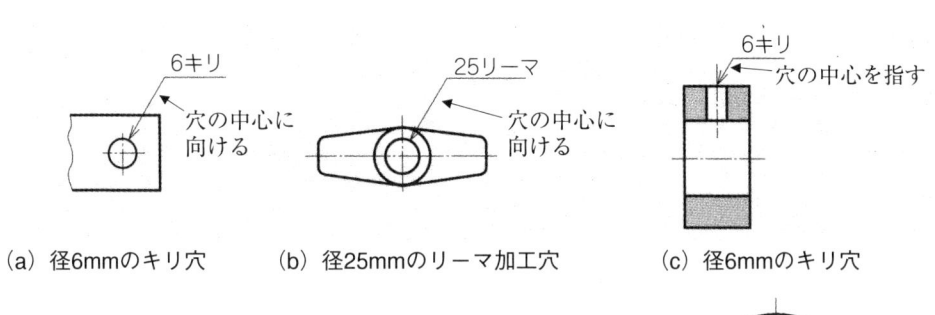

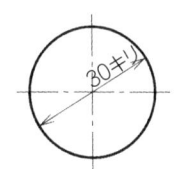

(a) 径6mmのキリ穴　(b) 径25mmのリーマ加工穴　(c) 径6mmのキリ穴

(d) φ30mmのキリ穴　(e) φ30の打ヌキ穴　(f) φ40のイヌキ穴

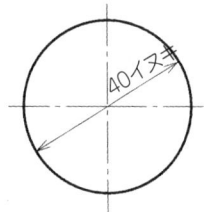

図2.138　加工穴の寸法表示

表2.9　加工方法の簡略指示

加工方法	簡略指示
鋳放し	イヌキ
プレス抜き	打ヌキ
きりもみ	キリ
リーマ仕上げ	リーマ

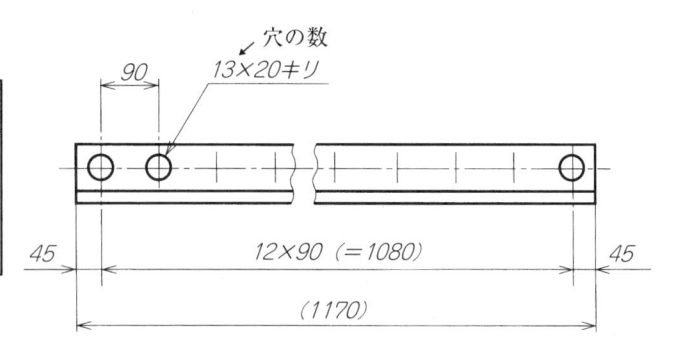

図2.139　一群の同一寸法のキリ穴の表示

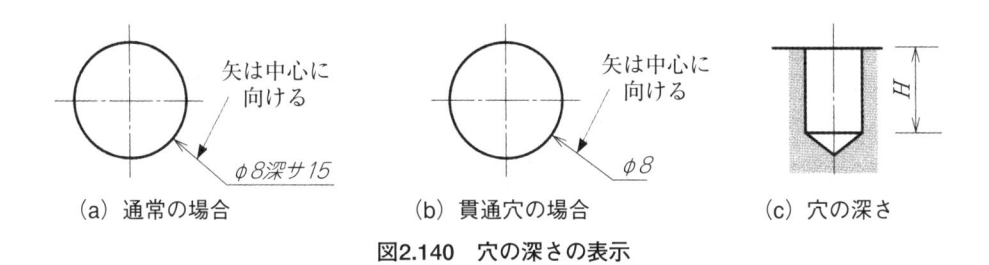

(a) 通常の場合　(b) 貫通穴の場合　(c) 穴の深さ

図2.140　穴の深さの表示

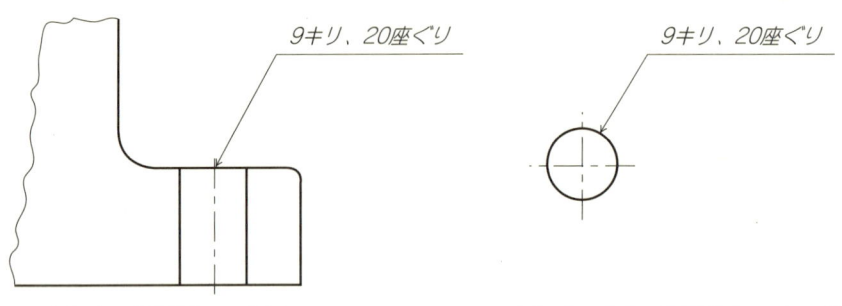

(a) 穴の断面図への指示　　　　(b) 穴の上部（平面図）からの指示

図2.141　座ぐりの表示

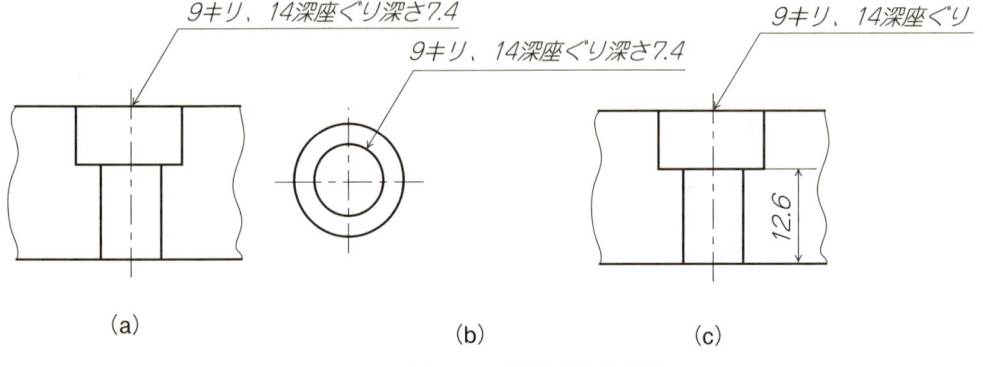

(a)　　　　　　　(b)　　　　　　　(c)

図2.142　深ざぐりの表示

2）座ぐりの表し方

座ぐりの表し方は、つぎによる。

① 座ぐりの表し方は、**図2.141**のように、座ぐりの直径を示す寸法のつぎに"座ぐり"とかく。一般に黒皮を取る程度の場合には、座ぐりを表す図形を描かないし、その深さも指示しない。

　また、"座ぐり"は、平仮名"ざぐり"、片仮名"ザグリ"、漢字と片仮名の混用"座グリ"でもよい。

② ボルトの頭を沈める場合などに用いる深ざぐりの表し方は、深ざぐりの直径を示す寸法のつぎに"深ざぐり"とかき、つぎに"深さ"とかいてその数値を記入する（**図2.142**(a)、(b)）。ただし、深ざぐりの底の位置を反対側の面からの寸法で指示する必要があるときは、寸法線を引いて表す（図2.142(c)）。

③ 長円の穴は、穴の機能または加工方法によって寸法の記入方法を**図2.143**のいずれかによって指示する。

④ 傾斜した穴の深さは、穴の中心線上の深さで表す（**図2.144**(a)）か、それによれない場合には、寸法線を用いて表す（図2.144(b)）。

3）キー溝の表し方

（a）軸のキー溝の表し方

軸のキー溝の表し方は、つぎによる。

① 軸のキー溝の寸法は、**図2.145**(a)および同図(b)に示すように、キー溝の幅、深

2.3 寸法の記入方法

図2.143　長円の穴の表示

(a)　(b)　(c)

図2.144　傾斜した穴の深さの表示

5キリ深さ26　80°

12キリ, 18深座ぐり

(a)　(b)

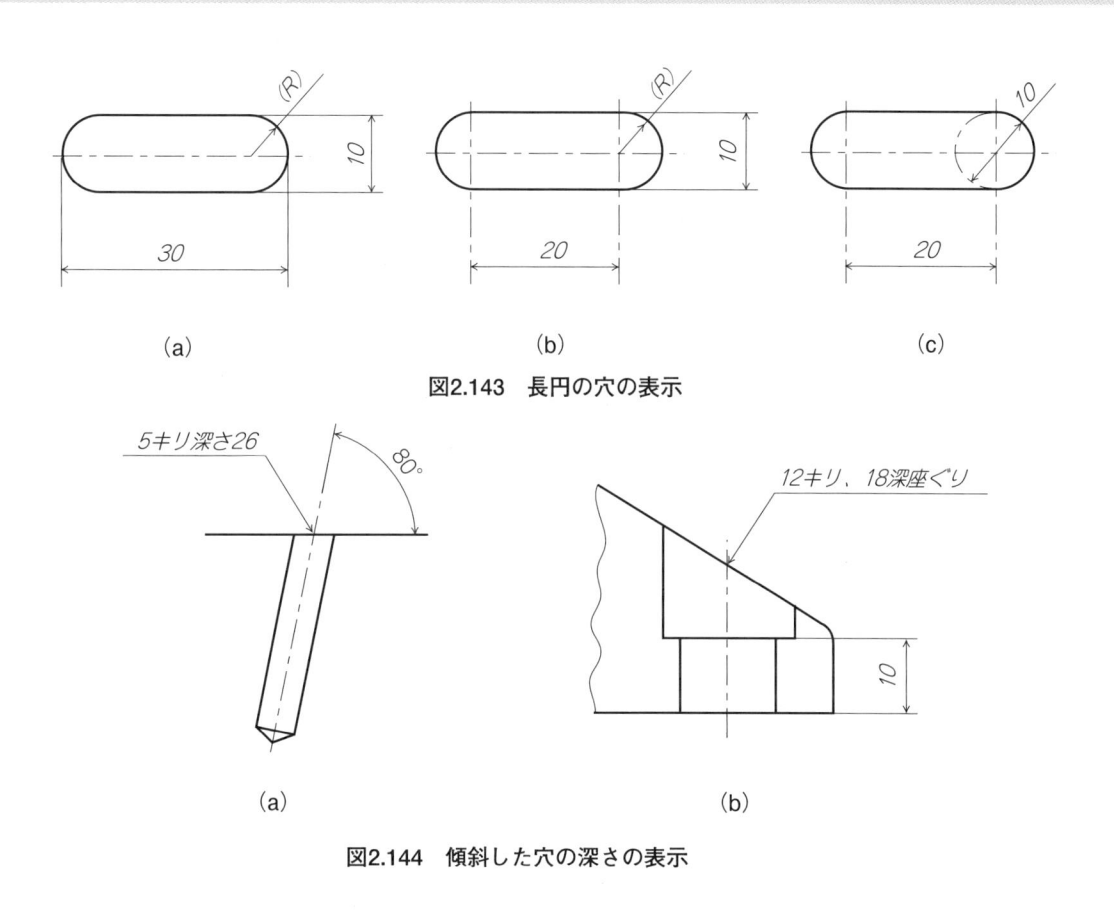

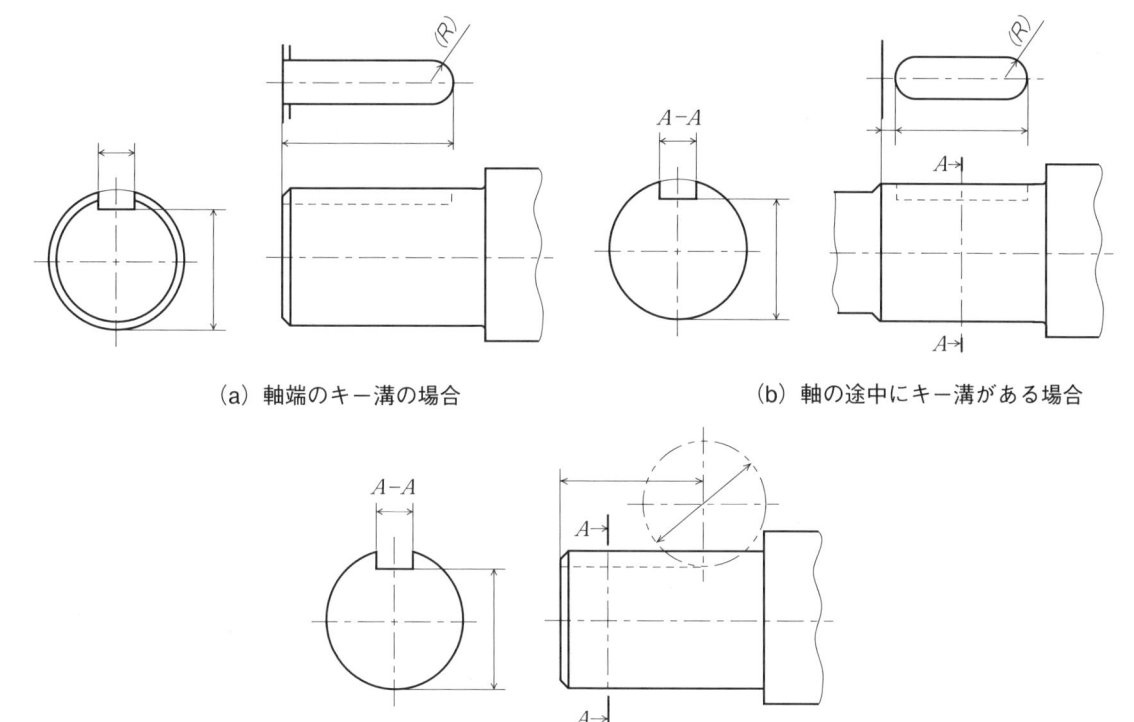

(a) 軸端のキー溝の場合　　(b) 軸の途中にキー溝がある場合

(c) 使用する工具の直径、位置の表示

図2.145　軸のキー溝の表し方

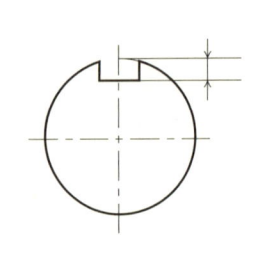

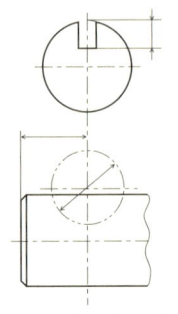

(a) 中心上における軸径面からの深さ　　(b) 使用する工具の径と位置の表示

図2.146　軽径面からキー溝の深さの表示

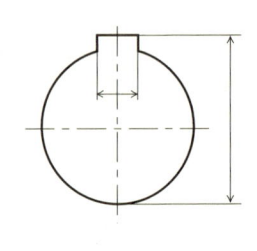

図2.147　穴のキー溝の寸法（1）

　　さ、長さ、位置および端部を表す寸法による。
② 　キー溝の端部をフライスなどによって切り上げる場合は、図2.145（c）のように、基準の位置から工具の中心までの距離と工具の直径とを示す。
③ 　キー溝の深さは、キー溝と反対側の軸径面から、キー溝の底までの寸法で表す（図2.145）。ただし、特に必要な場合には、キー溝の中心面上における軸径面から、キー溝の底までの寸法で表してもよい（図2.146）。

（b）穴のキー溝の表し方
① 　穴のキー溝の寸法は、キー溝の幅および深さを表す寸法による（図2.147）。
② 　キー溝の深さは、キー溝と反対側の穴径面からキー溝の底までの寸法で表す（図2.147）。ただし、特に必要な場合には、キー溝の中心面上における穴径面からキー溝の底までの寸法で表してもよい（図2.148）。
③ 　こう配キー用のボスのキー溝の深さは、キー溝の深い側で表す（図2.149）。

4）キー溝がある穴の直径寸法表示
キー溝が断面に表れているボスの内径寸法を記入する場合には、図2.150の例による。

5）テーパ
テーパ比は、テーパをもつ形体の近くに参照線を引いて指示する。参照線は、テーパをもつ形体の中心線に平行に引き、引出線を用いて形体の外形線を結ぶ。ただし、テーパ比と向きを特に明らかに示す必要がある場合には、テーパの向きを示す図記号を、テーパの方向と一致させて描く（図2.151）。

6）こう配
こう配はこう配をもつ形体の近くに参照線を用いて指示する。参照線は水平に引き、引出線を用いて形体の外形線と結び、こう配の向きを示す図記号を、こう配の方向と一致させて描く（図2.152）。

7）鋼構造物などの寸法表示
鋼構造物などの構造線図で格点[※1]間の寸法を表す場合には、図2.153に示すように、その寸法を部材を示す線に沿って直接記入する。また、形鋼、鋼管、角鋼などの寸法は、表2.10の表示方法によって、図2.154のように、それぞれの図形に沿って記入することができる。なお、不等辺山形鋼などを指示する場合には、その辺がどのように置かれてい

2.3 寸法の記入方法

図2.148 穴のキー溝の寸法（2）

図2.149 こう配キー用のキー溝の深さの表示

図2.151 テーパの表示

図2.150 キー溝がある場合の直径寸法表示

図2.152 こう配の表示

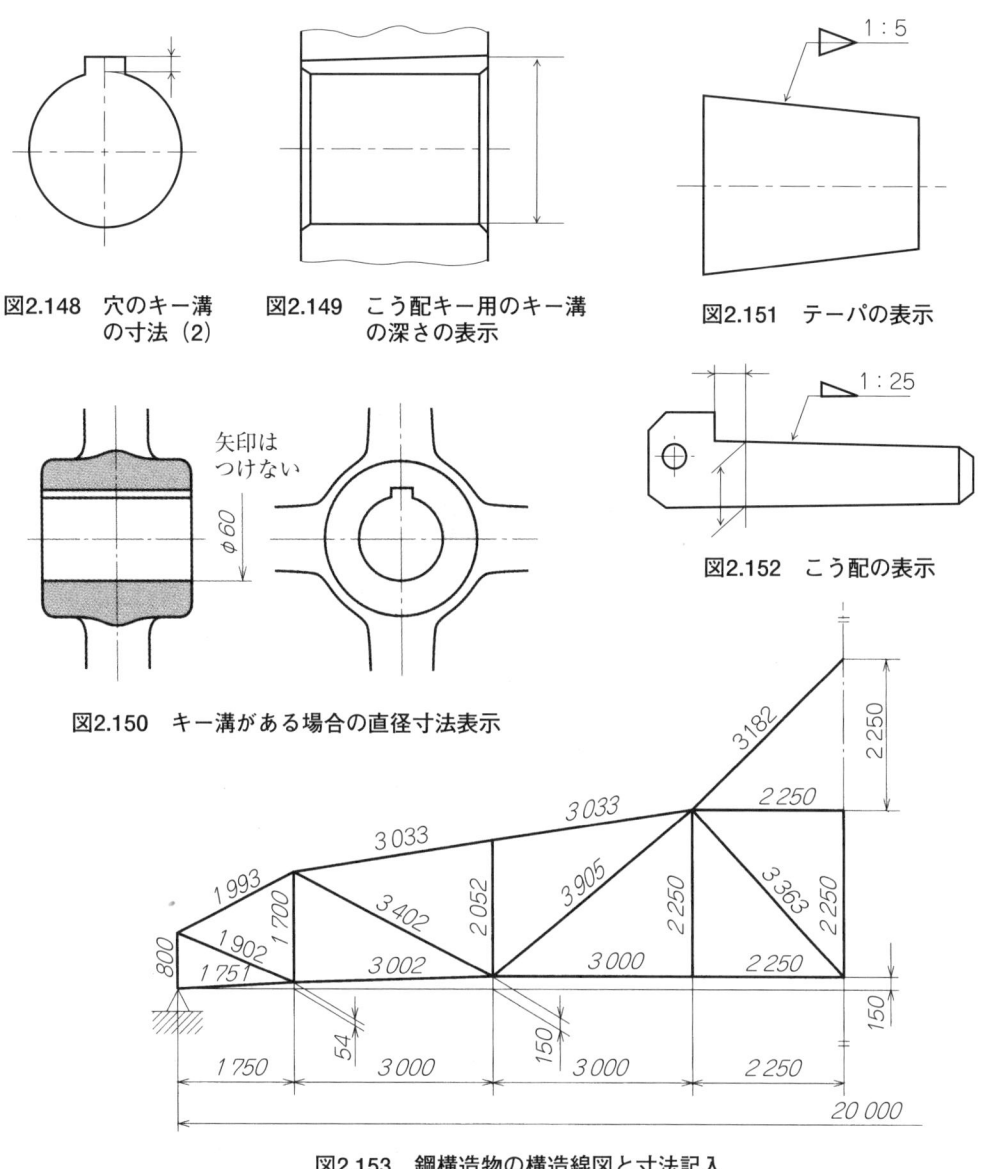

図2.153 鋼構造物の構造線図と寸法記入

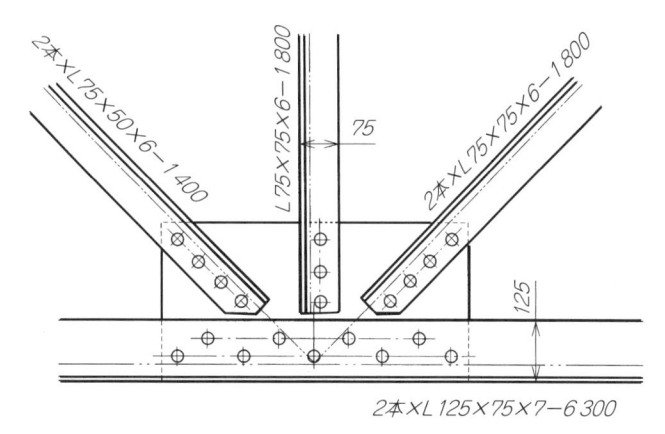

図2.154 形鋼、鋼管などの寸法記入

表2-10 形鋼、鋼管、角鋼などの寸法表示方法

種類	断面形状	表示方法	種類	断面形状	表示方法
等辺山形鋼		$LA \times B \times t - L$	軽Z形鋼		$⌐H \times A \times B \times t - L$
不等辺山形鋼		$LA \times B \times t - L$	リップ溝形鋼		$[H \times A \times C \times t - L$
不等辺不等厚山形鋼		$LA \times B \times t_1 \times t_2 - L$	リップZ形鋼		$⌐H \times A \times C \times t - L$
I形鋼		$IH \times B \times t - L$	ハット形鋼		$⊓H \times A \times B \times t - L$
溝形鋼		$[H \times B \times t_1 \times t_2 - L$	丸鋼（普通）		$\phi A - L$
球平形鋼		$JA \times t - L$	鋼管		$\phi A \times t - L$
T形鋼		$TB \times H \times t_1 \times t_2 - L$	角鋼管		$□A \times B \times t - L$
H形鋼		$HH \times A \times t_1 \times t_2 - L$	角鋼		$□A - L$
軽溝形鋼		$[H \times A \times B \times t - L$	平鋼		$□B \times A - L$

備考 Lは長さを表す。

るかをはっきりさせるために、図に現れている辺の寸法を記入する。

　　※1　格点：構造線図において、部材の重心線の交点をいう。

8）薄肉部の表し方

薄肉部の表し方は、つぎによる。

① 薄肉部の断面を極太線で描いた図形に寸法を記入する場合、断面を表した極太線に沿って、短い細い実線を描き、これに寸法線の端末記号を当てる。この場合、細い実線を沿わせた側までの寸法を意味する（図2.155）。

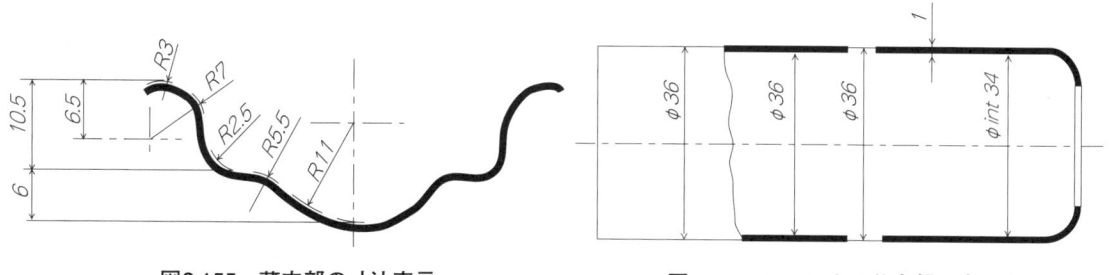

図2.155 薄肉部の寸法表示

図2.156 ISOによる薄肉部の表し方

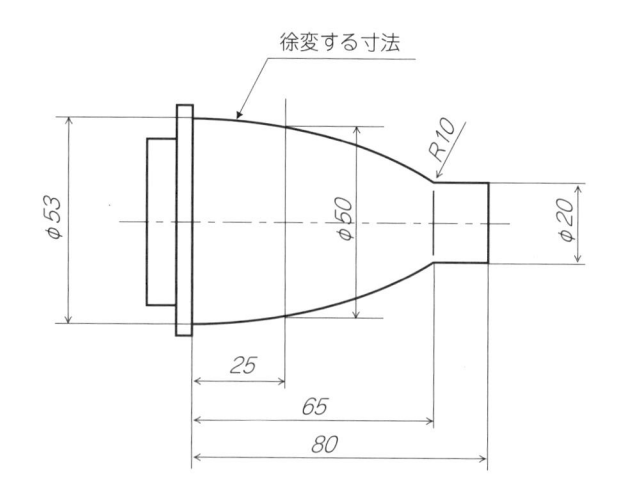

図2.157 寸法が徐変する形状の寸法記入

② ISO6414では、つぎのように規定している（図2.156）。
ⓐ 容器状の対象物で、極太線に直接に端末記号を当てた場合には、その外側までの寸法とする。
ⓑ 誤解のおそれがある場合には、矢印の先を明確に示す。
ⓒ 内側を示す寸法には、寸法数値の前に"int"を付記する。
ⓓ 寸法を徐々に増加または減少させて（徐変する寸法という）、ある寸法になるようにする場合には、図2.157の例による。

9）加工・処理範囲の指示

加工・処理範囲の限定は、2.2（5）4）（p70）による。加工・処理範囲を指示する場合には、特殊な加工を示す太い一点鎖線の位置および範囲の寸法を記入する（図2.69および図2.158）。

10）非比例寸法

一部の図形がその寸法数値に比例しないときは、寸法数値の下に太い実線を引く（図2.159）。ただし、一部を切断省略したときなど、特に寸法と図形とが比例しないことを表示する必要がない場合には、この線を省略する。

(a) 全周の場合　　　　　　　　　　(b) 部分の場合

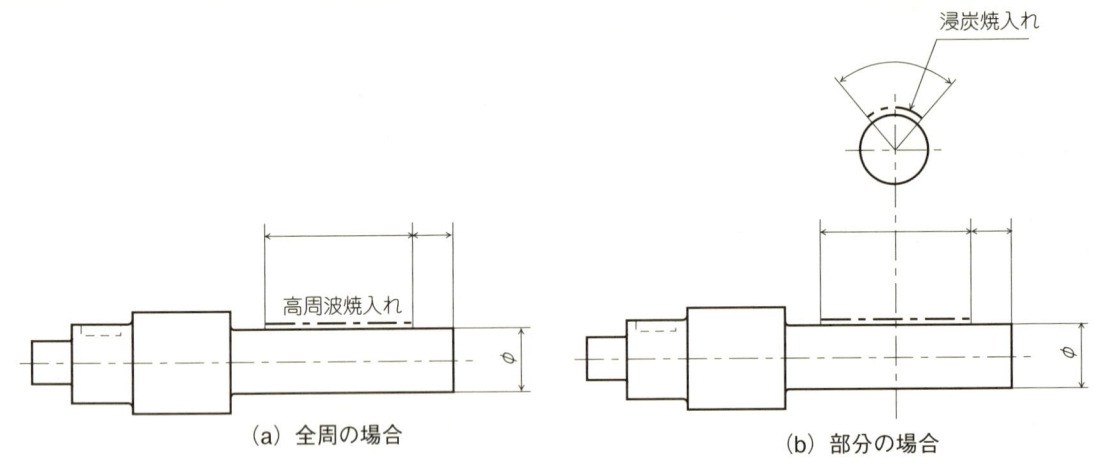

図2.158　加工・処理範囲の指示と寸法記入

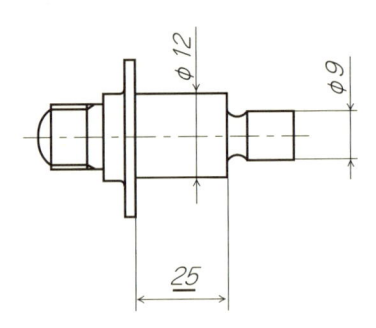

図2.159　非比例寸法の表示

（6）寸法記入の留意事項

図面への寸法記入は、一般原則に基づいて行うが、つぎの事柄に特に留意することが大切である。

1）品物の機能、製作・組立工程を考えた寸法記入

図2.160に示すように、製作・組立上いくつかの工程を必要とする場合には、作業の能率を考えて、なるべく工程別に寸法を記入する。

2）主投影図への寸法集中

寸法は、図2.161に示すように、なるべく主投影図に集中するように記入する。

3）寸法の重複記入の禁止

寸法は、必要な投影図にわかりやすく記入し、重複はしないようにする（図2.162）。

4）計算して求める必要がないような寸法記入

寸法は、なるべく計算して求める必要がないよう記入する（図2.163(a)、(b)）。

5）製作上・組立上必要な基準面からの寸法記入

加工または組立の際、基準とする箇所がある場合には、寸法はその箇所を基にして記入する（図2.163(a)、(b)）。特にその箇所を示す必要がある場合には、その旨を記入する（図2.163(c)）。

2.3 寸法の記入方法

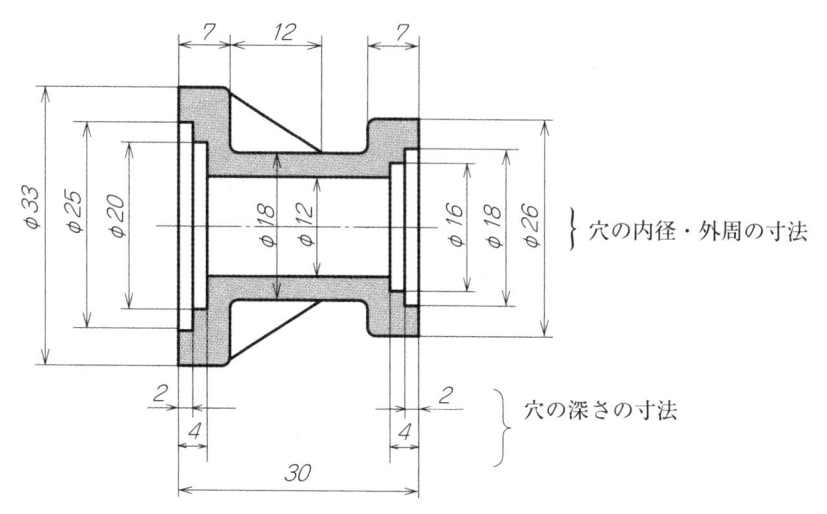

図2.160 製作の工程を考えた寸法記入

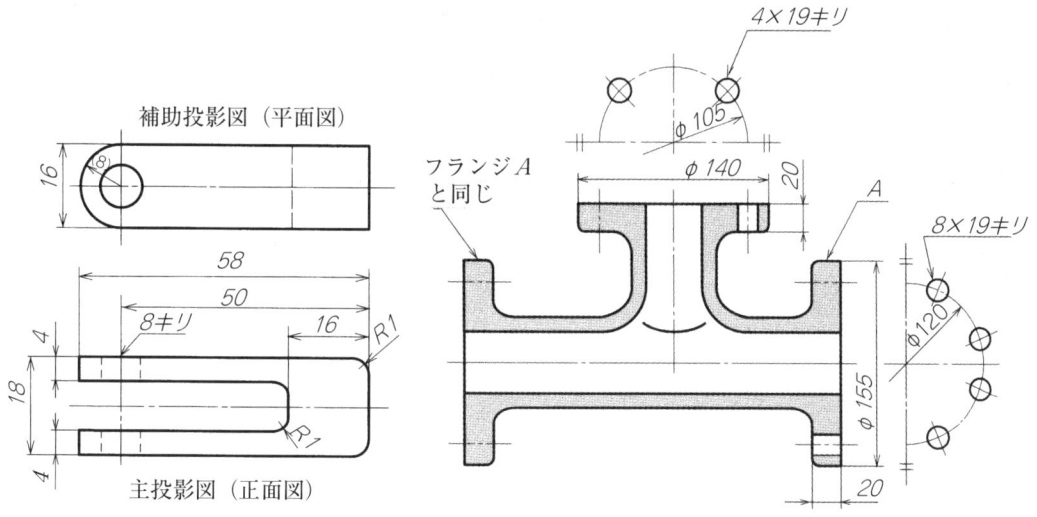

図2.161 主投影図への寸法集中

図2.162 寸法の重複記入はさける

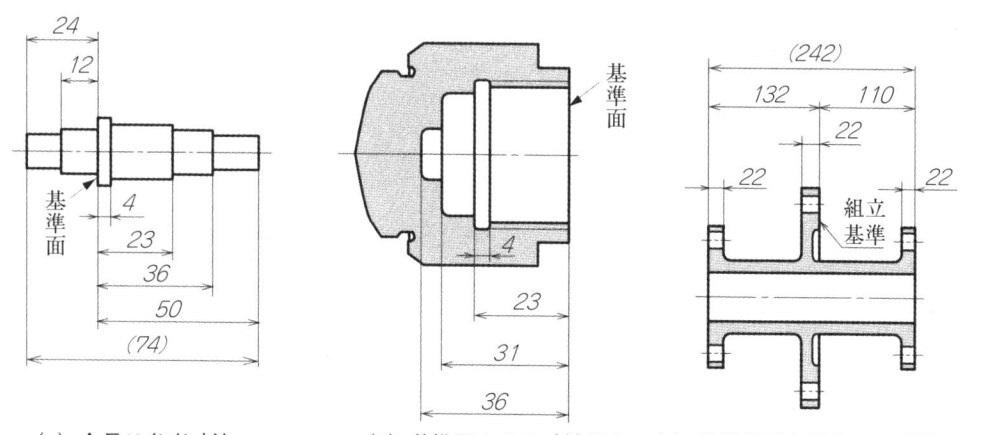

(a) 全長は参考寸法　　(b) 基準面からの寸法記入　(c) 基準箇所を記入した寸法記入

図2.163 加工・組立の際の寸法基準面からの寸法記入

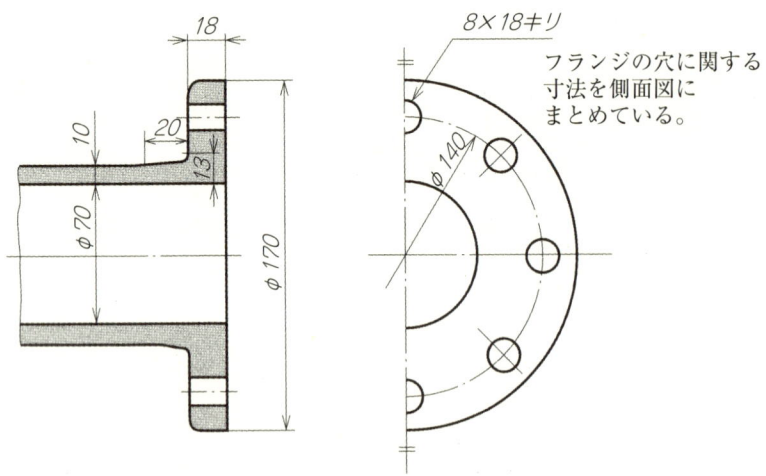

図2.164　関連する寸法を1箇所にまとめる

6) 関連する寸法を一箇所にまとめた寸法記入

それぞれ関連する寸法は、一箇所にまとめて記入する。たとえば、フランジの場合のボルト穴のピッチ円の直径と穴の寸法と穴の配置とは、ピッチ円が描かれているほうの図にまとめて記入するのがよい（図2.164）。

7) T形管継手、弁箱、コックなどの同一形状部分の寸法表示

T形管継手、弁箱、コックなどのフランジのように、1個の品物に全く同一寸法の部分が二つ以上ある場合には、寸法はそのうちの一つだけに記入するのがよい。この場合、寸法を記入しない部分に、同一寸法であることの注意書きをする（図2.162および図2.165）。

8) 照合番号

照合番号は、つぎによる。

（a）照合番号は、通常はアラビア数字を用いる

組立図の中の部品に対して、別に製作図がある場合には、照合番号に代えて、その図面番号を記入してもよい。

（b）照合番号は、つぎのいずれかによるのがよい

① 組立の順序に従う。

② 構成部品の重要度に従う。

　例：部分組立品、主要部品、小物部品、その他の順

③ その他、根拠のある順序に従う。

（c）照合番号を図面に記入する方法は、つぎによる

① 照合番号は、明確に区別できる文字でかくか、文字を円で囲んでかく。

② 照合番号は、対象とする図形に引出線で結んで、記入するとよい（図2.166）。

（d）画面を見やすくするために、照合番号を縦または横に並べて記入することが望ましい

9) 図面内容の変更

出図後において図面の内容を変更したときは、変更箇所に適当な記号を付記し、変更

図2.165　フランジ部分の寸法表示

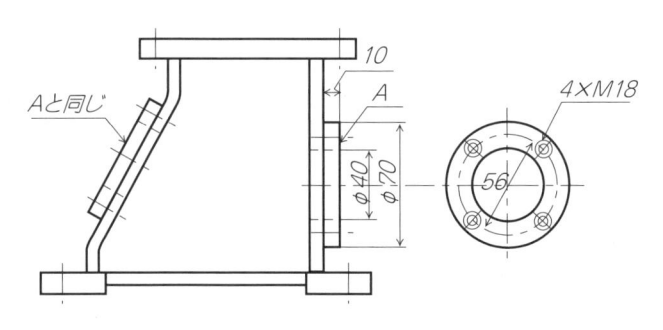

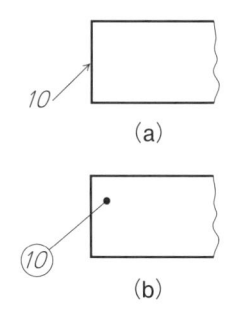

図2.166　照合番号

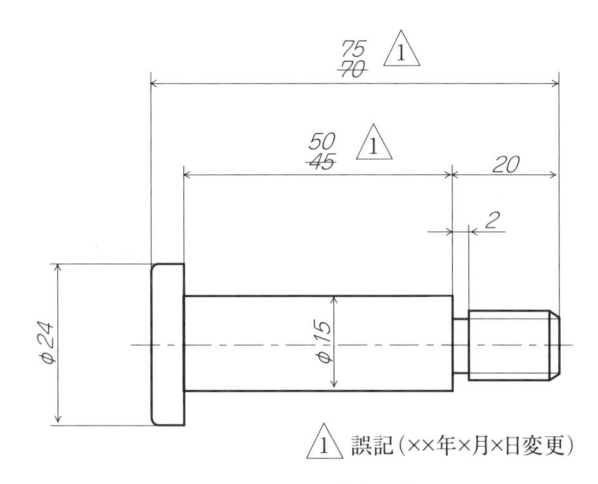

図2.167　図面内容の変更の例

前の図形、寸法などは適当に保存する。この場合、変更の日付け、理由などを明記する（**図2.167**）。

> **まとめ**
> ① 寸法は、通常寸法補助線、寸法線および寸法数値で表す。
> ② 長さを表す寸法数値はmm単位とし、単位記号を付けない。
> ③ 寸法数値の位置および向きには、方法1と方法2とがある。
> 　方法1では、寸法数値は、水平方向の寸法線に対しては図面の下辺から、垂直方向の寸法線に対しては図面の右辺から読めるように描く。
> 　方法2では、寸法数値は、図面の下側から読めるように描く。水平方向以外の方向の寸法線は、寸法数値を挟むために中断し、その位置は寸法線のほぼ中央とする。
> ④ 寸法数値は、寸法補助記号を使って表すことができる。
> ⑤ 寸法は、必要に応じて基準とする点、線または面を基にして記入する。
> ⑥ 寸法には、機能上（互換性を含む）必要な場合、寸法公差の記入方法（p126）によって寸法の許容限界を指示する。ただし、理論的に正しい寸法を除く。
> ⑦ 寸法のうち、参考寸法については、寸法数値に括弧を付ける。

〔第2章　演習問題〕

〔問題2-1〕　次の図で、番号の付いている線の用途による線の名称を下欄の〔　〕内より選び、その記号（a～K）を回答欄に記入しなさい。

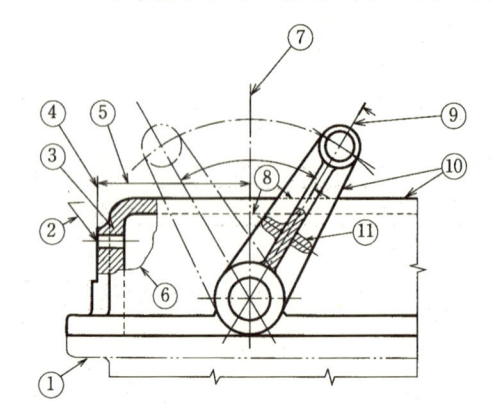

a. 中心線　b. 引出線　c. 外形線
d. ハッチング　e. 切断線　f. 想像線
g. 寸法線　h. かくれ線　i. 破断線
j. 回転断面線　k. 寸法補助線

〔問題2-2〕　次に示す図は、ある機械部品の見取図である。穴はすべて貫通しているものとして、見取図に記載した通りの寸法の部品ができるよう右側に製作図をかきなさい。ただし、片側断面図とし、品物の輪郭は図の通りとする（面の肌の図示記号を除く）。

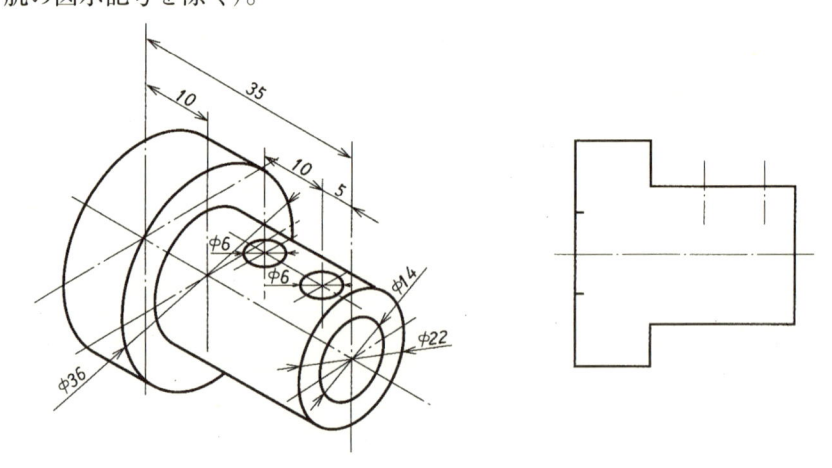

〔問題2-3〕　次の表は、寸法補助記号について書いたものである。名称・記号・読み方などを空欄に埋めなさい。

名　称	記　号	読み方
径（直径）		
	□	
半　径		
球の直径		
球の半径		
45°の面取り		
板の厚さ		

第 3 章
製品の幾何特性仕様
表面性状、寸法公差とはめあい、および幾何公差の図示方法

前章では、図面の描き方と寸法の記入方法を学んだ。これで製作しようとする部品の形状を図面に表し、その大きさである寸法を記入することができるようになった。

しかし、これだけでは設計者が望む機能を持つ製品はできあがらない。

一般に、機械を構成する部品は、設計者が部品の機能（軸であれば、軸受と組み合わせてなめらかに回転するように形状や寸法、はまり具合など）を考えて、部品の大きさを表す寸法（基準寸法という）のほかに、機能が損なわれない範囲で寸法公差を設ける。部品の表面の凹凸を規定する表面性状についても考慮する必要がある。また、大きさを表す寸法が規定の寸法公差の範囲に入っていたとしても、形状がゆがんでいては十分な機能は発揮できない。そこで、幾何公差を規定することになる。

これら寸法公差、表面性状、幾何公差などの規定は、製品としての部品の品質を規定するもので、JIS規格では「製品の幾何特性仕様」に規格相互の整合を図った。

本章では、製品の幾何特性仕様についての考え方を述べた後、表面性状、寸法公差とはめあい、および幾何公差について取り上げ、解説する。

> **第3章のねらい**
>
> | | |
> |---|---|
> | 製品の幾何特性仕様（GPS）って何？ | 3.1　製品の幾何特性仕様の概要 |
> | 製品の表面の状態はどのように表すの？ | 3.2　表面性状の図示法 |
> | 寸法公差はどのように表すの？ | 3.3　寸法公差の記入法 |
> | 穴と軸のはめあいの関係はどのように表すの？ | 3.4　はめあい |
> | 製品の幾何学的な形状からのずれはどのように表すの？ | 3.5　幾何公差の図示方法 |

3.1 製品の幾何特性仕様の概要

> **チェックポイント**
> ① 製品の幾何特性仕様は、GPSと略される。
> ② GPS規格は、公差およびはめあい、形状の寸法および公差方式、そして表面の計測および特性を定める方法を示している。
> ③ 製作するための部品（対象物）は、GPSでは（幾何）形体といい、図面上に表された形体を図示外殻形体、製作された形体を実（外殻）形体、測定によって寸法・各種公差が明らかにされた形体を測得外殻形体と呼ぶ。

（1）製品の幾何特性仕様とは

　製品の幾何特性仕様（Geometrical Product Specifications：略称GPS）は、部品の大きさを表す寸法、幾何的な形状、表面の凹凸・きずなどの表面特性が、部品のもつ機能が十分維持できる最適値を中心とするばらつきも含め、例えば図面上で、部品の最適機能を保証する形状、寸法、および表面特性を定める方法を示している。

　図3.1(a)は、設計者が機械部品としての機能を考えて図面上に表した部品である。図

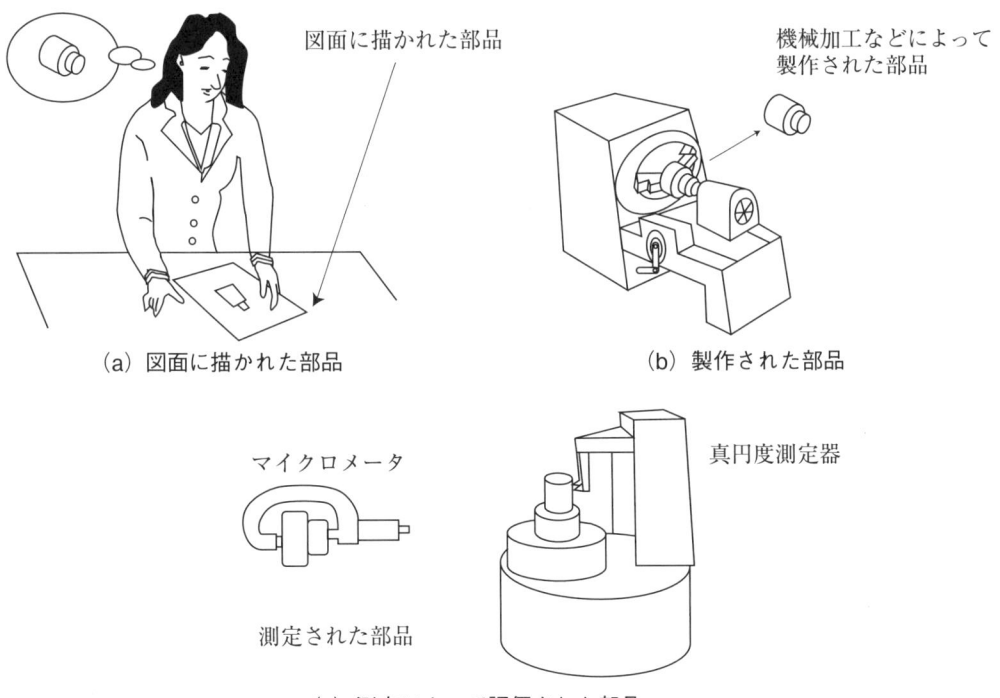

(a) 図面に描かれた部品　　(b) 製作された部品

(c) 測定によって評価された部品

図3.1　図面→加工部品→製品の過程

3.1(b)は、製造されたままの部品で、不完全な部品、最適値からの偏差をもった部品、部品相互同士で違いのあるものなどが作られるのが普通である。図3.1(c)は、測定によって寸法、形状、表面性状が確定した部品で、図面で指示された寸法などの情報と対比して、製品としての品質が評価される。

　これらの関係を把握し、また相互的な解釈ができるように、基本定義、記号表現、および測定の原則などを扱う規格は、公差およびはめあいはISO/TC3、形状の寸法および公差方式はISO/TC10（製図）の分科委員会SC5、そして表面の計測および特性はISO/TC57がそれぞれ作成してきたものである。これらの委員会は、特定の必要性が発生した場合に直ちに制定されてきたが、全体的な視点に欠けていた点、その結果、規格間で対応や表現に相違が生じたり、場合によっては矛盾が生じることがあった。

（2）GPSマスタープラン

　このような事情から、各委員会が制定する規格相互の整合を図るため、各委員会による合同整合化グループが将来の標準化に備え、GPS関連規格の全体計画を定めることになった。

　これがGPSマスタープラン（標準情報TR B 0007:1998）である。

1）GPSマスタープランの全体像

　表3.1は、GPSマスタープランの全体像を示す。このマスタープランは、次の規格群からなる。

　[Ⅰ]　GPS原理規格　部品および製品の寸法および許容差の決定のための基本的規則と手続きを定める規格である。

　[Ⅱ]　GPS共通規格　GPS基本規格およびGPS個別規格のいくつかまたは全てのチェーンに関連する、またはこれらに影響を与える規格である。

　[Ⅲ]　GPS基本規格　各種の幾何特性に対する図面指示、定義、および検証原則に関する規則を定めるGPS基本規格の本体である。

　[Ⅳ]　GPS個別規格　形体または要素の専門範疇に対する図面指示、定義および検証原則についての規則を定める規格である。

　　これらの規則は、加工方法の形式および／または機械要素の形式による。

2）GPS基本規格マトリックス

　表3.2は、GPS基本規格マトリックスである。これは、GPS基本規格の種々の側面および相互関係を明確にするため、横の行には各種の幾何特性を、また縦の列には技術的課題および要求事項を配置している。

　少なくともある規格の内容が、全ての規格チェーンの各マトリックス要素を含まなければならない。

　規格マトリックスの縦の列の順番は、使用者が図面を読み取る順序、すなわち、使用者が図面コードを理解する自然の順序に基づいている。

　表には、例として次節以降で説明するJIS規格番号を示した。

3.1 製品の幾何特性仕様の概要

表3.1 GPSマスタープランの全体像

［Ⅰ］ GPS原理規格	
［Ⅱ］ GPS共通規格	
［Ⅲ］ GPS基本規格マトリックス GPS基本規格チェーン	［Ⅳ］ GPS個別規格マトリックス GPS個別規格チェーン
1．サイズ 2．距　離 3．半　径 4．角　度 5．データムに無関係な線の形状 6．データムに関係する線の形状 7．データムに無関係な面の形状 8．データムに関係する面の形状 9．姿　勢 10．位　置 11．円周振れ 12．全振れ 13．データム 14．粗さ曲線 15．うねり曲線 16．ろ波断面曲線 17．表面欠陥 18．エッジ	A．特定の加工方法における公差規格 　A1．機械加工 　A2．鋳　造 　A3．溶　接 　A4．熱切断 　A5．プラスチック成形 　A6．金属及び無機質被覆 　A7．塗　装 B．機械要素の幾何特性規格 　B1．ねじの規格チェーン 　B2．歯車の規格チェーン 　B3．スプラインの規格チェーン

表3.2 GPS基本規格マトリックス

リンク番号	形体の幾何特性	1 製品の文書指示 —コード化	2 公差の定義—理論的定義および数値	3 実形体の定義—特性またはパラメータ	4 部品の偏差の評価—公差限界との比較	5 測定装置への要求事項	6 校正に係る要求事項—測定標準
1	サイズ						
2	距　離						
3	半　径						
4	角　度	B 0021：1998	B 0021：1998				
5	データムに無関係な線の形状	B 0021：1998	B 0021：1998				
6	データムに関係する線の形状	B 0021：1998	B 0021：1998				
7	データムに無関係な面の形状	B 0021：1998	B 0021：1998				
8	データムに関係する面の形状	B 0021：1998	B 0021：1998				
9	姿　勢	B 0021：1998	B 0021：1998				
10	位　置	B 0021：1998	B 0021：1998				
11	円周振れ	B 0021：1998	B 0021：1998				
12	全振れ	B 0021：1998	B 0021：1998				
13	データム	B 0021：1998					
14	粗さ曲線	B 0031：2003	B 0601：2001				
15	うねり曲線	B 0031：2003	B 0601：2001				
16	ろ波断面曲線	B 0031：2003	B 0601：2001				
17	表面欠陥						
18	エッジ						

なお、ここでは表3.1および表3.2の詳しい説明は本書の目的ではないので、詳細は「GPSマスタープラン（標準情報TR B 0007：1998）」に譲ることとする。

（3）製品の幾何特性仕様－形体－

GPS規格では、図3.1に示すように、(a)設計の分野で図面に表す部品、(b)加工の分野で図面を基に製作した部品、(c)検証の分野で工作物を計測し、その結果導かれた形状などの情報、これらを（幾何）形体という用語で表している。

しかし、(a)、(b)、(c)でいう形体は、それぞれ意味が異なり、「製品の幾何特性仕様－形体－第1部：一般用語及び定義（JIS B 0672-1：2002）」には、次のように各種の形体を定義している。

図3.2は、図3.1と関連した幾何形体についての定義の相互関係を示す。図中の線種は、各種形体の種類ごとに用いることを規定しているものである。

形　体：点、線または面。

外殻形体：対象とする実体の表面または表面上の線

誘導形体：円筒の表面から導かれる中心線のように、一つ以上の外殻形体から導かれる中心点、中心線または中心面。

サイズ形体：円筒、球、平行二平面のように、大きさ寸法または角度寸法によって定義される形体。

図示外殻形体：図面またはそのほかの関連文書によって定義された理論的に正確な外殻形体。

図示誘導形体：一つ以上の図示外殻形体から導かれた中心点、軸線または中心平面。

加工物の実表面：実際に存在し、空気に触れる境界をなす形体。

実（外殻）形体：加工物の実表面の外殻形体。

測得外殻形体：規定された方法に従って測定して得られた実（外殻）形体を近似して表した形体。

測得誘導形体：一つ以上の測得外殻形体から導かれた中心点、中心線または中心面。

当てはめ外殻形体：規定した方法に従って測定して得られた測得外殻形体から当てはめた完全形状の外殻形体。

当てはめ誘導形体：一つ以上の当てはめ外殻形体から導かれた中心点、軸線または中心平面。

3.1 製品の幾何特性仕様の概要

図面指示	加工物	加工物の表現	
		測得	当てはめ

A：図示外殻形体
C：実形体
D：測得外殻形体
F：当てはめ外殻形体
B：図示誘導形体
E：測得誘導形体
G：当てはめ誘導形体

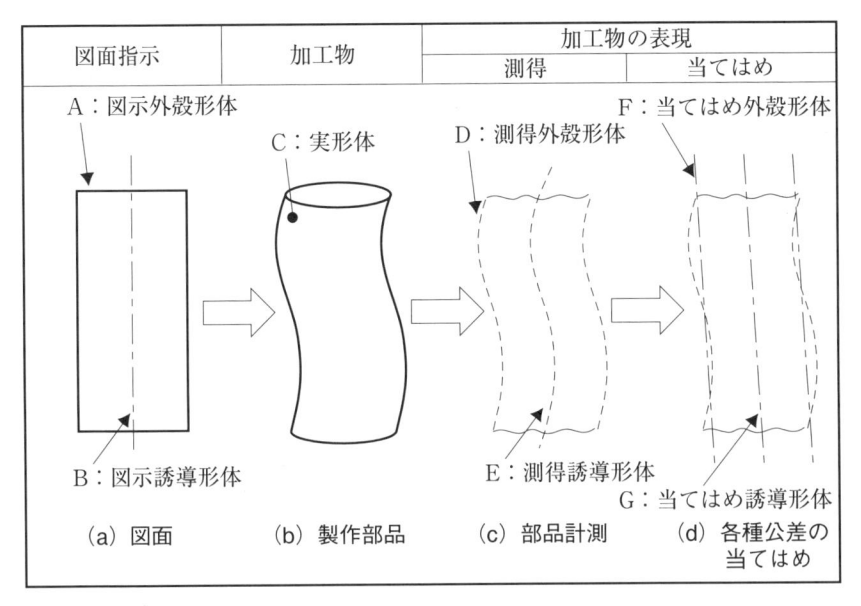

(a) 図面　　(b) 製作部品　　(c) 部品計測　　(d) 各種公差の当てはめ

図3.2　幾何形体についての定義の相互関係

> **まとめ**
> ① 製品の幾何特性仕様（Geometrical Product Specifications）、略称GPSは、図面上で、部品の最適機能を保証する形状、寸法、および表面特性を定める方法を示している。
> ② GPSマスタープランは、GPSに関連する規格の制定・改正にあたり、規格相互の整合を図るための全体計画を定めたもので、原理規格、共通規格、基本規格、個別規格からなる。
> ③ GPS規格では、ⓐ設計の分野で図面に表す部品、ⓑ加工の分野で図面を基に製作した部品、ⓒ検証の分野で工作物を計測し、その結果導かれた形状などの情報、これらを（幾何）形体という用語で表している。

3.2 表面性状の図示法

> **チェックポイント**
> ① 加工面の凹凸、きず、筋目などの表面の状態を表面性状という。
> ② 表面性状は、触針式粗さ測定機などによって表面の凹凸を直接測定する輪郭曲線方式で測定した結果をデジタルデータとして処理し、各種パラメータによって表示する。
> ③ 各種パラメータの呼び方は、粗さ曲線、うねり曲線、断面曲線の三つの輪郭曲線について、それぞれ頭に R、W、P の記号を付けて表す。
> ④ 表面性状の各種パラメータは、「表面性状の図示方法」(JIS B 0031：2003)にその図示法を規定している。

　機械部品を製作する場合、その表面は用途に適した仕上げ面にすることが重要である。図面には寸法表示のほかに加工面の状態を指示する。凹凸、きず、筋目などの表面の状態は、総称して"surface texture"という。

　従来、surface textureは「表面粗さ―定義および表示」(JIS B 0601：1994)で"面の肌"と訳されていたが改正され、「製品の幾何特性仕様(GPS)―表面性状：輪郭曲線方式―用語、定義および表面性状パラメータ」(JIS B 0601：2001)では"表面性状"と訳されている。

　表面性状は、触針式粗さ測定機などによって表面の凹凸を直接測定する輪郭曲線方式で測定した結果をデジタルデータとして処理し、各種パラメータによって表示する。

　「表面性状の図示方法」(JIS B 0031：2003)は、「製品の幾何特性仕様(GPS：Geometrical Product Specifications)―表面性状：輪郭曲線方式―用語、定義および表面性状パラメータ」(JIS B 0601：2001)を受けて、表面性状の図示法を規定したものである。GPSマトリックスにおける位置付けは、**表3.2**のとおりである。

　ここでは、表面性状を表すパラメータのうち、代表的なパラメータを取り上げる。

(1) 表面性状

　対象物の表面を直角な平面で切断したとき、その切り口に現れる輪郭を実表面の**断面曲線**(surface profile)という(**図3.3**)。測定の座標軸は、図に示すように、凹凸の測定方向をX、その直角方向をY、高さ方向をZの記号で表す。

　図3.4に示す**断面曲線**(primary profile)は、実表面の断面曲線から非常に小さな波長を低域フィルタで除去して得られる輪郭曲線である。**粗さ曲線**(roughness profile)は、断面曲線から所定の波長[※1]より長いうねり成分[※2]を遮断して得た輪郭曲線である。平均線とは、うねり曲線を直線に置き換えた直線をいう。なお、各種パラメータの評価に用いる基準長さを一つ以上含む長さを評価長さ(ln)という。

図3.3　実表面の断面曲線

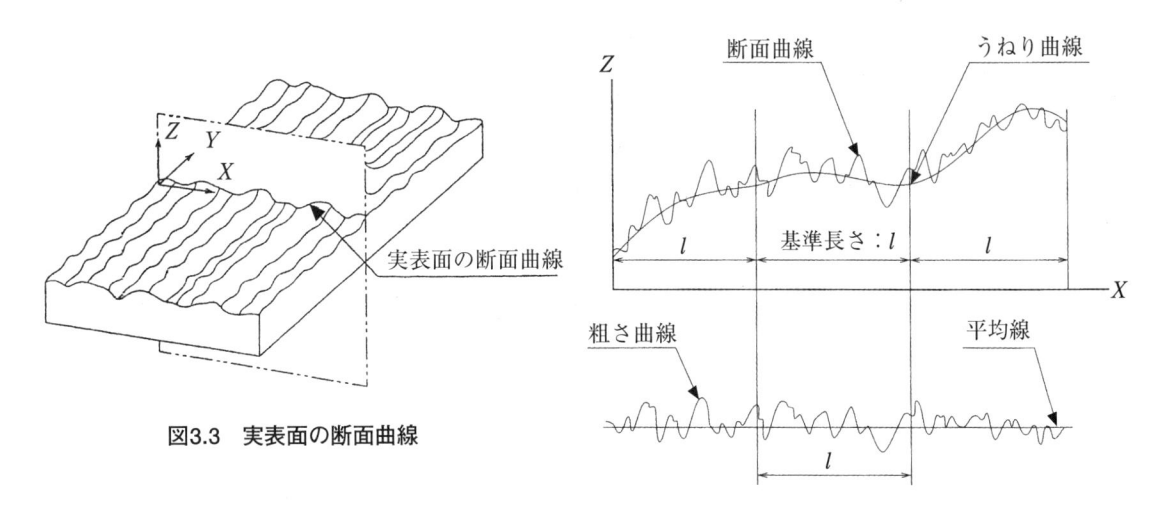

図3.4　断面曲線・うねり曲線・粗さ曲線・平均線

※1　所定の波長：このことを**カットオフ値**といい、粗さの種類によって表3.7（p.119）の値が定められている。また、表面性状を求めるときの**基準長さ**はカットオフ値の長さのことである。表3.4～表3.6（p.117）は表面性状に対応する基準長さを示す。

※2　これを**うねり曲線**という。

（2）表面性状パラメータの求め方

表面性状パラメータには、粗さ曲線から計算される**粗さパラメータ**（R-parameter）、うねり曲線（waviness profile）から計算される**うねりパラメータ**（W- parameter）、断面曲線から計算される**断面曲線パラメータ**（P-parameter）がある。パラメータの呼び方は、粗さ曲線、うねり曲線、断面曲線の三つの輪郭曲線について、それぞれ頭に R, W, P の記号を付けて表す。ここでは代表的なパラメータについて解説する。

1）高さ方向のパラメータ

(a) 輪郭曲線の算術平均高さ

輪郭曲線の算術平均高さは、もとの輪郭曲線が断面曲線、粗さ曲線、うねり曲線の場合、それぞれ記号 Pa、Ra、Wa で表す。輪郭曲線が粗さ曲線の場合には、Ra は従来からの用語である"**算術平均粗さ**"、輪郭曲線がうねり曲線の場合には、Wa は"**算術平均うねり**"と呼ぶ。

輪郭曲線の算術平均高さは、基準長さにおける輪郭曲線 $Z(x)$ の絶対値の平均で、粗さ曲線の場合、基準長さを l_r とすると式(3.1)によって求められる値をマイクロメートル〔μm〕で表したものをいう。図3.5はRaの求め方を示したものである。

(b) 輪郭曲線の最大高さ

輪郭曲線の最大高さは、基準長さにおける輪郭曲線の山高さZp の最大値と谷深さZv の最大値との和をいう。

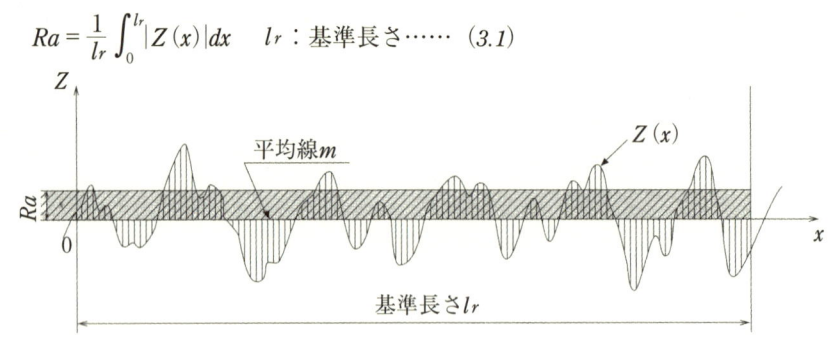

$$Ra = \frac{1}{lr} \int_0^{lr} |Z(x)| dx \quad lr: 基準長さ \cdots\cdots (3.1)$$

図3.5 算術平均粗さ（Ra）の求め方

もとの輪郭曲線が断面曲線、粗さ曲線、うねり曲線の場合、それぞれ記号 Pz、Rz、Wz で表す。輪郭曲線が粗さ曲線の場合には、Rz は "**最大高さ粗さ**"、輪郭曲線がうねり曲線の場合には、Wz は "**最大高さうねり**" と呼ぶ。**図3.6**は、粗さ曲線の場合で、Rz はマイクロメートル［μm］単位で表す。

2) 横方向のパラメータ

（a）輪郭曲線要素の平均長さ

もとの輪郭曲線が断面曲線、粗さ曲線、うねり曲線の場合、それぞれ記号 PSm、RSm、WSm で表す。これは、輪郭曲線の山と谷からなる凹凸の平均間隔を表すものである。粗さ曲線の場合、**図3.7**に示すように、粗さ曲線からその平均線 m の方向に基準長さ lr だけ抜き取り、この抜き取り部分において一つの山およびそれに隣り合う一つの谷に対応する平均線の長さの和を求め、この多数の凹凸の間隔の算術平均値をミリメートル［mm］で表したものをいう（式(3.2)）。

（b）負荷長さ率

負荷長さ率は、粗さ曲線の場合、**図3.8**の粗さ曲線からその平均線 m の方向に評価長さ l_n だけ抜き取り、この抜き取り部分の粗さ曲線を山頂線に平行な切断レベル C で切断したときに得られる切断長さの和（負荷長さ $Ml(c)$）の基準長さに対する比を百分率で表したものをいう（式(3.3)）。

3) 粗さの参考表示

（a）十点平均粗さ（Rz_{JIS}）

粗さの規格（JIS B 0601）が2001年大きく変わった。新JISでは十点平均粗さの規格がない。ただし、従来から広く普及していることを理由に、新規格の Rz（最大高さ粗さ）と区別するために、付属書1には Rz_{JIS} として掲載されている。

十点平均粗さは、**図3.9**の粗さ曲線からその平均線 m の方向に基準長さ lr だけ抜き取り、この抜き取り部分の平均線から縦倍率の方向に測定した、最も高い山頂から5番目までの山頂の標高（Zp）の絶対値の平均値と、最も低い谷底から5番目までの谷底の標高（Zv）の絶対値の平均値との和を求め、この値をマイクロメートル［μm］で表したものをいう（式(3.4)）。

3.2 表面性状の図示法

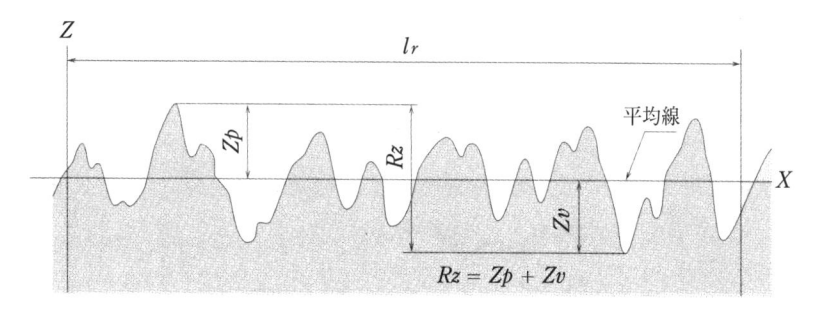

図3.6 最大高さ粗さ（Rz）の求め方

$$RSm = \frac{1}{m}\sum_{i=1}^{m} Xs_i \quad \cdots\cdots \quad (3.2)$$

Xs_i：凹凸の間隔（$i = 1, 2, \cdots\cdots, m$）

m：基準長さ内での凹凸の間隔の個数

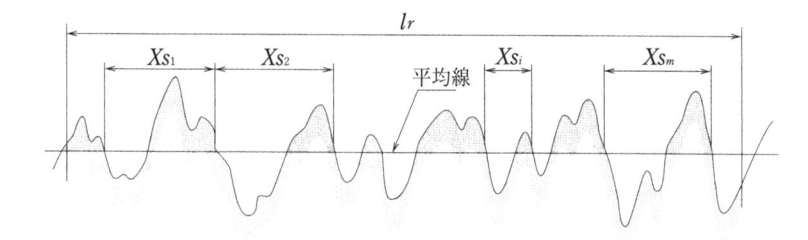

図3.7 粗さ曲線要素の平均長さ（RSm）の求め方

$$Rmr(c) = \frac{1}{l_n}\sum_{i=1}^{n} Ml_i = \frac{Ml(c)}{l_n} \quad \cdots\cdots \quad (3.3)$$

図3.8 粗さ曲線の負荷長さ率（$Rmr(c)$）の求め方

$$Rz_{JIS} = \frac{|Zp_1 + Zp_2 + Zp_3 + Zp_4 + Zp_5| + |Zv_1 + Zv_2 + Zv_3 + Zv_4 + Zv_5|}{5} \quad \cdots\cdots \quad (3.4)$$

図3.9 十点平均粗さ（Rz_{JIS}）の求め方

（3）表面性状の図示方法

製品の幾何特性仕様（GPS）「表面性状の図示方法（JIS B 0031：2003）」は、製品技術文書（たとえば、図面、仕様書、契約書、報告書など）に、図示記号および文書表現によって表面性状を指示する方法について規定している。ここでは、その中から図面に表面性状を図示する方法について説明する。

1）表面性状の図示記号

表面性状を表す基本図示記号は、**図3.10**に示すように、60°傾いた長さの異なる2本の直線で構成する。ただし、図の基本図示記号だけでは表面性状の要求事項の指示にはならない。

① 表面性状の要求事項の指示

表面性状の要求事項を指示する場合には、**図3.11**のように、図3.10の基本図示記号の長いほうの斜線に直線を付けて表す。同図（a）は除去加工をする場合、同図（b）は除去加工をしない（許さない）場合、同図（c）は除去加工の要否を問わない場合の、それぞれの図示記号である。

報告書または契約書に用いる場合の文書表現では、図3.11（a）の指示はMRR（Material Removal Required）、図3.11（b）の指示はNMR（No Material Removed）、図3.11（c）の指示はAPA（Any Process Allowed）とする。

② "部品一周の全周面"の表面性状の図示記号

図面に閉じた外形線によって表された部品（外殻形体）一周の全周面に、同じ表面性状が要求される場合には、**図3.12**（a）のように、図3.11の表面性状の図示記号に丸記号を付ける。ここで、全周面の意味を同図（b）に示す。

③ 表面性状の図示記号の構成

対象面の表面性状を図示記号によって表すには、①表面性状パラメータとその要求値、②フィルタの通過帯域または基準長さ、③加工方法、④加工による筋目とその方向、⑤削り代を、必要に応じて**図3.13**に示すように、表面性状の図示記号の決められた位置に指示する。

具体的に項目 $a \sim e$ のそれぞれについて説明する。

ⓐ 位置 a —表面性状の要求事項が一つの場合

表面性状パラメータ記号とその値および通過帯域または基準長さを指示する。誤りが生じないように、パラメータ記号とその値とのスペースは、ダブルスペース（二つの半角ブランク）にする。

通過帯域または基準長さの後に斜線"／"、その後にパラメータ記号とその値の順序にして一行で指示する。

　　例1　0.0025 - 0.8/Rz 6.8（通過帯域の指示）

　　例2　- 0.8/Rz 6.8（基準長さだけの指示）

ⓑ 位置 a および b —表面性状の要求事項が二つ以上の場合

位置 a で規定したように、一番目の表面性状の要求事項を位置"a"に指示する。二番

3.2 表面性状の図示法

図3.10 表面性状を指示するための基本図示記号

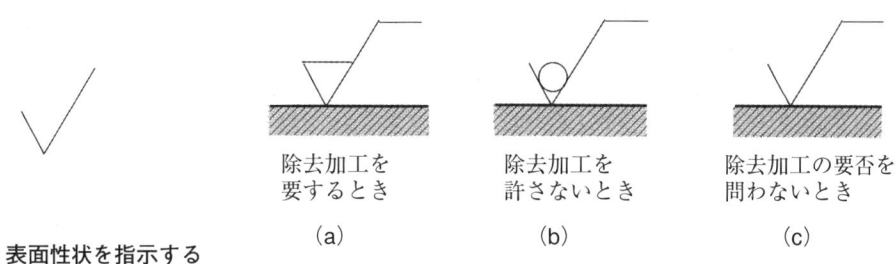

(a) 除去加工を要するとき
(b) 除去加工を許さないとき
(c) 除去加工の要否を問わないとき

図3.11 除去加工に関する指示

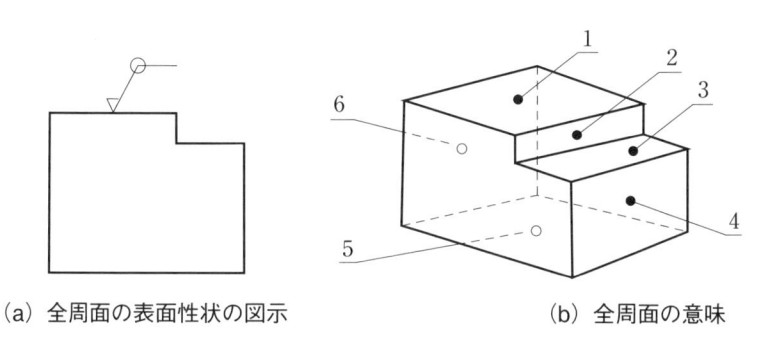

(a) 全周面の表面性状の図示
(b) 全周面の意味

参考　図形の外形線によって表された全周面とは、部品の三次元表現（図(b)で示されている6面である（正面および背面を除く）。

図3.12 全表面（6面）に適用する表面性状の要求事項の例

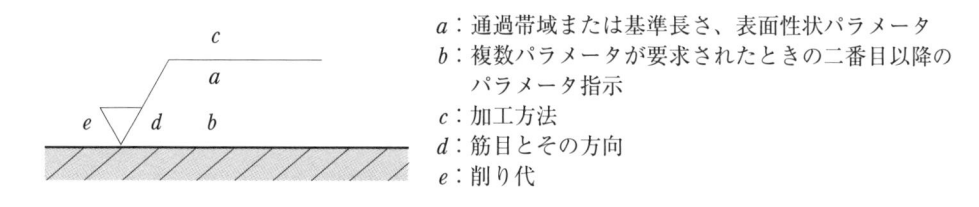

a：通過帯域または基準長さ、表面性状パラメータ
b：複数パラメータが要求されたときの二番目以降のパラメータ指示
c：加工方法
d：筋目とその方向
e：削り代

図3.13 表面性状の図示記号の構成

目の表面性状の要求を位置"b"に指示する。

ⓒ　位置 c —加工方法

　旋削、研削、めっきなど、対象面を得るための加工方法、表面処理、塗装または加工プロセスに必要な事項を位置"c"に指示する。

ⓓ　位置 d —筋目とその方向

　対象面の筋目とその方向を、表3.8のように"＝"、"Ｘ"等の記号を用いて位置"d"に指示する。

ⓔ　位置 e —削り代

　要求された削り代は、ミリメートル単位でその値を位置"e"に指示する。

（c）表面性状パラメータの指示

表面性状パラメータ記号とその値は、要求事項の基本となる次の4項目から構成されている。ここでは、粗さ曲線から得られる粗さパラメータを中心に説明を進める。

① パラメータ記号の指示

ⓐ 三つの輪郭曲線

R は粗さ曲線、W はうねり曲線、P は断面曲線、それぞれを区別する。

ⓑ パラメータの種類

表3.3に粗さパラメータ記号を示す。このうちRa、Rv、Rz、Rp、RSmなどについて説明した。その他のパラメータはJIS規格を参照してほしい。

2）評価長さの指示

評価長さは、該当する規格に規定されていればその標準値に従う。粗さパラメータの評価長さは、基準長さ（カットオフ値）の5倍であり、**表3.4**にRa、**表3.5**にRz、Rv、Rp、**表3.6**にRSmを例に、それぞれの標準値を示す。

評価長さに含まれる基準長さの数についての標準値がない場合には、表面性状の要求事項にあいまいさがないように基準長さの数をパラメータ記号に指示する。粗さパラメータの場合、評価長さが基準長さの何倍であるかを例のように示す。

例　Rp 3、Rv 3、Rz 3、Ra 3、RSm 3など（評価長さが三つの基準長さからなる場合）

3）許容限界値の指示

（a）指示された許容限界値の解釈

表面性状の許容限界値には、次の二つの指示のうち、どちらかを解釈する。

① "16%ルール"

要求値が、パラメータの上限値によって指示されている場合には、一つの評価長さから切り取った全部の基準長さを用いて算出したパラメータの測定値のうち、図面または製品技術情報に指示された要求値を超える数が16%以下[※3]であれば、この表面は、要求値を満たすものとして受け入れられるものとする。

図3.14は、Ra が評価長さを基準長さの5倍、Rz が評価長さを基準長さと等しく取って16%ルールの上限値で表したものである。

要求値がパラメータの下限値によって指示されている場合には、一つの評価長さから切り取った全部の基準長さを用いて算出したパラメータの測定値のうち、図面または製品技術情報に指示された要求値より小さくなる数が16%以下[※4]であれば、この表面は要求値を満たすものとして受け入れられるものとする。

表面性状の要求事項の標準ルールは、"16%ルール"とする。

※3　粗さパラメータの値が正規分布するとした場合、パラメータの測定値の数の16%を超える上限値は、$\mu + \sigma$ に一致する。ここに、μ は測定値の平均値、σ は標準偏差である。

※4　同様に、粗さパラメータの値が正規分布するとした場合、パラメータの測定値の数の16%を超えない下限値は、$\mu - \sigma$ に一致する。

表3.3　JIS B 0601に規定する粗さパラメータ記号

	高さ方向のパラメータ									横方向のパラメータ	複合パラメータ	負荷曲線に関連するパラメータ		
	山および谷					高さ方向の平均								
粗さパラメータ	Rp	Rv	Rz	Rc	Rt	Rz_{JIS}	Ra	Rq	Rsk	Rku	Ra_{75}	RSm	$R\Delta q$	$Rmr(c)$ $R\delta c$ Rmr

表3.4　非周期的な輪郭曲線の粗さパラメータ Ra の基準長さ（研削加工面の例）

Ra [μm]	粗さ曲線の基準長さ l_r [mm]	粗さ曲線の評価長さ l_n [mm]
(0.006) $<Ra\leq0.02$	0.08	0.4
$0.02<Ra\leq0.1$	0.25	1.25
$0.1<Ra\leq2$	0.8	4
$2<Ra\leq10$	2.5	12.5
$10<Ra\leq80$	8	40

表3.5　非周期的な輪郭曲線の粗さパラメータ Rz、Rv、Rp の基準長さ（研削加工面の例）

$Rz^{(1)}$ $Rz1\max^{(2)}$ [μm]	粗さ曲線の基準長さ l_r [mm]	粗さ曲線の評価長さ l_n [mm]
(0.025) $<Rz, Rz1\max\leq0.1$	0.08	0.4
$0.1<Rz, Rz1\max\leq0.5$	0.25	1.25
$0.5<Rz, Rz1\max\leq10$	0.8	4
$10<Rz, Rz1\max\leq50$	2.5	12.5
$50<Rz, Rz1\max\leq200$	8	40

注 $^{(1)}$ Rz は、Rz, Rv, Rp, Rc および Rt を測定する際に用いる。
　$^{(2)}$ $Rz1\max$ は、$Rz1\max, Rv1\max, Rp1\max$ および $Rc1\max$ を測定する際にだけ用いる。

表3.6　周期的な粗さ曲線の粗さパラメータの測定および周期的・非周期的な輪郭曲線の Rsm 測定のための基準長さ

Rsm [mm]	粗さ曲線の基準長さ l_r [mm]	粗さ曲線の評価長さ l_n [mm]
$0.013<RSm\leq0.04$	0.08	0.4
$0.04<RSm\leq0.13$	0.25	1.25
$0.13<RSm\leq0.4$	0.8	4
$0.4<RSm\leq1.3$	2.5	12.5
$1.3<RSm\leq4$	8	40

MRR Ra 0.7 : Rz1 3.3

Ra 0.7
Rz1 3.3

（a）文書表現　　　　　（b）図面指示

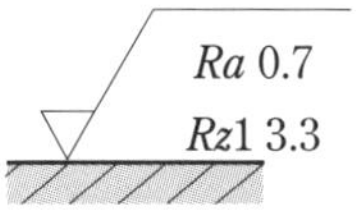

図3.14　16％ルールを適用した場合のパラメータ記号（標準通過帯域）

② "最大値ルール"

要求値が、パラメータの最大値によって指示されている場合、対象面全域で求めたパラメータの値のうち一つでも図面または製品技術情報に指示された要求値を超えてはならない。

"最大値ルール"を適用する場合には、パラメータ記号の後に"max"を付ける。

図3.15は、Ra が評価長さを基準長さの5倍、Rz が評価長さを基準長さと等しく取って最大値ルールで表したものである。

4）通過帯域および基準長さの指示

パラメータ記号に通過帯域の指示がない場合には、表面性状の要求事項に標準通過帯域を適用する。

ある表面性状には、標準通過帯域の規定、標準の低域フィルタの規定または標準の基準長さ（広域フィルタ）の規定がない場合がある。このような場合には、表面性状の要求事項にあいまいさがないように、通過帯域、低域フィルタまたは広域フィルタのカットオフ値を指示する。

表面性状の要求事項によって、あいまいさのない表面の管理を行うために、通過帯域はパラメータ記号の前に斜線"／"で仕切って指示する。

通過帯域は、ハイフン"－"で仕切られたフィルタのカットオフ値（単位：mm）によって指示し、低域フィルタのカットオフ値を最初に、高域フィルタのカットオフ値をハイフンの後に置く（**図3.16**）。

通過帯域を決める二つのフィルタのうちの一つだけの指示でよい場合、指示されないフィルタは、標準のカットオフ値をもつフィルタとする。一つだけのフィルタが指示されている場合、低域フィルタであるか高域フィルタであるかは、ハイフンによって識別する。

　　例　0.008－（低域フィルタ）

　　例　－0.25（高域フィルタ）

粗さ曲線に適用する粗さパラメータのための通過帯域を表すカットオフ値は、$λs$（低域フィルタ）および基準長さに等しい$λc$（高域フィルタ）である。

図3.14および図3.15のように、パラメータ記号に通過帯域の指示がない場合には、表面性状の要求事項に標準通過帯域を適用する。

標準通過帯域は、表3.4～3.6と**表3.7**との組合せによって定義される。

5）許容限界値の指示—片側または両側許容限界値

① パラメータの片側許容限界値

パラメータ記号とその値および通過帯域が指示されている場合には、"16％ルール"または"最大値ルール"に従った片側許容限界の上限値を表す。

パラメータ記号とその値および通過帯域の指示が、"16％ルール"または"最大値ルール"に従ったパラメータの片側許容限界の下限値を表す場合には、パラメータ記号の前に文字Ｌを付ける。

3.2 表面性状の図示法

MRR Ramax 0.7 : Rz1max 3.3

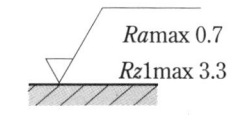

▽ Ramax 0.7
　 Rz1max 3.3

(a) 文書表現　　　　　　　(b) 図面指示

図3.15　最大値ルールを適用した場合のパラメータ記号（標準通過帯域）

▽ 0.0025-0.8/Rz 3.0

▽ URa 0.9
　 LRa 0.3

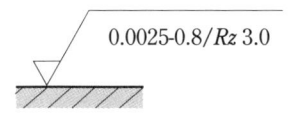

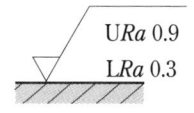

図3.16　表面性状要求事項に付けた通過帯域の指示　　　図3.17　両側許容限界値の指示

表3.7　粗さ曲線用カットオフ値λc、触針式表面粗さ測定機の触針先端半径 r_{tip} およびカットオフ比λc／λs の関係（JIS B 0651：2001）

λc [mm]	λs [μm]	λc／λs	最大 r_{tip} [μm]	最大サンプリング間隔 [μm]
0.08	2.5	30	2	0.5
0.25	2.5	100	2	0.5
0.8	2.5	300	2[(1)]	0.5
2.5	8	300	5[(2)]	1.5
8	25	300	10[(2)]	5

注[(1)]　Ra>0.5μmまたはRz>3μmの表面に対しては、通常、r_{tip}=5μmを用いても、測定結果に大きな差を生じさせない。
　[(2)]　カットオフ値λsが2.5μmおよび8μmの場合には、推奨先端半径をもつ触針の機械的フィルタ効果による減衰特性は、定義された通常帯域の外側にある。したがって、触針の先端半径または形状の多少の誤差は、測定値から計算されるパラメータの値にはほとんど影響しない。
　　　特別なカットオフ比が必要な場合には、その比を明示しなければならない。

例　　LRa 0.32

② パラメータの両側許容限界値

　両側許容限界値は、二つの限界値を上の行および下の行に分けて表面性状の図示記号に指示する。すなわち、文字Uに続くパラメータ記号とその上限値（"16％ルール"または"最大値ルール"）を上の行に、文字Lに続くパラメータ記号とその下限値を下の行に指示する（図3.17）。

6）加工方法または加工関連事項の指示

　表面性状のパラメータの値は、輪郭曲線の細部形状による影響を強く受ける。そのために、パラメータ記号とその値および通過帯域を指示するだけでは、表面機能に対して必ずしもあいまいさのない指示をしたことにならない。したがって、加工方法が輪郭曲線の特定の細部形状にある程度影響を及ぼすなどの理由から、多くの場合、加工方法を指示することが必要である。

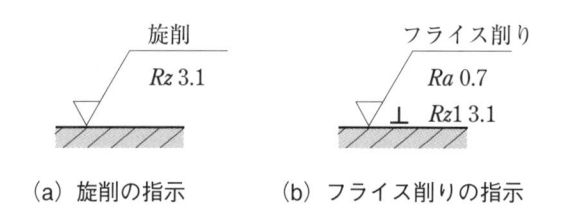

(a) 旋削の指示　　(b) フライス削りの指示

図3.18　加工方法および加工後の表面性状の要求事項の指示

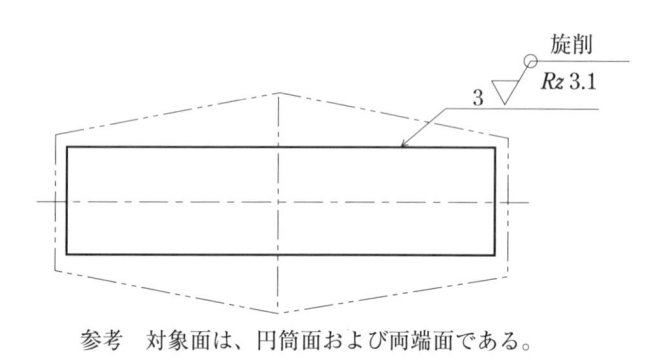

参考　対象面は、円筒面および両端面である。

図3.19　全表面に削り代3mmを要求する部品の最終形状における表面性状要求事項の指示

対象面の加工方法は、**図3.18**および**図3.19**のように、表面性状の図示記号に付けて指示することができる。

7）筋目の指示

加工によって生じる筋目（たとえば、加工工具の刃先によって生じる筋目）とその方向は、**表3.8**および**図3.18**(b)の例に示す記号を用いて、表面性状の図示記号に指示することができる。

8）削り代の指示

一般に、削り代は、同一図面に後加工の状態が指示されている場合にだけ指示され、鋳造品、鍛造品などの素形材の形状に最終形状が表されている図面に用いる。

削り代の指示は、表面性状の図示記号だけに付けられる要求事項である。削り代は、通常の表面性状の要求事項に加えて指示してもよい（**図3.19**）。

（4）図面記入方法

表面性状の要求事項を対象面に指示するには、つぎのように記入する。

① 表面性状の要求事項のついた図示記号が、図面の下辺または右辺から読めるように指示する（**図3.20**）。

② 図示記号または矢印（または他の端末記号）付きの引出線は、部品の実体の外側から（表面を表す）外形線または外形線の延長線に接するように指示する（図3.20(b)、**図3.21**）。

3.2 表面性状の図示法

表3.8 筋目方向の記号

記号	説明図及び解釈	
=	筋目の方向が、記号を指示した図の投影面に平行 例　形削り面、旋削面、研削面	(図：筋目の方向)
⊥	筋目の方向が、記号を指示した図の投影面に直角 例　形削り面、旋削面、研削面	(図：筋目の方向)
X	筋目の方向が、記号を指示した図の投影面に斜めで2方向に交差 例　ホーニング面	(図：筋目の方向)
M	筋目の方向が、多方向に交差 例　正面フライス削り面、エンドミル削り面	(図)
C	筋目の方向が、記号を指示した面の中心に対してほぼ同心円状 例　正面旋削面	(図)
R	筋目の方向が、記号を指示した面の中心に対してほぼ放射状 例　端面研削面	(図)
P	筋目が、粒子状のくぼみ、無方向または粒子状の突起 例　放電加工面、超仕上げ面、ブラスチング面	(図)

備考　これらの記号によって明確に表すことのできない筋目模様が必要な場合には、図面に"注記"としてそれを指示する。

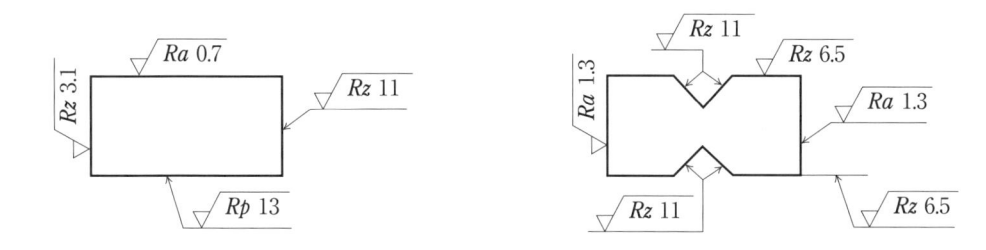

（a）表面性状の要求事項の向き　　　　（b）表面を表す外形線上に指示した表面性状の要求事項

図3.20　表面性状の要求事項の向き

③　誤った解釈がされるおそれがない場合には、表面性状の要求事項は、**図3.22**のように寸法に並べて指示してもよい。
④　誤った解釈がされるおそれがない場合には、表面性状の要求事項は、**図3.23**のように幾何公差の公差記入枠の上側に付けてもよい。
⑤　表面性状の要求事項は、図3.20および**図3.24**のように、寸法補助線に接するか、寸法補助線に矢印で接する引出線につながった引出補助線、または引出補助線が適用できない場合には引出線に接するように指示する。
⑥　中心線によって表された円筒表面および角柱表面（角柱の各表面が同じ表面性状である場合）では、表面性状の要求事項を1回だけ指示する（**図3.25**）。

（5）表面性状の要求事項の簡略図示
表面性状の要求事項を図面に指示する場合の簡略法は、つぎのように規定されている。
①　大部分の表面が同じ表面性状の要求事項をもつ場合には、表面性状の要求事項を図面の表題欄の傍ら、主投影図の傍らまたは参照番号の傍らに置く。
②　部品の大部分の表面が同じ表面性状をもつ場合に対して部分的に異なった表面性状の要求事項があることを示すために、括弧で囲んだ何も付けない基本図示記号（**図3.26**）または括弧で囲んだ部分的に異なった表面性状の要求事項を指示する（**図3.27**）。この場合、表面性状の部分的な要求事項は、主投影図に指示する。
③　対象部品の傍ら、表題欄の傍らまたは一般事項を指示するスペースに簡略参照指示であることを示すことによって、簡略図示を対象面に適用してもよい（**図3.28**）。

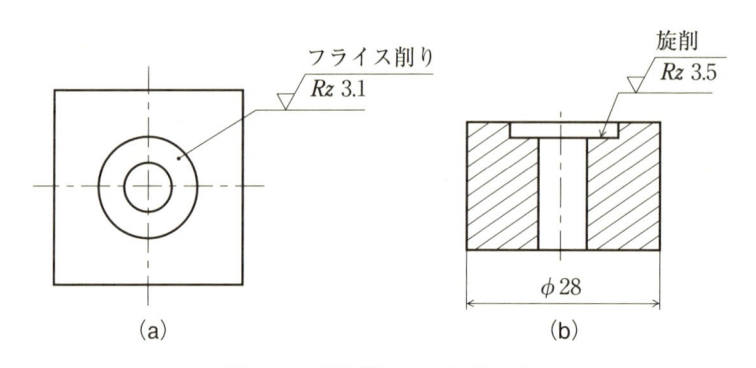

図3.21　引出線の二つの使い方

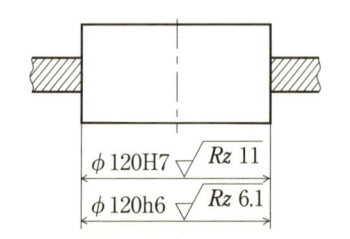

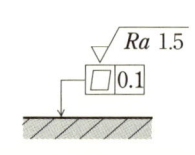

図3.22　サイズ形体の寸法と併記した表面性状の要求事項　**図3.23　公差記入枠に付けた表面性状の要求事項**

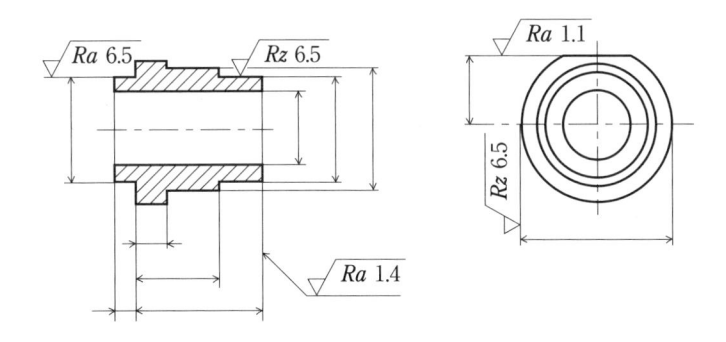

図3.24　円筒形体の寸法補助線に指示した表面性状の要求事項

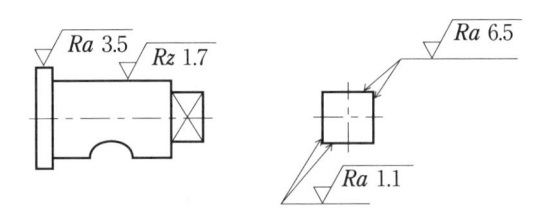

図3.25　円筒および角柱の表面の表面性状の要求事項

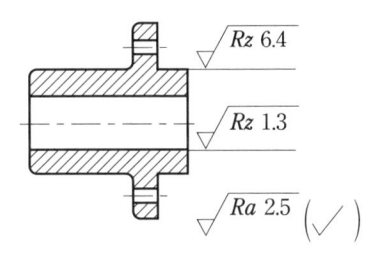

図3.26　大部分が同じ表面性状である場合の簡略図示（何も付けない）

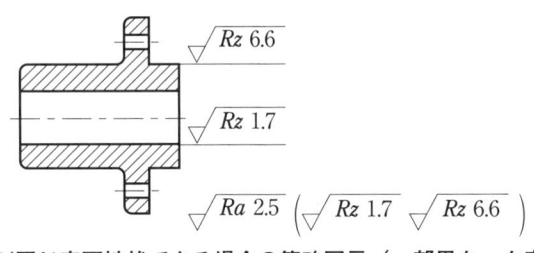

図3.27　大部分が同じ表面性状である場合の簡略図示（一部異なった表面性状を付ける）

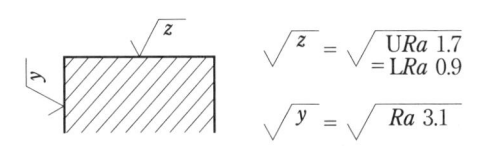

図3.28　指示スペースが限られた場合の表面性状の参照指示

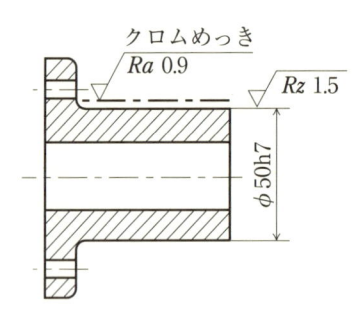

図3.29　表面処理前後の表面性状の要求事項の指示（表面処理の例）

④　表面処理の前後の表面性状を指示する必要がある場合の指示は、"注記"または図3.29による。

（6）表面性状の図示記号の形と大きさ

表面性状の要求事項の指示に用いる記号や文字の形・各部の比率・大きさについては、表面性状の図示方法（JIS B 0031：2003）の附属書Aに、図3.30のように規定されている。図示記号、数字・文字などの寸法の関係を表3.9に示す。

> **まとめ**
>
> ①　表面性状は、機械加工面などの表面の状態をいい、触針式表面粗さ測定機などによって表面の凹凸を直接測定する輪郭曲線方式によって表す。
> ②　輪郭曲線には、実表面の断面曲線からカットオフ値 λs の低域フィルタを通して得られる断面曲線（P）、P - 曲線からカットオフ値 λc の高域フィルタによって長波長成分を遮断した粗さ曲線（R）、P - 曲線から λf フィルタによって長波長成分と λc フィルタによって短波長成分を遮断して得られるうねり曲線（W）がある。
> ③　表面性状パラメータの呼び方は、粗さ曲線、うねり曲線、断面曲線の三つの輪郭曲線について、それぞれ頭に R、W、P の記号を付けて表す。
> ④　パラメータによって表示する方法には、許容限界値の指示に16％ルールと最大値ルールがある。16％ルールは、通常上限値で表す。

3.2 表面性状の図示法

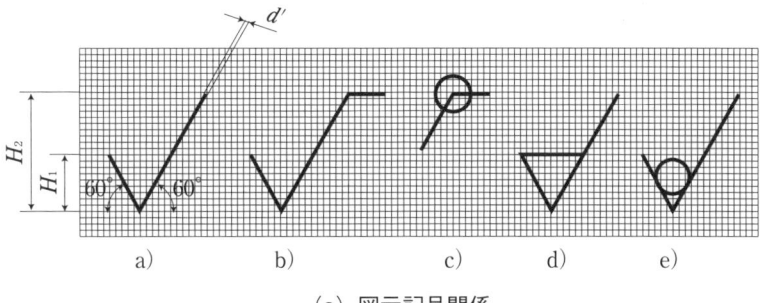

a)　　　b)　　　c)　　　d)　　　e)

（a）図示記号関係

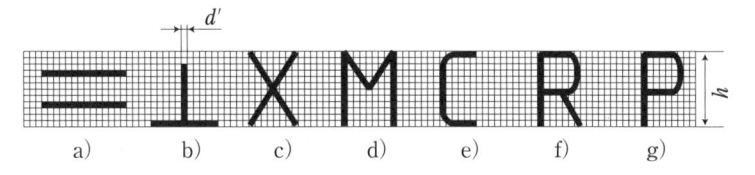

a)　b)　c)　d)　e)　f)　g)

（b）筋目方向の記号関係（B形書体、直立体）

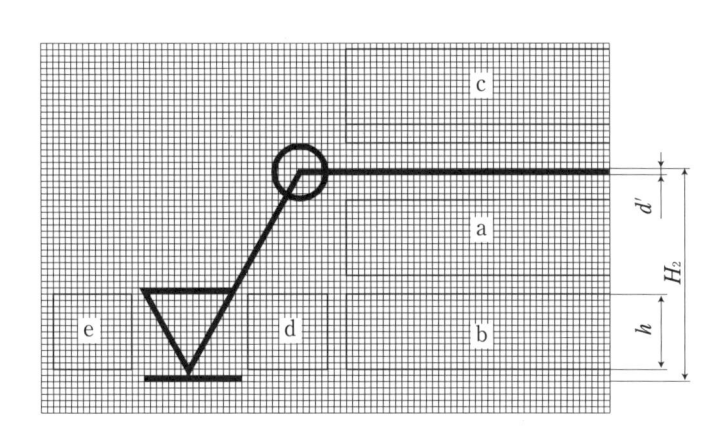

備考　位置"a"～"e"までの表面性状の指示については、図3.14～図3.19を参照する。

（c）要求事項の指示位置関係

図3.30　図記号の形および寸法

表3.9　図示記号の寸法割合

（単位：mm）

数字および文字の高さ、h（JIS Z 8313-1参照）	2.5	3.5	5	7	10	14	20
記号の線の太さ、d'		0.25	0.35	0.5	0.7	1	1.4	2
文字の線の太さ、d							
高さ、H_1		3.5	5	7	10	14	20	28
高さ、H_2 [(1)]		8	11	15	21	30	41	60

注 [(1)] H_2は、指示する行数による。

3.3 寸法公差の記入法

> **チェックポイント**
> ① 対象物を製作する際の基準となる基準寸法と実際にできあがった実寸法との間には、機能上許容できる寸法許容差が存在する。
> ② 寸法許容差を寸法数値とともにどのように表すかを学ぶ。
> ③ 各種の機械加工に対して、許容差が規格化されている。特に指示のない寸法の許容差は、この規格による。

例えば、図面に直径寸法が40mmと指定されている軸を素材から削り出すとき、指示通り正確に40.0000…mmに仕上げることは不可能であり、わずかな誤差が生じる。

しかし、このような誤差は、機能上支障がない二つの寸法の範囲を決めて製作者に指示すれば、製作が容易になり、費用の面においても安くなる。この支障のない誤差の範囲を寸法公差という。

（1）寸法公差

機械部品を製作する場合、まず製作する際に基準となる寸法が必要となる。この寸法を**基準寸法**という。これに対して実際に製作してでき上がった寸法を**実寸法**という。

部品を設計する際には、部品の機能に応じて設けた基準寸法に対し、適当な大小二つの許される寸法を決めておき、この範囲内に実寸法がおさまるように図面に指示する。この範囲の限界を表す寸法を**許容限界寸法**といい、大きい方の許容限界寸法を**最大許容寸法**、小さい方の許容限界寸法を**最小許容寸法**という。最大許容寸法と最小許容寸法の差を寸法公差（まぎらわしくない場合は、単に公差）という。

また、**寸法許容差**とは、許容限界寸法からその基準寸法を引いた値をいい、最大許容寸法から基準寸法を引いた値を上の寸法許容差、最小許容寸法から基準寸法を引いた値を下の寸法許容差という。

基準寸法より許容限界寸法が大きい場合には寸法許容差の数値に"＋"の符号を、小さい場合には"－"の符号をつけて表示する。

ここで、基準寸法が 50.000 mm で、**表3.10**のような許容寸法が穴と軸に与えられた場合の寸法公差、寸法許容差について求めてみよう。

上記の条件から穴と軸の寸法公差を求めるには、つぎのように計算する。

穴の寸法公差　　$T = A - B = 50.034 - 50.009 = 0.025$mm

軸の寸法公差　　$t = a - b = 49.975 - 49.950 = 0.025$mm

また、穴と軸の上・下の寸法許容差は、**図3.31**からつぎのように求める。

穴の上の寸法許容差　　$D = A - C = 50.034 - 50.000 = +0.034$mm

穴の下の寸法許容差　　$E = B - C = 50.009 - 50.000 = +0.009$mm

3.3 寸法公差の記入法

表3.10 長さ寸法50mmの許容寸法の例

(単位：mm)

	基準寸法	最大許容寸法	最小許容寸法
穴	$C = 50.000$	$A = 50.034$	$B = 50.009$
軸	$c = 50.000$	$a = 49.975$	$b = 40.950$

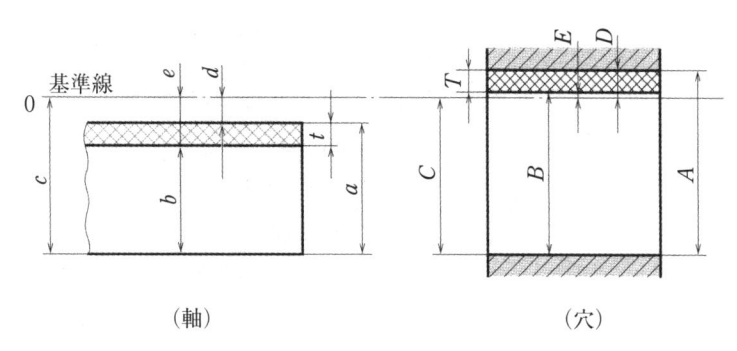

図3.31 穴と軸の寸法公差および寸法許容差

表3.11 基準寸法、許容寸法、寸法公差、寸法許容差の関係

	基準寸法	最大許容寸法	最小許容寸法	寸法公差	上の寸法許容差	下の寸法許容差
穴	C	A	B	$T = A - B$	$D = A - C$	$E = B - C$
軸	c	a	b	$t = a - b$	$d = a - c$	$e = b - c$

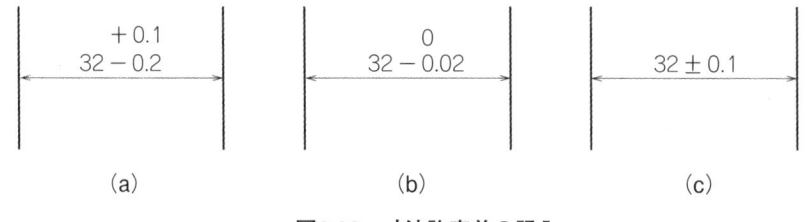

図3.32 寸法許容差の記入

軸の上の寸法許容差　$d = a - c = 49.975 - 50.000 = -0.025$ mm
軸の下の寸法許容差　$e = b - c = 49.950 - 50.000 = -0.050$ mm

なお、図3.31において、許容限界寸法やはめあいを図示する場合の基準寸法を示す線を**基準線**という。

以上の記号による式とその意味をまとめると**表3.11**のようになる。

（2）長さ寸法の許容限界の記入方法

図面に寸法公差を記入する場合は、つぎのいずれかの方法による。

1）基準寸法の後に寸法許容差の数値を記入する方法（図3.32）

① 寸法許容差の数値は、上の寸法許容差を上の位置に、下の寸法許容差を下の位置

に、基準寸法の数字よりいくぶん小さく、小数点以下のけた数をそろえて記入する（図3.32(a)）。
② 上・下の寸法許容差のいずれか一方の数値が零のときは、数字0で示す。この場合、正負の符号は付けない（図3.32(b)）。
③ 両側公差で、上の寸法許容差と下の寸法許容差とが等しいときは、寸法許容差の数値を一つにしてその数値の前に"±"の符号を付けて記入する（図3.32(c)）。

2）許容限界寸法（最大許容寸法および最小許容寸法）によって記入する方法
図3.33のように、最大許容寸法は上の位置に、最小許容寸法は下の位置に記入する。

3）最大許容寸法または最小許容寸法のいずれか一方だけを指定する方法
最大許容寸法または最小許容寸法のいずれか一方だけを指定する必要があるときは、図3.34のように、寸法数値の前に"最大"もしくは"最小"を記入するか、または寸法数値の後に"max"もしくは"min"と記入する。

4）組み立てた部品の構成形体の許容限界を指示する方法
組み立てた部品の構成形体の許容限界を指示する場合には、図3.35のように、各基準寸法および各寸法許容差を、それぞれの寸法線の上側に記入して、基準寸法の前に各部品の名称、または照合番号を付記し、いずれの場合にも、穴の寸法は軸の寸法の上側に記入する。

（3）角度寸法の許容限界の記入方法

角度寸法の許容限界の記入方法は、長さ寸法の許容限界の記入方法と同様に記入する。ただし、許容差はもちろんのこと、角度の基準寸法およびその端数の単位は、必ず記入しなければならない（図3.36）。角度許容差が分単位または秒単位だけのときには、それぞれ0°または0°0′を数値の前に付ける。

（4）寸法許容差の記入上の一般事項

① 機能に関連する寸法とその許容限界は、図3.37(a)、(b)のように、その機能を要求する形体に直接記入するのがよい。同図(c)のように他の形体に間接的に記入して、15 ± 0.01の許容限界を要求しようとすると、その形体に直接記入した場合に比較して、公差が厳しくなる。
② 複数個の関連する寸法に許容限界を指示する場合は、つぎに示すような点に配慮する必要がある。
ⓐ 直列寸法記入法で寸法記入をするときは、寸法公差が累積するので、この方法は公差の累積が機能に関係がない場合に用いる。また、重要度の少ない寸法（非機能寸法）は、図3.38(a)、(b)のように記入しないか、同図(c)のように、寸法数字の前後に括弧を付けて参考寸法として示すのがよい。
ⓑ 並列寸法記入法は、図3.39のように部品の機能から決定する基準を設定して、この基準位置からすべての寸法を直接的に記入する方法で、ほかの寸法の公差に影響を

3.3 寸法公差の記入法

図3.33 許容限界寸法の記入例

図3.34 許容寸法（最大・最小）の一方だけに記入法

図3.35 組立図に寸法許容差を記入する方法

図3.36 角度寸法の許容限界の記入方法

図3.37 形体に直接寸法許容差を記入する方法

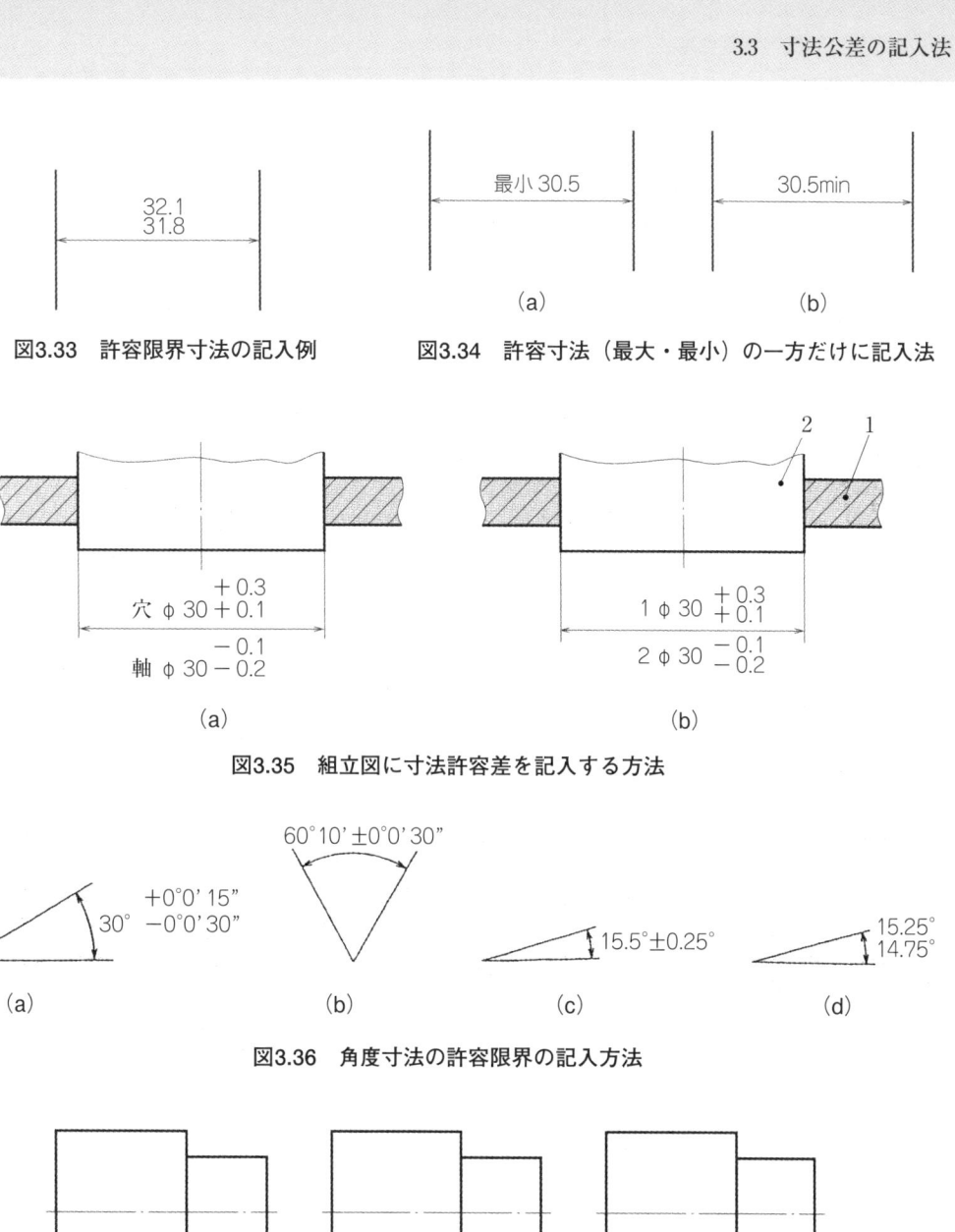

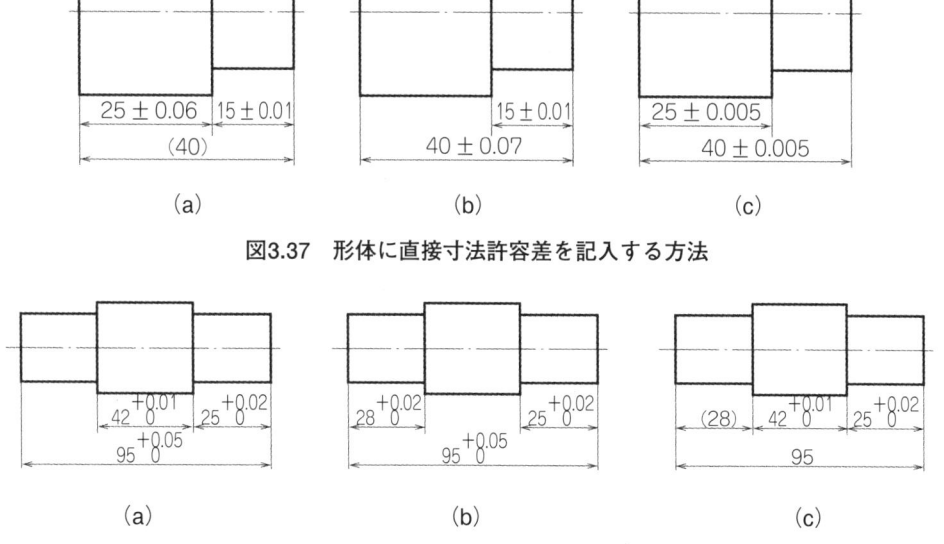

図3.38 公差の累積を避けた寸法記入法

129

図3.39　並列寸法記入　　　　　　　図3.40　累進寸法記入

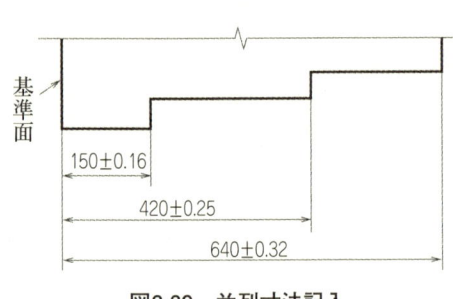

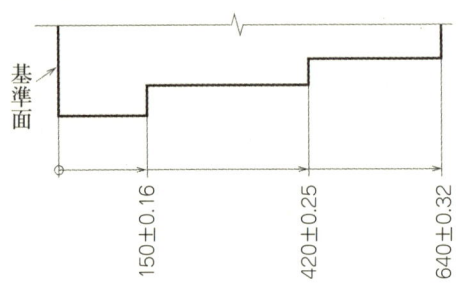

与えない。また、累進寸法記入法は、**図3.40**のように、ある設定した基準位置から引き出した寸法補助線に小さいはっきりした白抜きの小丸（直径3 mm）で原点をかき、他の寸法補助線には原点から寸法ごとに矢印を記入して、累進寸法を記入する。なお、基準位置は機能・加工などの条件を考慮して適切に選ぶ。

（5）普通公差

図面や仕様書などの寸法許容差のなかにも、機能上特別な精度を必要とする寸法許容差と、精度を特に必要としない製作上の寸法許容差がある。後者の場合、個々の寸法に記入するよりも一括して寸法許容差を指示したほうが、加工する側の間違いも少なくなり、図面上もすっきりしたものになる。このような寸法許容差のことを寸法の**普通公差**という。

寸法許容差は、加工法別にJIS B 0403〜0417に規定されている。**表3.12**はプレス機械を用いて金属板から所定の形状に打抜きする場合の**普通許容差**を示したものである。また、個々に公差の指示がない長さ寸法および角度寸法に対する普通公差については、JIS B 0405：1991に規定されている。

表3.13は、面取り部分を除く長さ寸法に対する許容差を示している。

表3.14は、面取り部分の長さ寸法（かどの丸み、およびかどの面取り寸法）に対する普通公差を示している。

表3.15は、角度寸法の普通公差を示している。

図面に普通公差を指示する場合は、以下のいずれかの方法で表題欄の中またはその付近に表示する。

① 各規格で規定する各寸法の区分に対する普通公差の数値の表を示す
② 適用する規格番号、公差等級を示す
　例1：個々に公差の指示がない場合
　　　　JIS B 0405　または JIS B 0405−m
　例2：ねずみ鋳鉄品の場合
　　　　JIS B 0403、並級
③ 特定の許容差の値を示す
　例　寸法許容差を指示していない寸法の許容差は、±0.25とする。

表3.12　打抜き普通寸法許容差

(単位：mm)

基準寸法の区分	等級		
	A級	B級	C級
6以下	± 0.05	± 0.1	± 0.3
6を超え　30以下	± 0.1	± 0.2	± 0.5
30を超え　120以下	± 0.15	± 0.3	± 0.8
120を超え　400以下	± 0.2	± 0.5	± 1.2
400を超え1 000以下	± 0.3	± 0.8	± 2
1 000を超え2 000以下	± 0.5	± 1.2	± 3

備考　A級、B級およびC級は、それぞれJIS B 0405の公差等級f、mおよびcに相当する。

表3.13　面取り部分を除く長さ寸法に対する許容差

(単位：mm)

公差等級		基準寸法の区分							
記号	説明	0.5[1]以上3以下	3を超え6以下	6を超え30以下	30を超え120以下	120を超え400以下	400を超え1 000以下	1 000を超え2 000以下	2 000を超え4 000以下
		許容差							
f	精級	± 0.05	± 0.05	± 0.1	± 0.15	± 0.2	± 0.3	± 0.5	—
m	中級	± 0.1	± 0.1	± 0.2	± 0.3	± 0.5	± 0.8	± 1.2	± 2
c	粗級	± 0.2	± 0.3	± 0.5	± 0.8	± 1.2	± 2	± 3	± 4
v	極粗級	—	± 0.5	± 1	± 1.5	± 2.5	± 4	± 6	± 8

注 [1]　0.5mm未満の基準寸法に対しては、その基準寸法に続けて許容差を個々に指示する。

表3.14　面取り部分の長さ寸法（かどの丸みおよびかどの面取り寸法）に対する許容差

(単位：mm)

公差等級		基準寸法の区分		
記号	説明	0.5[1]以上3以下	3を超え6以下	6を超えるもの
		許容差		
f	精級	± 0.2	± 0.5	± 1
m	中級			
c	粗級	± 0.4	± 1	± 2
v	極粗級			

注 [1]　0.5mm未満の基準寸法に対しては、その基準寸法に続けて許容差を個々に指示する。

表3.15　角度寸法の許容差

公差等級		対象とする角度の短い方の辺の長さ（単位：mm）の区分				
記号	説明	10以下	10を超え50以下	50を超え120以下	120を超え400以下	400を超えるもの
		許容差				
f	精級	± 1°	± 30'	± 20'	± 10'	± 5'
m	中級					
c	粗級	± 1°30'	± 1°	± 30'	± 15'	± 10'
v	極粗級	± 3°	± 2°	± 1°	± 30'	± 20'

> **まとめ**
>
> ① 対象物の機能に応じて設けた基準寸法に対し、機能上大小二つの許される寸法の範囲を決めておき、この範囲の限界を表す寸法を許容限界寸法という。
>
> ② 大きいほうの許容限界寸法を最大許容寸法、小さいほうの許容限界寸法を最小許容寸法という。最大許容寸法と最小許容寸法の差を寸法公差（まぎらわしくない場合は、単に公差）という。
>
> ③ 寸法許容差は、許容限界寸法からその基準寸法を引いた値をいい、最大許容寸法から基準寸法を引いた値を上の寸法許容差、最小許容寸法から基準寸法を引いた値を下の寸法許容差という。
>
> ④ 対象物の目標とする基準寸法が示されているところには、必ず寸法公差が存在する。図面に寸法許容差等が示されていない場合は、JIS規格の該当する普通公差を意識することが大切である。

3.4 はめあい

> **チェックポイント**
> ① 部品の機能を果たすために、穴と軸のように二つの加工物が互いにはまりあう場合の寸法関係は、はめあいといい、穴と軸の寸法許容差によって決まる。
> ② 穴と軸のはめあいは、キーとキー溝との間のはめあいなどのような加工物を挟む平行二平面をもつ工作物のはめあいについても適用する。
> ③ はめあいには、すきまばめ、しまりばめ、中間ばめがあり、部品の機能を果たすために、通常多く用いられるはめあい関係が存在する。
> ④ 穴と軸のはめあいでは、穴の寸法を基準にして軸の寸法をはめあわせる穴基準はめあいと、軸の寸法を基準にして穴の寸法をはめあわせる軸基準はめあいとがある。

　機械は、いくつもの部品を組み合わせて目標とする機能が果たせる。この部品の組合せは、穴と軸をはじめとして互いに接触して機能する部分がほとんどである。穴と軸がはまりあって接触する部分は、運動部、固定部などの機能をもたせるため相互の寸法公差を組み合わせて使う。これは部品に互換性をもたせて生産原価を低くする意味においても重要である。このような穴と軸が接触する寸法関係を**はめあい**という。

　昔は一対の部品を製作する場合には一方を作ってから、これにあわせてもう一方の部品を製作する現物合わせという作業が行われていた。

　現在では、二つの機械部品をはめあわせる場合、相互の寸法差が一定の範囲に入るように、あらかじめ寸法公差や寸法許容差を決めておき、必要に応じて選択する方式をとっている。この方式をはめあい方式と呼んでいる。

（1）はめあいの種類

　穴と軸をはめあわせる場合、**図3.41**(a)に示すように、穴の寸法が軸の寸法より大きい

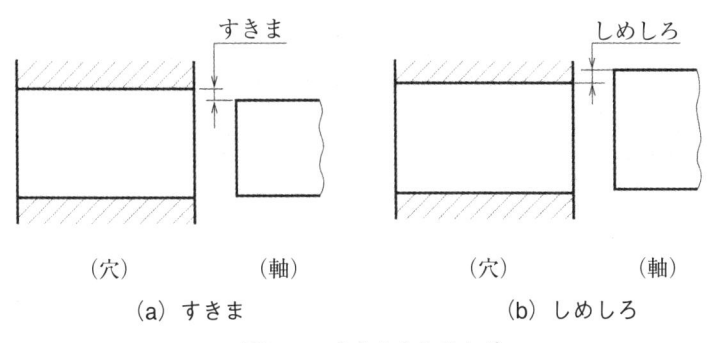

　　　　　　　　(a) すきま　　　　　　　　　　(b) しめしろ
　　　　　　　　　　図3.41　すきまとしめしろ

ときの両者の寸法差を**すきま**といい、図3.41（b）に示すように、穴の寸法が軸の寸法より小さいときの組み合わせる前の両者の寸法差を**しめしろ**という。

また、穴と軸のはめあい状態を大別すると、すきまばめ、しまりばめ、中間ばめの3種類となる。

1）すきまばめ

穴の最小許容寸法より軸の最大許容寸法が小さいときのはめあいで、穴と軸の間に必ずすきまができるはめあいを**すきまばめ**という。一般に部品を相対的に動かすことのできる回転部分や摺動部分に利用する。

穴の最大許容寸法から軸の最小許容寸法との差を**最大すきま**といい、穴の最小許容寸法から軸の最大許容寸法との差を**最小すきま**という。

図3.42において、穴の最大許容寸法A、軸の最大許容寸法a、穴の最小許容寸法B、軸の最小許容寸法b などの値をそれぞれ**表3.16**のように表すと、各すきまはつぎのように求まる。

$$最大すきま = A - b = 50.025 - 49.950 = 0.075\text{mm}$$
$$最小すきま = B - a = 50.000 - 49.975 = 0.025\text{mm}$$

2）しまりばめ

穴の最大許容寸法より、軸の最小許容寸法が大きいときのはめあいで、穴と軸の間に必ずしめしろができるはめあいを**しまりばめ**という。一般に部品を相対的に動かすことのできない固定部分に利用する。

また、軸の最小許容寸法から穴の最大許容寸法との差を**最小しめしろ**といい、軸の最大許容寸法から穴の最小許容寸法との差を**最大しめしろ**という。

図3.43は、穴の最大許容寸法A、軸の最大許容寸法 a、穴の最小許容寸法B、軸の最小許容寸法b などの値を、それぞれ**表3.17**のように表した場合の例を示したものである。各しめしろはつぎのように求まる。

$$最大しめしろ = a - B = 50.050 - 50.000 = 0.050\text{mm}$$
$$最小しめしろ = b - A = 50.034 - 50.025 = 0.009\text{mm}$$

3）中間ばめ

図3.44（a）、（b）のように、穴と軸の各許容寸法とそれぞれの実寸法との差で、すきまができたり、しめしろができたりするはめあいを**中間ばめ**という。すなわち、部品を相対的に動かせるか、動かせないかどちらかの中間の状態のときに利用する。

図3.44（a）において、穴の最大許容寸法A、軸の最大許容寸法 a、穴の最小許容寸法 B、軸の最小許容寸法 b などの値をそれぞれ**表3.18**のように表すと、すきまとしめしろはつぎのように求まる。

$$最大しめしろ = a - B = 50.011 - 50.000 = 0.011\text{mm}$$
$$最大すきま = A - b = 50.025 - 49.995 = 0.030\text{mm}$$

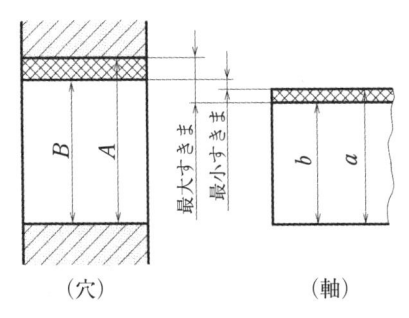

図3.42 すきまばめ

表3.16 すきまばめの例
(単位：mm)

	最大許容寸法	最小許容寸法
穴	$A = 50.025$	$B = 50.000$
軸	$a = 49.975$	$b = 49.950$

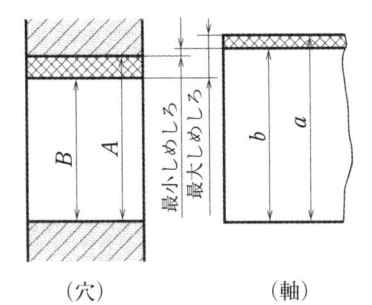

図3.43 しまりばめ

表3.17 しまりばめの例
(単位：mm)

	最大許容寸法	最小許容寸法
穴	$A = 50.025$	$B = 50.000$
軸	$a = 50.050$	$b = 50.034$

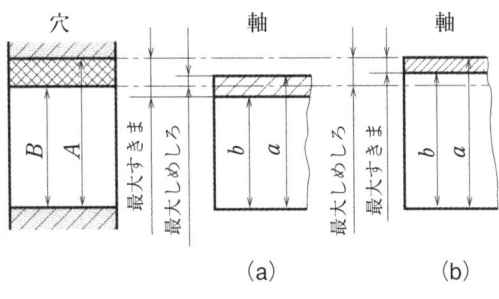

図3.44 中間ばめ

表3.18 中間ばめの例
(単位：mm)

	最大許容寸法	最小許容寸法
穴	$A = 50.025$	$B = 50.000$
軸	$a = 50.011$	$b = 49.995$

（2）基本公差

　一般に軸や穴などを加工する場合、その寸法が大きくなるにつれて仕上げ精度は低下してくる。そこで JIS規格では、寸法の大きさをある範囲ごとに区分し、その同一寸法区分に対しては、同一の寸法公差となるように定めている。

　また、同一公差のなかで面の精粗により等級をつけて、いくつかの定まった寸法公差が与えられている。この寸法公差を**基本公差**といい、基準寸法が3 150mm以下の基本公差の等級は、表示の国際性を考え、IT1、IT2、……のようにIT（International Tolerance）の記号の後に等級を付けて表す。この公差等級は、寸法の区分に対応して、IT1（1級）からIT18（18級）までの18等級に分けられている。

　また、これとは別に、基準寸法500mm以下の公差等級にIT01、IT0があるが、一般には使用されていない。

表3.19は、寸法区分が 500mm 以下の基準寸法に適用する公差等級ITの一部の数値を示したものである。なお、穴と軸の通常のはめあい公差等級では、穴はIT6～IT10、軸はIT5～IT9が用いられ、また公差等級の数値がそのまま穴・軸の公差等級を示すために使われる。

（3）はめあい方式による穴と軸の寸法の表示

穴の寸法公差を図3.45のように示したとき、基準寸法に対して寸法公差を表す2本の平行線の位置する領域を**公差域**という。

公差域の位置は基準寸法からの距離の程度によって分けられ、図3.46に示すように、穴の公差域の位置は、AからZCまでのアルファベットの大文字で、軸の公差域の位置は、aからzcまでのアルファベットの小文字で表す。

はめあい方式による穴と軸の寸法の表示には、公差域の位置の記号と公差等級との組み合わせが用いられ、これを**公差域クラス**といい、その記号を**寸法公差記号**という。

したがって、はめあい方式では、穴や軸の寸法の許容限界をつぎのように表示する。

① 穴は、穴を表す基準寸法の右側に、穴の寸法公差記号または寸法許容差をつけて示す。

表示例　 ϕ45H7、 ϕ45 $^{+0.025}_{\ \ 0}$

② 軸は、軸を表す基準寸法の右側に、軸の寸法公差記号または寸法許容差をつけて示す。

表示例　 ϕ45g6、 ϕ45 $^{-0.009}_{-0.025}$

③ 寸法の許容限界を許容限界寸法によって示す場合には、最大許容寸法を上の位置に、最小許容寸法を下の位置に重ねて表示する。

表3.19　公差等級ITの数値の例　（単位：μm＝0.001mm）

基準寸法 の区分 [mm]	公差等級	IT5 （5級）	IT6 （6級）	IT7 （7級）	IT8 （8級）	IT9 （9級）	IT10 （10級）
―	3 以下	4	6	10	14	25	40
3 を超え	6 以下	5	8	12	18	30	48
6 を超え	10 以下	6	9	15	22	36	58
10 を超え	18 以下	8	11	18	27	43	70
18 を超え	30 以下	9	13	21	33	52	84
30 を超え	50 以下	11	16	25	39	62	100
50 を超え	80 以下	13	19	30	46	74	120
80 を超え	120 以下	15	22	35	54	87	140
120 を超え	180 以下	18	25	40	63	100	160
180 を超え	250 以下	20	29	46	72	115	185
250 を超え	315 以下	23	32	52	81	130	210
315 を超え	400 以下	25	36	57	89	140	230
400 を超え	500 以下	27	40	63	97	155	250

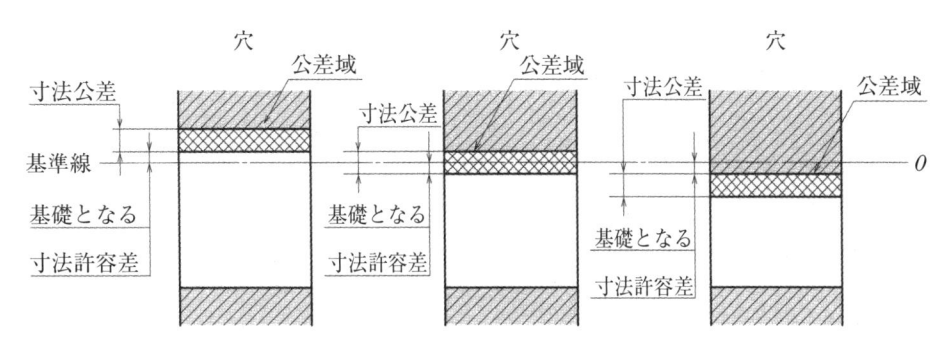

基礎となる寸法許容差：基準線に対する公差域の位置を定める寸法許容差。上の寸法許容差または下の寸法許容差のうち、基準線に近いほうの値。

図3.45　公　差　域

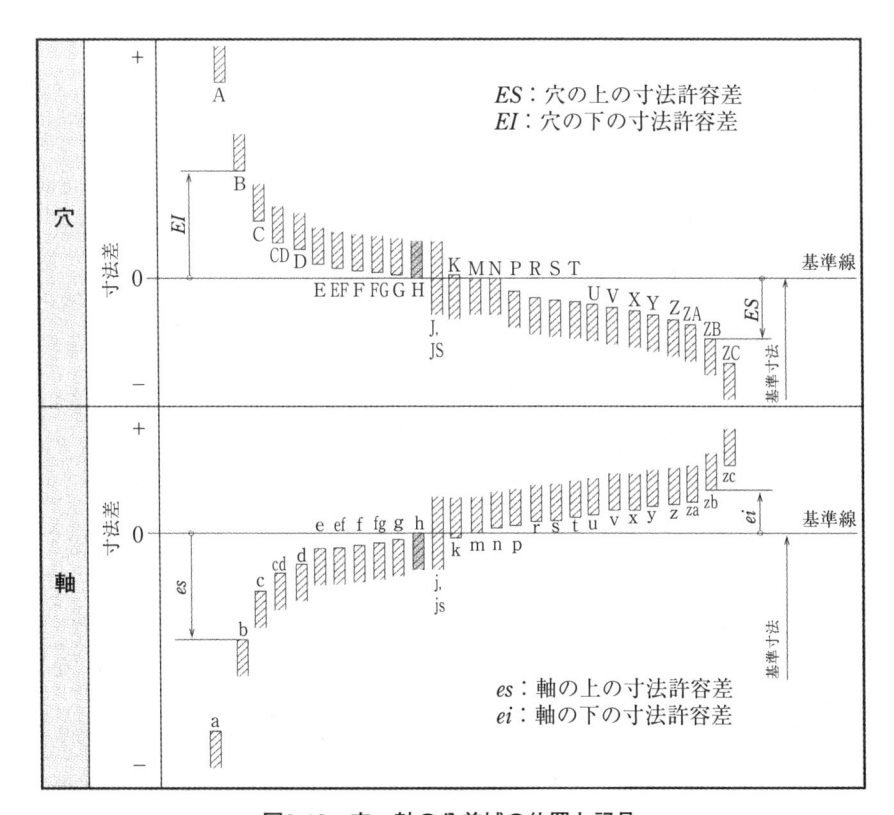

図3.46　穴・軸の公差域の位置と記号

表示例　　99.988
　　　　　99.966

（4）はめあい方式の種類

はめあい部分の寸法は、穴と軸の種類と等級により適当な組み合わせのものを選んで決定するが、ふつう穴・軸のいずれか一方を基準として決める。JIS規格では、穴を基準とするはめあい方式を穴基準はめあい、軸を基準とするはめあい方式を軸基準はめあいという。

1）穴基準はめあい

　一つの公差域クラスの穴を基準として、種々の公差域クラスの軸を組み合わせることによって、必要なすきま、またはしめしろを与えるはめあい方式をいう（図3.47）。穴基準はめあいの基準穴は、下の寸法許容差が零である H 記号の穴を用いる。

2）軸基準はめあい

　一つの公差域クラスの軸を基準として、種々の公差域クラスの穴を組み合わせることによって、必要なすきま、またはしめしろを与えるはめあい方式をいう。軸基準はめあいの基準軸は、上の寸法許容差が零である h 記号の軸を用いる。

3）はめあい方式の選択

　機械部品のはめあいを行う場合には、製品の構造、素材の形状、工具とゲージの種類・数量などの経済的な理由を考慮して、前述したはめあい方式のうち、いずれかの方式を決定する。しかし、いろいろな条件によって、両方の方式のはめあいを用いるほうが有利な場合には混用してもさしつかえないが、一般にはつぎのような理由で、穴基準はめあい方式のほうが多く採用されている。

　① 穴加工のほうが軸加工よりむずかしく、また、高精度が得にくい。
　② 穴加工に用いるゲージ類や切削工具類などの費用が、軸加工の場合より高くつく。

（5）多く用いられるはめあい

　穴と軸の公差域クラスは、必要に応じてこれを任意に組み合わせて使用するが、JIS規格では、一般に広く用いられるはめあいの組み合わせとして、表3.20、表3.21に示すように、穴基準・軸基準別に定めている。

　多く用いられるはめあいは、穴と軸のはめあいの場合に必ず用いなければならないとか、これ以外のものは使わないほうがよいということではなく、なるべくこのはめあいを使用することが便利で望ましいということである。

　図3.48は、穴の基準寸法が 30mm の場合に多く用いられる穴基準はめあいを示したもので、基準穴と軸の公差域クラスの組み合わせでいろいろなはめあいができる。図3.49は、軸の基準寸法が 30mm の場合に多く用いられる軸基準のはめあいを示したもので、穴基準はめあいと同様に、いろいろなはめあいの組合せができる。

　表3.22は穴の、表3.23は軸の、それぞれ基準寸法に対するはめあい記号の寸法許容差を示している。

　表の見方は、たとえば、35H7の寸法許容差は、表3.22の穴に対する寸法許容差の表を見ればよい。基準寸法が35mmであるから、表の左端の欄で、寸法の区分が30をこえ40mm以下の行を選び、つぎに上の欄のはめあい記号H7の列を選んで、行と列が交わる欄を見る。

　これより上の寸法許容差が+25、下の寸法許容差が 0であることがわかる。

　単位はμmなので、上の寸法許容差は0.025mm、下の寸法許容差は0.000mmとなる。軸の寸法公差記号から寸法許容差を求める場合も同様である。

3.4 はめあい

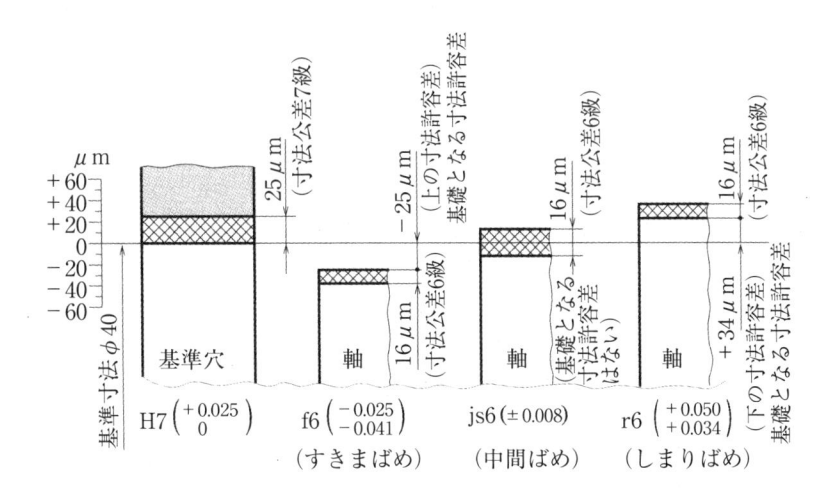

図3.47 穴基準はめあいの例（基準穴がφ40H7の場合）

表3.20 多く用いられる穴基準はめあい

基準穴	軸の公差域クラス															
	すきまばめ					中間ばめ			しまりばめ							
H6					g5	h5	js5	k5	m5							
				f6	g6	h6	js6	k6	m6	n6(*)	p6(*)					
H7				f6	g6	h6	js6	k6	m6	n6	p6(*)	r6(*)	s6	t6	u6	x6
			e7	f7		h7	js7									
H8					f7		h7									
			e8	f8		h8										
			d9	e9												
H9			d8	e8			h8									
		c9	d9	e9			h9									
H10	b9	c9	d9													

注(*) これらのはめあいは、寸法の区分によっては例外を生じる。（JIS B 0401：1998による）

表3.21 多く用いられる軸基準はめあい

基準軸	穴の公差域クラス															
	すきまばめ						中間ばめ			しまりばめ						
h5						H6	JS6	K6	M6	N6(*)	P6					
h6				F6	G6	H6	JS6	K6	M6	N6	P6(*)					
				F7	G7	H7	JS7	K7	M7	N7	P7(*)	R7	S7	T7	U7	X7
h7			E7	F7		H7										
				F8		H8										
h8			D8	E8	F8		H8									
			D9	E9			H9									
			D8	E8			H8									
h9		C9	D9	E9			H9									
	B10	C10	D10													

注(*) これらのはめあいは、寸法の区分によっては例外を生じる。（JIS B 0401：1998による）

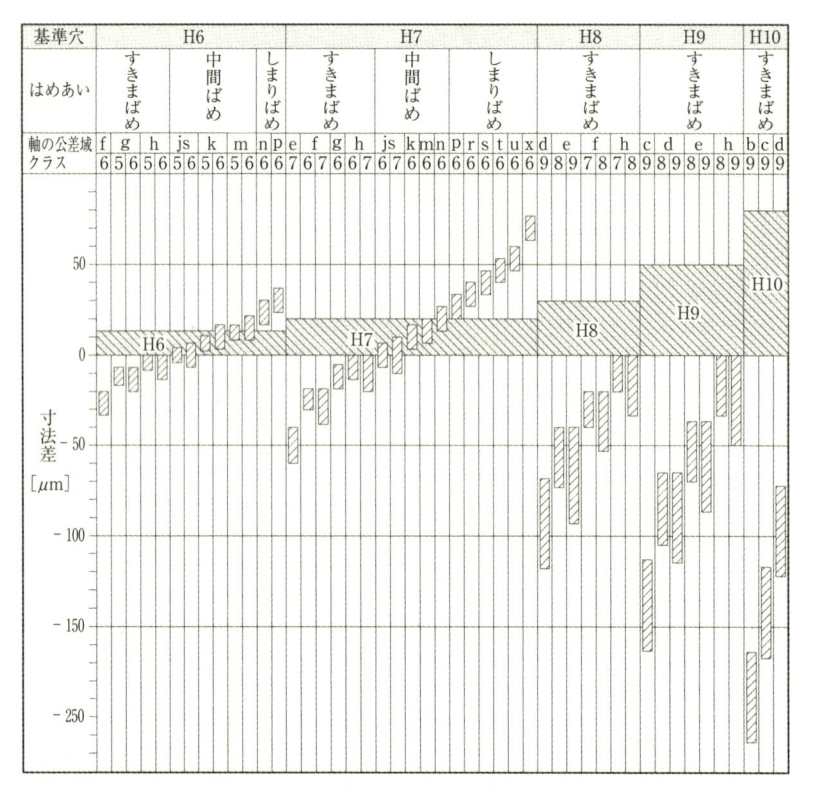

図3.48 多く用いられる穴基準はめあい（基準寸法30mmの場合）

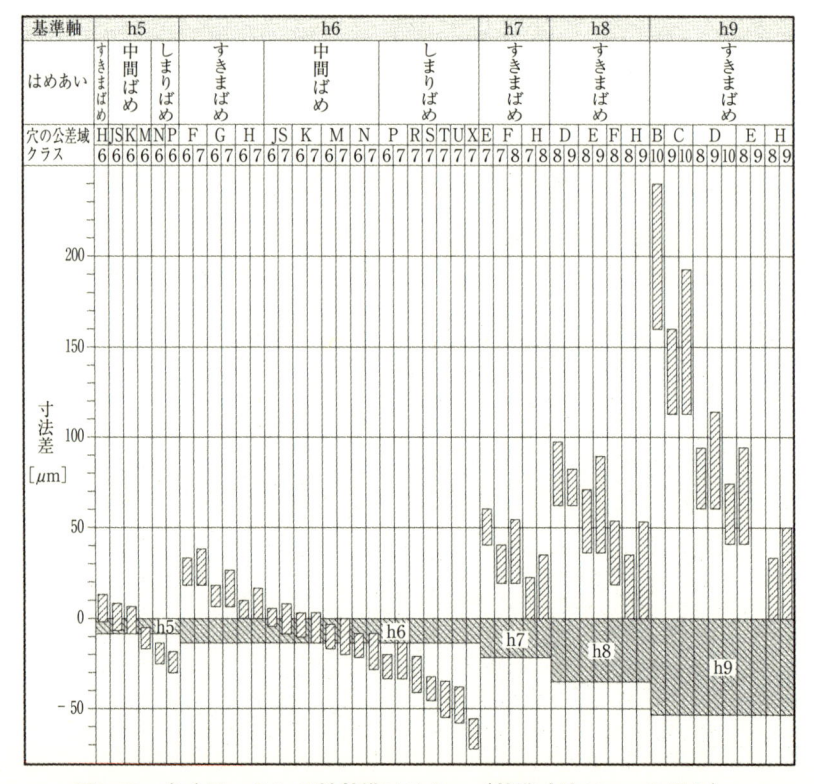

図3.49 多く用いられる軸基準はめあい（基準寸法30mmの場合）

3.4 はめあい

表3.22 穴に対する寸法許容差

（単位：μm＝0.001mm）

[Table of dimensional tolerances for holes per JIS B 0401:1998. Contains size ranges (mm) in leftmost and rightmost columns, with tolerance grades B10, C9, C10, D8, D9, D10, E7, E8, E9, F6, F7, F8, G6, G7, H6, H7, H8, H9, H10, JS6, JS7, K6, K7, M6, M7, N6, N7, P6, P7, R7, S7, T7, U7, X7 across columns. Each cell shows upper deviation (top) and lower deviation (bottom) in μm.]

備考 表中の各段で、上側の数値は上の寸法許容差、下側の数値は下の寸法許容差を示す。 （JIS B 0401:1998による）

表3.23 軸に対する寸法許容差

（単位：μm＝0.001mm）

[Table of dimensional tolerances for shafts per JIS B 0401:1998. Contains size ranges (mm) with tolerance grades b9, c9, c10, d8, d9, e7, e8, e9, f6, f7, f8, g4, g5, g6, h5, h6, h7, h8, h9, js5, js6, js7, k5, k6, m5, m6, n6, p6, r6, s6, t6, u6, x6 across columns. Each cell shows upper deviation (top) and lower deviation (bottom) in μm.]

備考 表中の各段で、上側の数値は上の寸法許容差、下側の数値は下の寸法許容差を示す。 （JIS B 0401:1998による）

結果は、つぎのようになる。

　　　35H7　穴の最大許容寸法　35.025mm　穴の最小許容寸法　35.000mm

以上、多くの用いられるはめあいでは、基準穴にH記号を用いる穴基準はめあい方式と基準軸にh記号を用いる軸基準はめあい方式のいずれかを選択する。

（6）はめあい方式による表示法

はめあい方式によって、穴および軸の寸法許容差を表示するには、図3.50のように穴・軸の公差域クラスを示す寸法公差記号を記入する。この場合、記号文字の大きさは、基準寸法を示す数字と同じ大きさで記入する。

また、穴と軸がはめあい状態あるいは組立状態で、はめあい部の寸法公差記号を併記する場合には、図3.51のように基準寸法のあとに、穴の寸法公差記号を上側に、軸の寸法公差記号を下側に記入し、分数のような形式をとる。

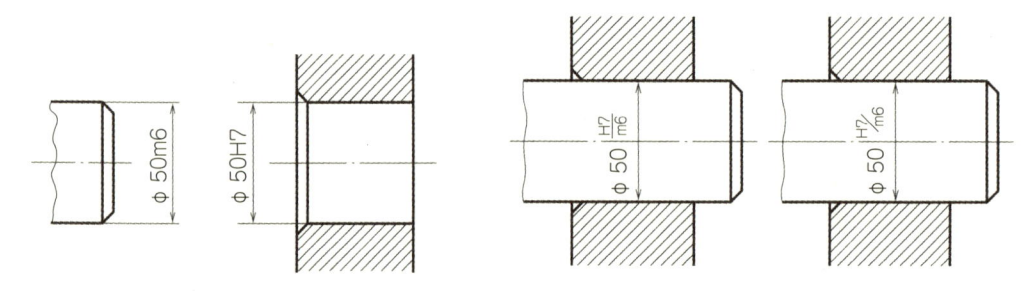

図3.50　はめあい方式による公差域クラスの記入　　図3.51　はめあ方式によるはめあい部の公差域クラスの記入

まとめ

① 機械部品のはめあい状態は、部品の機能により、すきまばめ・しまりばめ・中間ばめの3種類に大別される。

② JIS規格では、寸法の大きさをある範囲ごとに区分し、その同一寸法区分に対しては、同一の寸法公差となるように基本公差を定めている。基準寸法が3 150mm以下の基本公差の等級は、表示の国際性を考え、IT1、IT2、……のようにIT（International Tolerance）の記号の後に等級を付けて表す。

③ はめあい方式による穴・軸の寸法の表示には公差域クラスを示す寸法公差記号が用いられる。

④ はめあい方式には、穴を基準とする穴基準はめあいと、軸を基準とする軸基準はめあいがある。穴基準はめあいは、一つの基準穴に対して各種類の軸をはめあわせるので、各種類の穴を用意する軸基準はめあいより加工が容易である。

3.5 幾何公差の図示方法

> **チェックポイント**
> ① 機械部品の幾何学的な形状からの狂いを幾何公差といい、機械部品としての機能上許せる範囲を定めている。
> ② 幾何公差の図示法は、記入枠、幾何公差記号と領域、形体への指示などからなる。
> ③ 幾何公差の基準となる面・線・点をデータムという。

（1）幾何公差の種類とその図記号

すべての機械部品は、誤差がなく寸法どおりに加工ができないのと同じように、円柱、円筒、直方体などの形状も幾何学的に正確に仕上げることはできない。そこで、それらの形状も寸法公差と同様に、ある範囲内の狂いならば機械の機能上、支障がない領域（これを公差域という）として数値で示したものを幾何公差という。

幾何公差は、「製品の幾何特性仕様―幾何特性表示方式―形状、姿勢、位置およびふれの公差表示方式」（JIS B 0021：1998）に規定している。

幾何公差の種類には、形体それ自体の形状に関する形状公差、基準となる面、線、点からの姿勢を規定する姿勢公差、基準となる面、線、点からの位置を規定する位置公差、形体に回転を与えたときの振れに関する振れ公差がある。これら形状・姿勢・位置・振れの各公差のうち、特定な公差を幾何特性といい、JIS規格では、表3.24に示すように、14種類の記号を使って19種類の幾何特性とその記号を規定している。表のデータムは後述する基準となる面、線、点を示す。

（2）幾何公差の表し方

1）公差記入枠

幾何公差の表し方は、二つまたはそれ以上に分割した長方形の公差記入枠を使う。公差記入枠には、つぎの内容を①～③の順序に左から右へ記入する。

① 幾何特性に用いる記号（表3.24）
② 寸法に使用した単位での公差値。この値は、公差域が円筒形または円であるならば記号ϕを、公差域が球であるならば記号Sϕをその公差値の前に付ける。
③ 必要ならば、基準となる直線、平面、点または軸（これらをデータムという）を指示する文字記号

表3.25は、公差記入枠に幾何公差を表した例である。

2）公差記入枠の形体への指示

形体に幾何公差を指示するには、公差記入枠の右側または左側から引き出した指示線によって、次の方法で公差付き形体に結びつけて指示する。

表3.24 幾何特性に用いる記号

公差の種類	特性	記号	データム指示
形状公差	真直度	─	否
	平面度	▱	否
	真円度	○	否
	円筒度	⌭	否
	線の輪郭度	⌒	否
	面の輪郭度	⌓	否
姿勢公差	平行度	∥	要
	直角度	⊥	要
	傾斜度	∠	要
	線の輪郭度	⌒	要
	面の輪郭度	⌓	要
位置公差	位置度	⌖	要・否
	同心度（中心点に対して）	◎	要
	同軸度（軸線に対して）	◎	要
	対称度	⌯	要
	線の輪郭度	⌒	要
	面の輪郭度	⌓	要
振れ公差	円周振れ	↗	要
	全振れ	↗↗	要

表3.25 公差記入枠による幾何公差の表し方の例

例	データムを必要としない場合	データムを必要とする場合	同時に二つ以上の幾何特性を指定する場合	公差を二つ以上の形体に適用する場合
幾何公差の表し方	│ ─ │ 0.1 │	│ ∥ │ 0.1 │ A │	│ ○ │ 0.01 │ │ ∥ │ 0.06 │ B │	6× φ12 $_{-0.02}^{0}$ │ ⌖ │ φ0.1 │
意味	直線部分の真直度が，幾何学的直線から0.1mmの公差値公差に入ること。	基準となるデータムAからの平行度が0.1mmの公差に入る直線（または平面）であること。	真円度公差が0.01mm，データムBからの平行度の公差が0.06mmであること。	記号"×"を用いて形体の数を公差記入枠の上側に指示する。（6カ所の例）

① 線または表面自身に公差を指示する場合には、形体の外形線上または外形線の延長線上に（寸法線の位置を明確に避けて）図3.52(a)、(b)のように示す。指示線の矢は、実際の表面に点をつけて引き出した引出線上に当ててもよい（図3.52(c)）。
② 寸法を指示した形体の軸線または中心平面もしくは一点に公差を指示する場合には、図3.53に示すように、寸法線の延長線上が指示線になるようにする。

（3）公差域
① 公差域の幅は、図3.54に示すように、指定した幾何形状に垂直に適用する。しか

(a) 外形線または外形線の延長上　　(b) 外形線上　　(c) 表面に点を付けた引出線

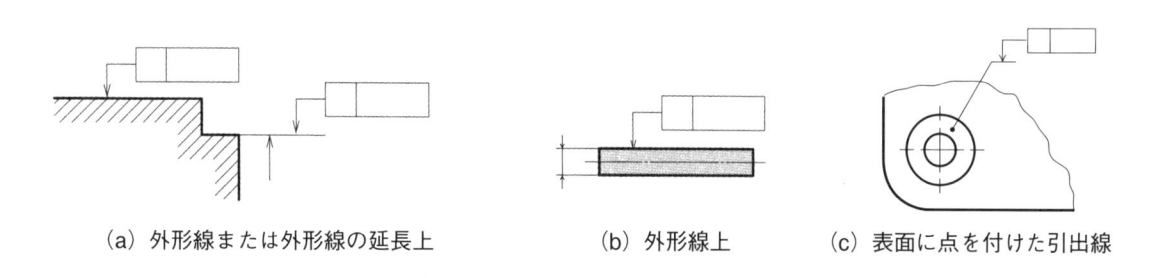

図3.52　線または形体自身に公差を指示する例

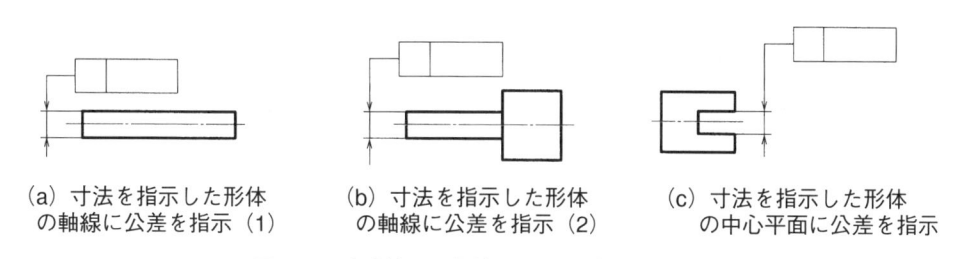

(a) 寸法を指示した形体の軸線に公差を指示（1）　　(b) 寸法を指示した形体の軸線に公差を指示（2）　　(c) 寸法を指示した形体の中心平面に公差を指示

図3.53　寸法線の延長線上が指示線になる例

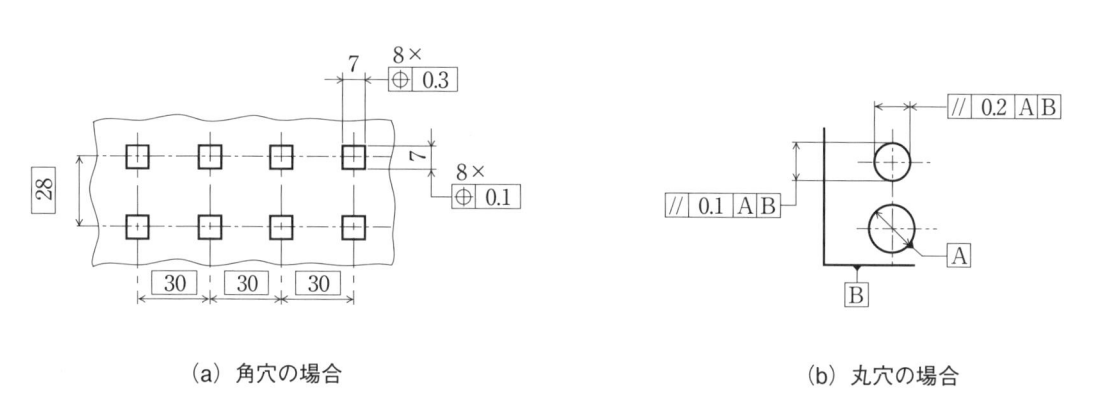

(a) 角穴の場合　　(b) 丸穴の場合

図3.54　公差域の幅は幾何形状に垂直に適用

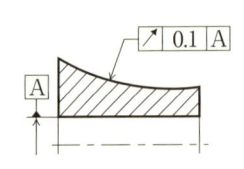

図3.55　公差域を曲線に適用

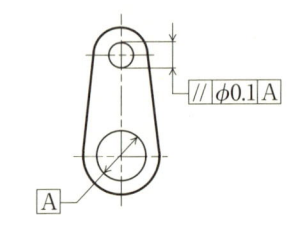

図3.56　公差域が円筒の場合

し、図3.55のように、特に指定した場合を除く。

② 記号"ϕ"が公差値の前に付記してある場合には、図3.56にあるように、公差域は円筒である。記号"$S\phi$"が公差値の前に付記してある場合には、公差域は球である。

③ 幾つかの離れた形体に対して、同じ公差値を適用する場合には、個々の公差域は、図3.57のように指示することができる。

④ 幾つかの離れた形体に対して一つの公差域を適用する場合には、図3.58のように、公差記入枠の中に文字記号"CZ"を記入する。

（4）データム

データムは、次の各項に示すように指示する。

① 公差付き形体に関連付けられるデータムは、図3.59に示すように、大文字のデータム文字記号を正方形の枠で囲んで、塗りつぶした三角記号（図3.59（a））または塗りつぶさない三角記号（図3.59（b））とを結んで示す。データムとして定義した文字記号は公差記入枠にも記入する。塗りつぶしたデータム三角記号と塗りつぶさないデータム三角記号との間に意味の違いはない。

② データム文字記号をもつデータム三角記号は、次のように記入する。

ⓐ データムが線または表面である場合には、形体の外形線上または外形線の延長線上（寸法線の位置と明確に離す）に記入する（図3.60）。データム三角記号は、表面を示した引出線上に指示してもよい（図3.61）。

ⓑ 寸法指示された形体で定義されたデータムが軸線または中心平面もしくは点である場合には、寸法線の延長線上にデータム三角記号を指示する（図3.62）。二つの端末記号を記入する余地がない場合には、それらの一方はデータム三角記号に置き換えてもよい（図3.62（b）、（c））。

③ データムをデータム形体の限定した部分だけに適用する場合には、この限定部分を太い一点鎖線と寸法指示によって示す（図3.63）。

④ 単独形体によって設定されるデータムは、一つの大文字を用いる（図3.64（a））。二つの形体によって設定されるデータムは、ハイフンで結んだ二つの大文字を用いる（図3.64（b））。データム系が二つまたは三つの形体、すなわち、複数のデータムによって設定される場合には、データムに用いる大文字は形体の優先順に左から右へ、別々の区画に指示する（図3.64（c））。

3.5 幾何公差の図示方法

図3.57 幾つかの離れた形体に同じ公差域を適用

図3.58 幾つかの離れた形体に一つの公差域を適用

(a)　(b)

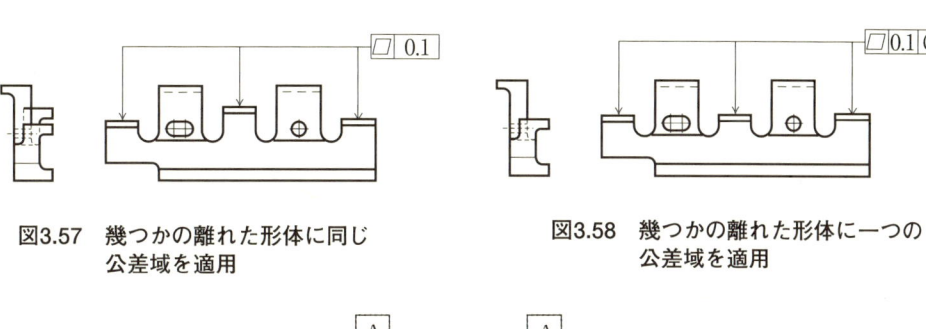

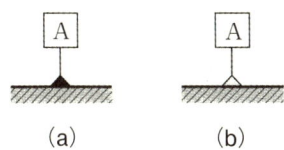

図3.59 データム形体を指示する三角記号

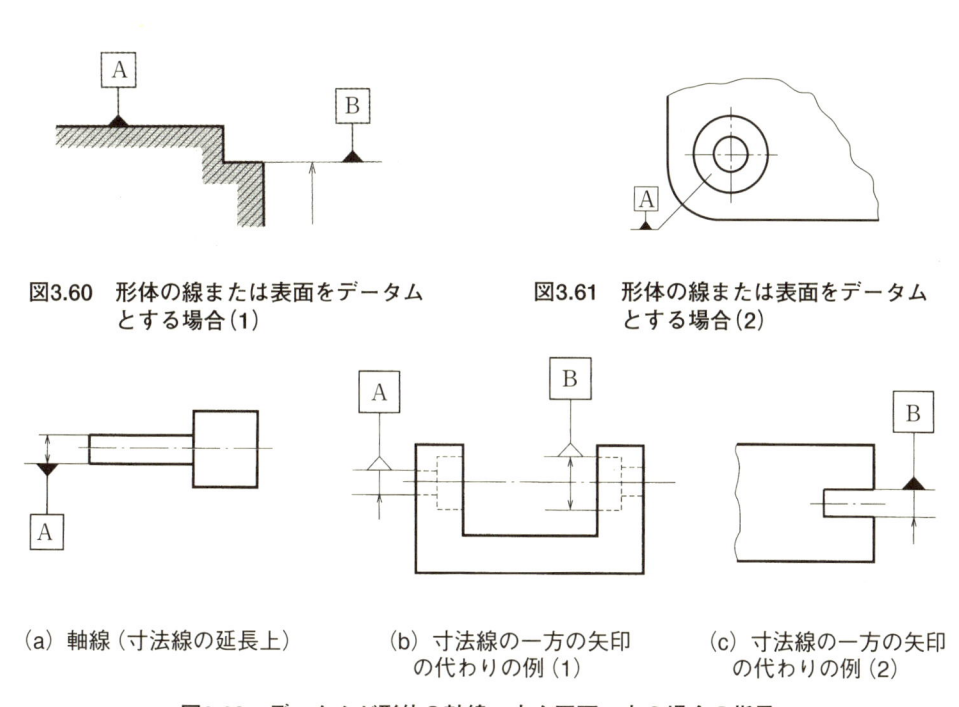

図3.60 形体の線または表面をデータムとする場合(1)

図3.61 形体の線または表面をデータムとする場合(2)

(a) 軸線（寸法線の延長上）　(b) 寸法線の一方の矢印の代わりの例(1)　(c) 寸法線の一方の矢印の代わりの例(2)

図3.62 データムが形体の軸線、中心平面、点の場合の指示

(a) データム指示

(b) 二つの形体による指示

(c) 複数のデータムによって設定される場合

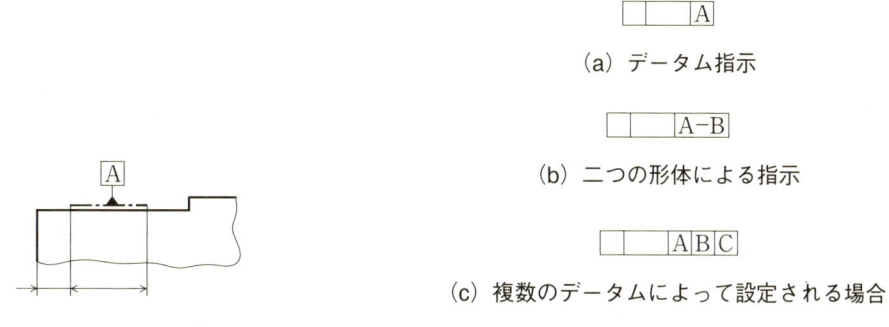

図3.63 データムが形体の限定した部分に適用

図3.64 公差記入枠によるデータムの指示法

147

(a) 長さの場合　　　(b) 角度の場合

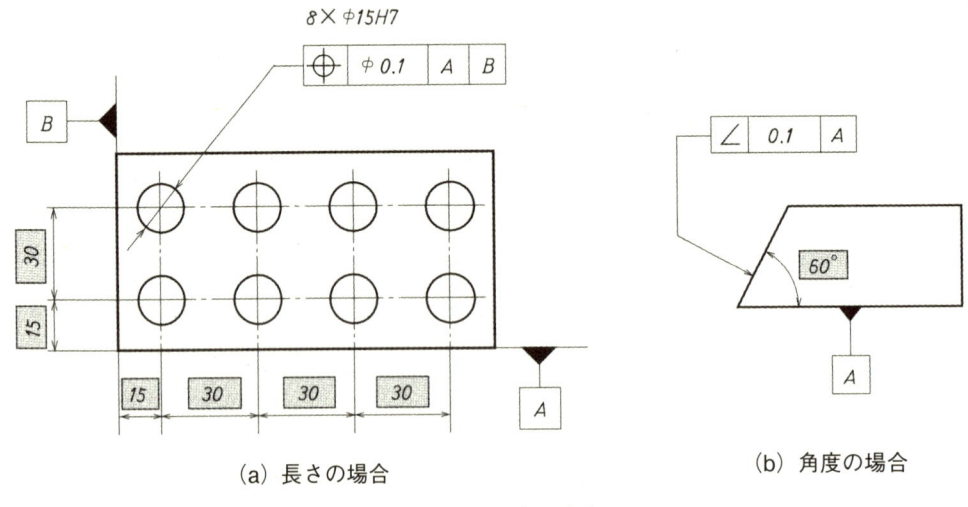

図3.65　理論的に正確な寸法の記入

（5）理論的に正確な寸法の図示方法

位置度、輪郭度または傾斜度の公差を一つの形体またはグループ形体に指定する場合、それぞれ理論的に正確な位置、姿勢または輪郭を決める寸法（距離を含む）を"理論的に正確な寸法"といい、公差を付けず、長方形の枠で囲んで図3.65のように示す。

（6）突出公差域

① 記号Ⓟを、突出長さを表す数値の前に記入する。
② 突出部を、細い二点鎖線で表す。
③ 記号Ⓟを、公差記入枠の公差値に続けて記入する。

突出公差域は、図3.66(a)に示すように、ボルト3を使ってねじ穴部品1と通し穴部品2とを正しく締結するときなどに必要となる。ねじ穴部品1には、同図(b)に示すように、ねじ穴に位置度公差φ0.2mmを規定する。この場合の意味は、同図(c)のとおりである。すなわち、ねじ穴の心が傾いて同図(d)のようにボルトが正しく締結できなければ、締結という機能を果たさない。そこで、同図(e)のように、ねじ穴部品1にねじ穴の上に突出長さ27mmを取って公差記入枠にあるように突出公差域を定める。同図(e)は、同図(f)のように解釈できる。このように、突出公差域を設けて幾何特性を当てはめるには、記号Ⓟを用いて指示する。

（7）幾何特性の定義

種々の幾何公差の詳細な定義を表3.26に示す。

3.5 幾何公差の図示方法

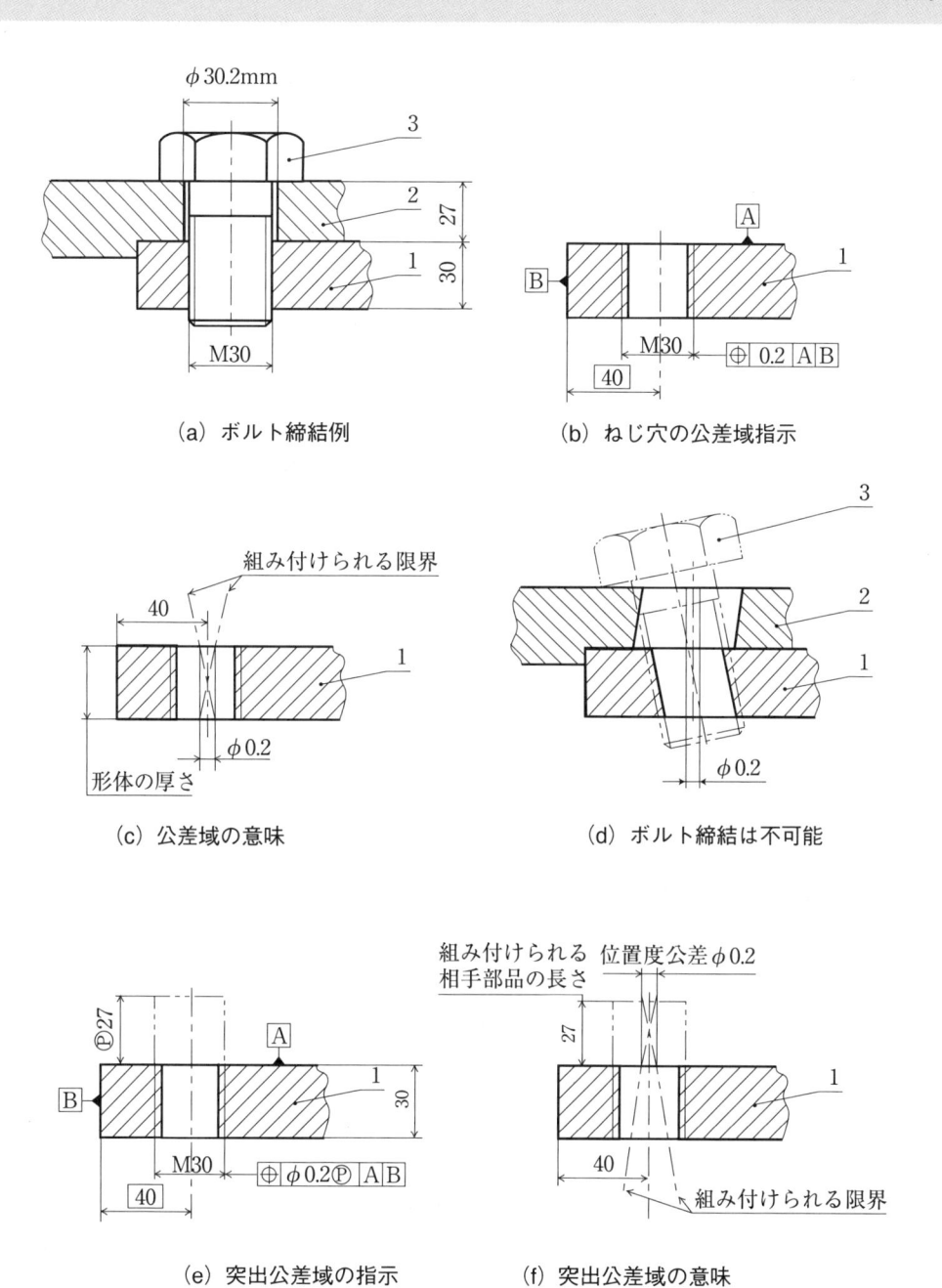

(a) ボルト締結例

(b) ねじ穴の公差域指示

(c) 公差域の意味

(d) ボルト締結は不可能

(e) 突出公差域の指示

(f) 突出公差域の意味

図3.66 突出公差域の意味と記号

表3.26 幾何公差の公差域の定義、指示方法および説明

記号	公差域の定義	指示方法および説明
―	a. 真直度公差 公差域は、t だけ離れた平行二平面によって規制される。 〔備考〕この意味は、旧JIS B 0021とは異なる。	円筒表面上の任意の実際の（再現した）母線は、0.1だけ離れた平行二平面の間になければならない。 〔備考〕母線についての定義は、標準化されていない。
	公差値の前に記号 ϕ を付記すると、公差域は直径 t の円筒によって規制される。	公差を適用する円筒の実際の（再現した）軸線は、直径0.08の円筒公差域の中になければならない。
▱	b. 平面度公差 公差域は、距離 t だけ離れた平行二平面によって規制される。	実際の（再現した）表面は、0.08だけ離れた平行二平面の間になければならない。
○	c. 真円度公差 対象とする横断面において、公差域は同軸の二つの円によって規制される。	円筒および円すい表面の任意の横断面において、実際の（再現した）半径方向の線は半径距離で0.03だけ離れた共通平面上の同軸の二つ円の間になければならない。

3.5 幾何公差の図示方法

記号	公差域の定義	指示方法および説明
⌭	**d. 円筒度公差** 公差域は、距離 t だけ離れた同軸の二つの円筒によって規制される。	実際の（再現した）円筒表面は、半径距離で 0.1 だけ離れた同軸の二つの円筒の間になければならない。
⌒	**e. データムに関連した線の輪郭度公差（ISO 1660）** 公差域は、直径 t の各円の二つの包絡線によって規制され、それらの円の中心はデータム平面Aおよびデータム平面Bに関して理論的に正確な幾何学形状をもつ線上に位置する。 データムA　ϕt　データムB　データムAに平行な平面	指示された方向における投影面に平行な各断面において、実際の（再現した）輪郭線は直径0.2の、そしてそれらの円の中心はデータム平面Aおよびデータム平面Bに関して理論的な幾何学輪郭をもつ線上に位置する円の二つの包絡線の間になければならない。
⌓	**f. データムに関連した面の輪郭度公差（ISO 1660）** 公差域は、直径 t の各球の二つの包絡面によって規制され、それらの球の中心はデータム平面Aに関して理論的に正確な幾何学形状をもつ表面上に位置する。 $S\phi t$　データムA	実際の（再現した）表面は、直径0.1の、それらの球の二つの等間隔の包絡面の間にあり、その球の中心はデータム平面Aに関して理論的な幾何学形状をもつ表面上に位置する。

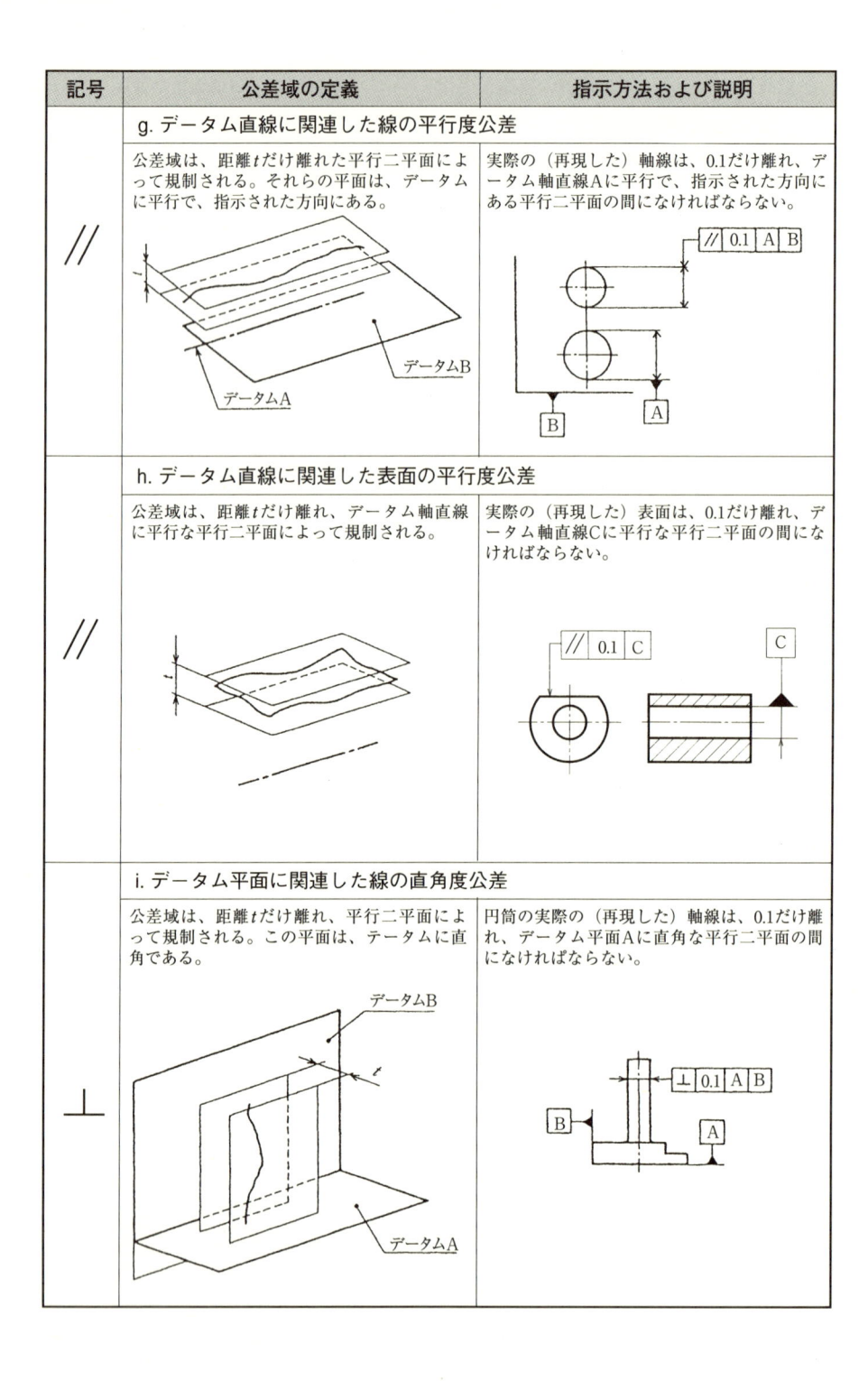

記号	公差域の定義	指示方法および説明
//	g. データム直線に関連した線の平行度公差 公差域は、距離 t だけ離れた平行二平面によって規制される。それらの平面は、データムに平行で、指示された方向にある。	実際の（再現した）軸線は、0.1だけ離れ、データム軸直線Aに平行で、指示された方向にある平行二平面の間になければならない。
//	h. データム直線に関連した表面の平行度公差 公差域は、距離 t だけ離れ、データム軸直線に平行な平行二平面によって規制される。	実際の（再現した）表面は、0.1だけ離れ、データム軸直線Cに平行な平行二平面の間になければならない。
⊥	i. データム平面に関連した線の直角度公差 公差域は、距離 t だけ離れ、平行二平面によって規制される。この平面は、データムに直角である。	円筒の実際の（再現した）軸線は、0.1だけ離れ、データム平面Aに直角な平行二平面の間になければならない。

3.5 幾何公差の図示方法

記号	公差域の定義	指示方法および説明
⊥	j. データム平面に関連した線の直角度公差（続き）	
	公差値の前に記号φが付記されると、公差域はデータムに直角な直径tの円筒によって規制される。	円筒の実際の（再現した）軸線は、データム平面Aに直角な直径0.1の円筒公差域の中になければならない。
⌖	k. 線の位置度公差	
	公差域は、それぞれ距離t_1およびt_2だけ離れ、その軸線に関して対称な2対の平行二平面によって規制される。その軸線は、それぞれデータムA、BおよびCに関して理論的に正確な寸法によって位置付けられる。公差は、データムに関して互いに直角な二方向で指示される。	個々の穴の実際の（再現した）軸線は、水平方向に0.05、垂直方向に0.2だけ離れ、すなわち、指示した方向で、それぞれ直角な個々の2対の平行二平面の間になければならない。平行二平面の各対は、データム系に関して正しい位置に置かれ、データム平面C、AおよびBに関して対象とする穴の理論的に正確な位置に対して対称に置かれる。

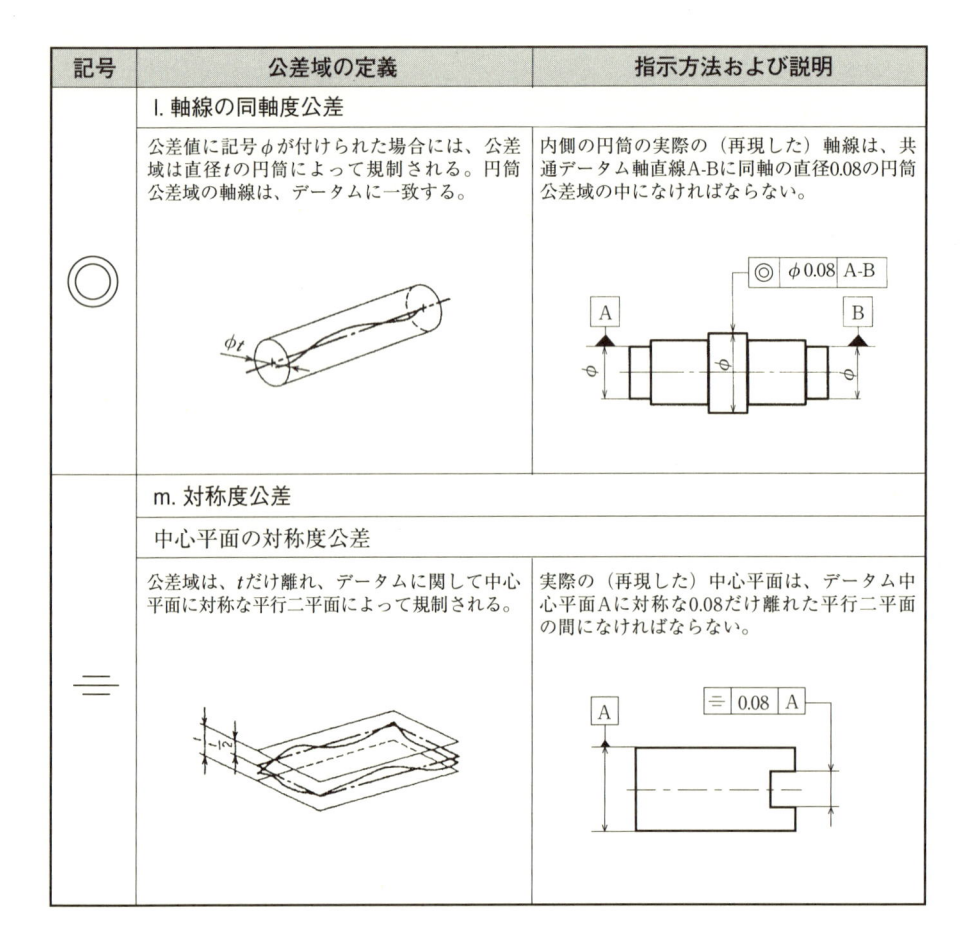

記号	公差域の定義	指示方法および説明
◎	l. 軸線の同軸度公差 公差値に記号φが付けられた場合には、公差域は直径tの円筒によって規制される。円筒公差域の軸線は、データムに一致する。	内側の円筒の実際の（再現した）軸線は、共通データム軸直線A-Bに同軸の直径0.08の円筒公差域の中になければならない。 ◎ φ0.08 A-B
=	m. 対称度公差 中心平面の対称度公差 公差域は、tだけ離れ、データムに関して中心平面に対称な平行二平面によって規制される。	実際の（再現した）中心平面は、データム中心平面Aに対称な0.08だけ離れた平行二平面の間になければならない。 = 0.08 A

> **まとめ**
>
> ① 幾何公差の種類には、形体それ自体形状に関する形状公差、基準となる面、線、点からの姿勢を規定する姿勢公差、基準となる面、線、点からの位置を規定する位置公差、形体に回転を与えたときの振れに関する振れ公差がある。
>
> ② 形状・姿勢・位置・振れの各公差のうち、特定な公差を幾何特性といい、JIS規格では、14種類の記号を使って19種類の幾何特性とその記号を規定している。
>
> ③ データムが線または表面である場合には、形体の外形線上または外形線の延長線上（寸法線の位置と明確に離す）に記入する。データムが形体の軸線または中心平面もしくは点である場合には、寸法線の延長線上にデータム三角記号を指示する。

〔第 3 章　演習問題〕

〔問題3-1〕　次の図を見て、下表の空欄に該当する事項を記入しなさい。

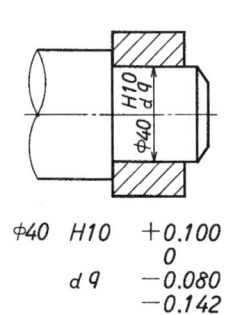

φ40　H10　+0.100
　　　　　　 0
　　　d9　 −0.080
　　　　　 −0.142

項　　目	事　　項
基 準 寸 法	mm
穴・軸基準の別	
はめあいの種類	
穴の寸法公差	mm
軸の寸法公差	mm
最大すきま	mm

〔問題3-2〕　下図軸と穴がはめあう様子を示したものである。表の空欄に該当する数値を記入しなさい。

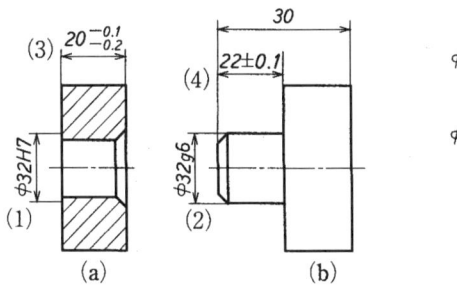

φ32H7　+0.025
　　　　　 0

φ32g6　−0.009
　　　　−0.025

(単位mm)

項　　目	(1)	(2)	(3)	(4)
基 準 寸 法				
上の寸法許容差				
下の寸法許容差				
最大許容寸法				
最小許容寸法				
寸 法 公 差				

〔問題3-3〕 次の軸と穴のはめあい記号について、常用するはめあいで用いる穴・軸の寸法許容差の表を参照して下図を埋めなさい。

（単位mm）

	φ30H7	φ30p6
基 準 寸 法		
上の寸法許容差		
下の寸法許容差		
最 大 許 容 寸 法		
最 小 許 容 寸 法		
寸 法 公 差		
はめあいの種類	（　　　　　　　）ばめ	

〔問題3-4〕 下の問いに答えよ。
① 加工面の凹凸、きず、筋目等の表面の状態を何というか。
② 輪郭曲線が粗さ曲線の場合には、Raは従来からの用語である算術平均粗さである。輪郭曲線がうねり曲線の場合のWzは何か。
③ 輪郭曲線が粗さ曲線の場合には、Rzは最大高さ粗さと呼ぶ。輪郭曲線がうねり曲線の場合には、Wz歯何か。

〔問題3-5〕 以下の空欄を埋めよ。
① 表面形状パラメータの呼び方には、（　　　）曲線、うねり曲線、（　　　）曲線の三つの輪郭曲線について、それぞれ頭にR、W、（　　　）の記号をつけて表す。
② パラメータによって表示する方法には、許容限界値の指示に（　　　）％ルールと（　　　）値ルールがある。
③ 筋目方法の記号が＝の場合、筋目の方向が、記号を指示した図の投影図に（　　　）である。加工例としては、形削り面、旋削面、研削面がある。
④ 筋目方向の記号がMの場合、筋目の方向が、多方向に交差している。加工例としては、正面フライス削り面や（　　　）削り面がある。

第4章
材料記号、およびスケッチの方法と製作図の描き方

第4章　材料記号、およびスケッチの方法と製作図の描き方

　機械製図では、機械部品に使用する材料は、材料記号によって表す。材料記号はJIS規格で規定されており、記号の付け方にルールがある。よく使う材料記号は記号の付け方を知って覚えるとよい。また、部品の質量は、運搬や取り付け・材料の価格を計算するときに必要となる。そこで、材料の質量計算の方法も学ぶ。

　既製の機械や機械部品を見ながら、その投影図をフリーハンドで描き、これに寸法・材料・加工方法、その他必要な事項を記入した図をスケッチ図といい、スケッチ図を作る作業をスケッチという。

　スケッチ図をもとに実際に製作するための製作図を作ることになる。本章では、第3章までの製図の知識をもとに、スケッチの方法と製作図の作り方を学習する。

　製作図を描いた後で、作成者自身が間違いがないか検図する。同時に、必ず第三者に検図してもらうことが必要である。そこで、本章では、検図の要領を示している。

第4章のねらい

材料記号の付け方と質量計算を学ぶ	4.1　材料記号
スケッチの道具と方法を学ぶ	4.2　スケッチの方法
実際に製作図を描いてみよう！	4.3　製作図の描き方

4.1 材料記号

> **チェックポイント**
> ① 材料記号の使用する目的を明確にする。
> ② 材料記号の呼び方のルールを理解する。
> ③ 材料の質量計算法を理解する。

　図面には部品の形状や寸法等のほかに、部品の材料（材質）を指示しなければならない。部品に使用される材料には多種類あるが、一般的に金属材料を使用することが多い。図面に材料の名称をそのまま記入すると手間がかかり、図面も複雑になることから、これを記号によって簡単に表示する。

（1）材料記号の構成
　機械部品の材料を図面に表す場合、JIS規格で規定された記号を使用する。これらの記号は鉄鋼と非鉄金属で規格化され、原則としてつぎの三つの部分で構成されている。

1）材質を表す記号
　表4.1は、材質を表す記号の例である。材質の英語またはローマ字の頭文字、あるいは化学元素記号で表示する。

2）規格名または製品名を表す記号
　表4.2および表4.3に、規格名または製品名を表す記号の例を示す。部品の材質が鉄鋼材料である場合は表4.2を、部品の材質が非鉄金属である場合は表4.3を使用する。規格名や製品名は英語またはローマ字の頭文字で表示される。たとえば、棒はB、管はTなどと表示される。

3）材質の種類
　材質の種類は、材料の引張強さの最小値または材料の種類番号を数字や記号で表示される。

　以下に、材料記号の例を示す。

【例1】　　S　S　330（一般構造用圧延鋼材）
　　　　　　①　②　③

表4.1　材質を表す記号の例

記号	材　質	備　考	記号	材　質	備　考
A	アルミニウム	Aluminium	MCr	金属クロム	Metalic Cr
B	青銅	Bronze	M	マグネシウム	Magnesium
C	銅	Copper	PB	りん青銅	Phosphor Bronze
DCu	りん脱酸銅	Dexidized Copper	F	鉄	Ferrum
HBs	高力黄銅	High Strength Brass	S	鋼	Steel

①のSは、鋼（Steel）のことで、材質名の頭文字である。
②のSは、一般構造用圧延材（Structure）のことで、製品名の頭文字である。
③の330は、材質の種類を表している。つまり、材料の引張強さの最小値が330N/mm²であることを意味している。

> 注：旧JIS規格では、材料の引張強さの単位はkgf/mm²が使用されていた。そのため、たとえば、SS41という表現方法が使用されていた時期があった。このとき、下線部の41は、引張強さの最小値が41kgf/mm²であることを意味している。

【例2】　YBs　C　3　（黄銅鋳物3種）
　　　　　①　②　③

①のYBsは、黄銅（Yellow Brass）のことで、材質名の頭文字を二つ組み合わされたものである。
②のCは、鋳造品（Casting）のことで、製品名の頭文字である。
③の3は、材質の種類番号が3種であることを意味している。

（2）特別な材料記号
以下の場合には、特別な表し方をする。
1）記号が重複する場合など
記号が重複する場合や主成分または代表的な物性値で表す場合では、上記の方法とは別の方法で表す。

【例3】　S　15　C　（機械構造用炭素鋼鋼材）
　　　　①　②　③

①のSは、鋼（Steel）のことで、材質名の頭文字である。
②の15は炭素含有量が0.13％〜0.18％(数値の15は、範囲の中間値0.15％)であることを意味する。
③のCは、炭素（Carbon）のことで、材質名の頭文字である。

2）熱処理状況・硬軟・形状・製造方法（加工方法）の記号化
材料の種類記号以外に、熱処理状況、硬さ（硬軟）、形状、製造方法（加工方法）などを記号化する場合には、材料の種類記号に続けて、表4.4〜表4.8に示すような符号や記号を使用する。

【例4】　S　TB　340－S－H　（熱間仕上継目無しボイラ・熱交換器用炭素鋼鋼管）
　　　　①　②　③　④　⑤

①のSは鋼（Steel）のことで、材質名の頭文字である。
②のTBはボイラ・熱交換器用管（Tube Boiler）のことで、製品名の頭文字を二つ組み合わせたものである。
③の340は材料の引張強さの最小値が340N/mm²であることを意味している。

表4.2 規格名または製品名を表す記号の例（鉄鋼材料）

記号	名称	備考	記号	名称	備考
B	棒またはボイラ	Bar, Boiler	M	中炭素、耐候性鋼	Medium carbon, Marine
BC	チェーン用丸棒	Bar Chain	P	薄板	Plate
C	鋳造品	Casting	PC	冷間圧延鋼板	Cold rolled
C	冷間加工品	Cold work	PH	熱間圧延鋼板	Hot rolled
CMB	黒心可鍛鋳鉄品	Malleable Casting Black	PT	ブリキ板	Tinplate
CMW	白心可鍛鋳鉄品	Malleable Casting White	PV	圧力容器用鋼板	Pressure Vessel
CMP	パーライト可鍛鋳品	Malleable Casting Pearlite	R	条	Ribbon
CP	冷延板	Cold Plate	S	一般構造用圧延材	Structure
CS	冷延帯	Cold Strip	SC	冷間成形鋼	Structural Cold foming
D	引抜	Drawing	SD	異形棒鋼	Deformed
DC	ダイカスト鋳物	Die Casting	T	管	Tube
F	鍛造品	Forging	TB	ボイラ・熱交換器用管	Boiler, heat exchanger
GP	ガス管	Gas Pipe	TP	配管用管	Tube Piping
H	高炭素	High carbon	U	特殊用途鋼	Special-Use
H	熱間加工品	Hot work	UH	耐熱鋼	Heat-resistance
H	焼入性を保証した構造用鋼(H鋼)	Hardenbility bands	UJ	軸受鋼	ローマ字
HP	熱延板	Hot Plate	UM	快削鋼	Machinability
HS	熱延帯	Hot Strip	UP	ばね鋼	Spring
K	工具鋼	ローマ字	US	ステンレス鋼	Stainless
KH	高速度鋼	ローマ字	V	リベット用圧延材	Rivet
KS	合金工具鋼	ローマ字	V	弁、電子管用	Valbe
KD	合金工具鋼(ダイス鋼)	ローマ字	W	線	Wire
KT	合金工具鋼(鍛造型鋼)	ローマ字	WO	オイルテンパー線	Oiltemper Wire
L	低炭素	Low carbon	WP	ピアノ線	Piano Wire

表4.3 規格名または製品名を表す記号の例（非鉄金属）

記号	名称	備考	記号	名称	備考
B	棒	Bar	T	管	Tube
C	鋳造品	Casting	TW	溶接管	Tube Welded
DC	ダイカスト鋳造	Die Casting	TW	水道用管	Water
F	鍛造品	Forging	W	線	Wire
P	板	Plate	BR	リベット材	Bar Rivet
PP	印刷用板	Printing	H	はく	Haku
R	条	Ribbon	S	形材	Shape

なお、加工法を明示する場合は上記の後につぎの記号をつける場合がある。
　　D　冷間引抜き、　E　熱間押出し

表4.4 形状を表す記号

記号	名称	備考	記号	名称	備考
W	線	Wire	CS	冷延帯	Cold Strip
CP	冷延板	Cold Plate	HS	熱延帯	Hot Strip
HP	熱延板	Hot Plate	TB	熱伝達用管	Boiler and Heat Exchange Tube
WR	熱線	Wire Rod	TP	配管用管	Pipes

表4.5　製造方法を表す記号

記号	名　称	記号	名　称
−R	リムド鋼	−B	鍛接鋼管
−A	アルミキルド鋼	−B−C	冷間仕上鍛接鋼管
−K	キルド鋼	−A	アーク溶接鋼管
−S−H	熱間仕上継目無管	−A−C	冷間仕上アーク溶接鋼管
−S−C	冷間仕上継目無管	−D9	冷間引抜き（9は許容差の等級9級）
−E	電気抵抗溶接鋼管	−T8	切削（8は許容差の等級8級）
−E−H	熱間仕上電気抵抗溶接鋼管	−G7	研削（7は許容差の等級7級）
−E−C	冷間仕上電気抵抗溶接鋼管	−CSP	ばね用冷間圧延鋼帯
−E−G	熱間仕上および冷間仕上以外の電気抵抗溶接鋼管	−M	特殊みがき帯鋼

表4.6　熱処理を表す記号

記号	名　称	記号	名　称
A	焼なまし	TN	試験片に焼ならし
N	焼ならし	TNT	試験片に焼ならし焼戻し
Q	焼入焼戻し	SR	試験片に応力除去熱処理
NT	焼ならし焼戻し	S	固溶化熱処理
TMC	熱加工制御	THxxx	析出硬化熱処理
P	低温焼なまし	RHxxx	析出硬化熱処理

表4.7　質別記号

記号	意　味	記号	意　味
−O	軟質	−EH	特硬質
−OL	軽軟質	−SH	ばね質
−1/2H	半硬質	−F	製出のまま
−H	硬質	−SR	応力除去材

表4.8　厳しい寸法許容差を表す記号

記号	意　味
ET	厚さ許容差（ステンレス鋼、ばね用冷間圧延鋼帯）
EW	幅許容差（ステンレス鋼）

④および⑤の−S−Hは、熱間継目無管（Steamless Hot）のことで、製造方法の頭文字を二つ組み合わせたものである。

【例5】 M　P　1−1/2H（半硬質マグネシウム合金板1種）
　　　　① ②　③　　④

①のMはマグネシウム（Magnesium）のことで、材質名の頭文字である。

②のPは板（Plate）のことで、規格名・製品名の頭文字である。

③の1は1種のことで、材料の種類番号である。

④の−1/2Hは、半硬質の質別記号のことである。

なお、主な金属材料の記号は**表4.9**で表される。

4.1 材料記号

表4.9 金属の材料記号

規格番号	名称	記号	引張強さ(N/mm²)または種別	旧記号	規格番号	名称	記号	引張強さ(N/mm²)または種別	旧記号
JIS G 3101 (2004年)	一般構造用圧延鋼材	SS330 SS400 SS490 SS540	330～430 400～510 490～610 540以上	SS33 SS41 SS50 SS55	5101 (1999年)	炭素鋼鋳鋼品	SC410 SC450 SC480	410以上 450以上 480以上	SC42 SC46 SC49
JIS G 3106 (2004年)	溶接構造用圧延鋼材	SM400A SM400B SM400C SM490A SM490B SM490C SM490YA SM490YB SM520B SM520C SM570	400～510 490～610 490～610 520～640 570～720	SM41A SM41B SM41C SM50A SM50B SM50C SM50YA SM50YB SM53B SM53C SM58	JIS G 5501 (1995年)	ねずみ鋳鉄品	FC100 FC150 FC200 FC250 FC300 FC350	100以上 150以上 200以上 250以上 300以上 350以上	FC10 FC15 FC20 FC25 FC30 FC35
JIS G 3131 (2005年)	熱間圧延軟鋼板および鋼帯	SPHC SPHD SPHE SPHF	270以上	－	JIS G 5502 (2001年)	球状黒鉛鋳鉄品	FCD350-22 FCD350-22L FCD400-18 FCD400-18L FCD400-15 FCD450-10 FCD500-7 FCD600-3 FCD700-2 FCD800-2 FCD400-18A FCD400-18AL FCD400-15A FCD500-7A FCD600-3A	350以上(別鋳込み供試材) 350以上(同上) 400以上(同上) 400以上(同上) 400以上(同上) 450以上(同上) 500以上(同上) 600以上(同上) 700以上(同上) 800以上(同上) 390以上(本体付き供試材) 390以上(同上) 390以上(同上) 450以上(同上) 600以上(同上)	－
JIS G 3141 (2005年)	冷間圧延鋼板および鋼帯	SPCC SPCD SPCE SPCF SPCG	270以上						
JIS G 4051 (2005年)	機械構造用炭素鋼鋼材	S10C～S58C S09CK～S20CK	20鋼種 3鋼種、はだ焼用	－					
JIS G 4052 (2003年)	焼入れ性を保証した構造用鋼鋼材	SMn420H, SCr415H 他	24鋼種	SMn21H, SCr21H 他					
JIS G 4303 (2005年)	ステンレス鋼棒	SUS201, SUS301等 SUS329J1等 SUS405, SUS430等 SUS403, SUS410等 SUS630 SUS631	オーステナイト系35鋼種 オーステナイト・フェライト系3鋼種 フェライト系7鋼種 マルテンサイト系14鋼種 析出硬化系	－	JIS H 3100 (2006年)	銅および銅合金の板並びに条(これらの記号の後に、板ならP、条ならRの記号をつける)	C1020他 C1100 C1201他 C1441他 C1510 C1921他 C2051 C2100他 C2600他 C3560他 C4250 C4430 C4450 C4621他 C6140他 C6711他 C7060他 C7250	無酸素銅 タフピッチ銅 りん脱酸銅 すず入り銅 ジルコニウム入り銅 鉄入り銅 雷管用銅 丹銅 黄銅 快削黄銅 すず入り黄銅 アドミラルティ黄銅 りんアドミラルティ入り黄銅 ネーバル黄銅 アルミニウム青銅 楽器弁用黄銅 白銅 ニッケル-すず銅	－
JIS G 4401 (2006年)	炭素工具鋼鋼材	SK140～SK60	11鋼種	SK1～Sk7					
JIS G 4403 (2006年)	高速度工具鋼鋼材	SKH2 SKH3 SKH4 SKH10 SKH40 SKH50～SKH59	タングステン系4鋼種 粉末冶(や)金で製造したモリブデン系1鋼種 モリブデン系10鋼種	－	JIS H 3250 (2006年)	銅および銅合金の棒(これらの記号の後に、押出しならBE、引抜きならBD、鍛造ならBFをつける)	C1020 C1100 C1201他 C2600他 C3601他 C3712他 C4622他 C6161他 C6782他	無酸素銅 タフピッチ銅 りん脱酸銅 黄銅 快削黄銅 鍛造用黄銅 ネーバル黄銅 アルミニウム青銅 高力黄銅	－
JIS G 4404 (2006年)	合金工具鋼鋼材	SKS11, SKS2等 SKS4, SKS44等 SKS3他 SKD1他 SKD4他 SKT3他	8鋼種、主として切削工具用 4鋼種、主として対衝撃工具用 10鋼種、主として冷間金型用 10鋼種、主として熱間金型用	－	JIS H 4000 (2006年)	アルミニウムおよびアルミニウム合金の板および条	A1085P 他	47種類	－
JIS G 4801 (2005年)	ばね鋼鋼材	SUP6 SUP7 SUP9 SUP9A SUP10 SUP11A SUP12 SUP13	シリコンマンガン鋼鋼材 マンガンクロム鋼鋼材 クロムバナジウム鋼鋼材 マンガンクロムボロン鋼鋼材 シリコンクロム鋼鋼材 クロムモリブデン鋼鋼材	－	JIS H 5202 (1999年)	アルミニウム合金鋳物	AC1B, AC2A等	15種類	－
					JIS H 5203 (2006年)	マグネシウム合金鋳物	MC2C, MC2E等	12種類	－
JIS G 4804 (1999年)	硫黄および硫黄複合快削鋼鋼材	SUM11, SUM12等	15鋼種	－	JIS H 5301 (1990年)	亜鉛合金ダイカスト	ZDC1 ZDC2	亜鉛ダイカスト1種 325 亜鉛ダイカスト2種 285	－
JIS G 3201 (1988年)	炭素鋼鍛鋼品	SF340A SF390A SF440A SF490A SF540A SF590A SF540B SF590B SF640B	340～440 390～490 440～540 490～590 540～640 590～690 540～690 590～740 640～780	SF35A SF40A SF45A SF50A SF55A SF60A SF55B SF60B SF65B	JIS H 5302 (2006年)	アルミニウム合金ダイカスト	ADC1, ADC2他	20種類	－
					JIS H 5401 (1958年)	ホワイトメタル	WJ1等	11種類	－
JIS G	炭素鋼鋳鋼品	SC360	360以上	SC37					

3）伸銅品の材料記号

伸銅品の材料記号は、Cと4けたの数字で表される。

【例6】 C 2 1 0 0
　　　　① ② ③ ④ ⑤

①のCは、銅および銅合金のことで、材質名の頭文字である。

②の2は丹銅（Cu－Zn系合金）のことで、主要添加元素による合金の系統を表す。

②、③および④の210は、CDA（Copper Development Association）の合金記号である。

⑤の0は、CDAと等しい合金の場合を示している。それ以外は1～9である。

4）アルミニウム展伸材の材質記号

アルミニウム展伸材の材質記号は、Aと4けたの数字で表される。

【例7】 A 2 0 1 4
　　　　① ② ③ ④ ⑤

①のAはアルミニウムおよびアルミニウム合金のことで、材質名の頭文字である。

②の2はAl－Cu－Mg系合金のことである。主要添加元素による合金の系統を表す。

③の0（零）は基本合金のことである。これが1～9の場合は、合金の改良形で使用される。

④および⑤の14は、旧アルコア記号14Sである。純アルミニウムはアルミニウムの純度小数点以下2けた、合金については旧アルコアの呼び方を原則としてつけている。日本独自の合金の場合は、合金系列、制定順に01～99の番号をつける。

（3）材料の質量計算

材料の質量計算をする目的は、①材料費を見積もるため、②機械を組み立てる・据付ける・運搬するための2点である。

材料の見積もりには、素材の寸法のままの素材質量と製品の仕上がり質量の2種類がある。素材質量は部品の材料費の算出や資材の準備のために必要で、仕上がり質量は組立て・据付け・運搬において必要となる。

部品の質量計算は、その材料の密度に部品の体積をかけたものである。

部品の質量＝（材料の密度）×（部品の体積）

ここで、主な材料の密度を**表4.10**に示す。部品の体積は、単純化した形状に分割して求める。また、面取り部分や小さな穴、丸みの部分の体積は機械部品全体に占める割合がとても小さいので、無視できる。

鍛造・鋳造品を除いては、棒・板・形鋼・線など、圧延・引抜きなどによって成形された材料が市販されており、これらを素材として使用する。このような市販された材料には標準寸法があり、棒の長さ1m当たりの質量、あるいは板1枚当たりの質量が規格で規定されているので、質量計算にはこれを使用する。

また、素材質量には仕上り寸法に"加工しろ"を加えた仮想寸法より、部品の体積を求めて計算する。"加工しろ"は、次式で求められる。

表4.10　主な材料の密度　　　　　　　　　　　　　　　（単位：g/cm³）

材料	密度	材料	密度
鋳鉄	7.21	亜鉛	6.87
鋼	7.85	鉛	11.35
鋳鋼	7.70	すず	7.42
銅	8.63	レンガ	1.90
黄銅	8.10	コンクリート	2.30
青銅	8.56	カシ	0.89
アルミニウム	2.56	マツ	0.60

表4.11　仕上げしろ（鋳造品、鍛造品以外）

（単位：mm）

素材寸法	20以下	20〜30	30〜100	100以上
仕上げしろ	0.5	1	2	4

表4.12　鋳造品の仕上げしろ

（単位：mm）

材料	位置	鋳造品の大きさ					
		300以下	300〜600	600〜1 000	1 000〜1 500	1 500〜2 000	2 000〜3 000
鋳鉄	外面	2.5	3.0	5.0	6.0	8.0	10.0
	内面	3.0	5.0	7.0	8.0	10.0	12.0
鋳鋼	外面	3.0	4.0	6.0	8.0	10.0	12.0
	内面	3.0	6.0	8.0	10.0	12.0	15.0

表4.13　鍛造品の仕上げしろ

（単位：mm）

鍛造品の大きさ	50以下	50〜125	125〜250	250〜500	500以上
仕上げしろ	2.5	3.5	4	4.5	6.0

"加工しろ" = "仕上げしろ" + "切断しろ" + "つかみしろ"

棒材から加工する場合の"つかみしろ"は12mmとする。また、"仕上げしろ"は、一般に**表4.11**の値を使用する。

鋳造品の場合は、鋳放し質量を素材質量とするが、押し湯口、湯口、鋳張りなどの質量は含まない。鋳造品および鍛造品の"仕上げしろ"は、加工を必要とするところに、**表4.12**および**表4.13**の値を使用する。

【質量計算例】
　図4.1に示す部品の質量および素材の質量を求める。部品の材質は鋳鉄とする。
１）部品の質量
図4.1(b)に示すように部品を①と②に区分して体積を計算する。

$$①部の体積 = \frac{\pi}{4} \times (80 \text{ mm})^2 \times 50 \text{ mm} - \frac{\pi}{4} \times (45 \text{ mm})^2 \times 50 \text{ mm}$$
$$\fallingdotseq 171718.75 \text{ mm}^3$$
$$\fallingdotseq 172 \text{ cm}^3$$

$$②部の体積 = \frac{\pi}{4} \times (120 \text{ mm})^2 \times 20 \text{ mm} - \frac{\pi}{4} \times (45 \text{ mm})^2 \times 20 \text{ mm}$$
$$\fallingdotseq 194386.05 \text{ mm}^3$$
$$\fallingdotseq 194 \text{ cm}^3$$

　機械部品の体積＝①部の体積＋②部の体積＝172cm³＋194cm³＝366cm³

　また、鋳鉄の密度は表4.10より、7.21g/cm³なので、部品の質量は次式のようになる。
　部品の質量＝7.21g/cm³×366cm³＝2638.86g≒2.64kg

２）素材の質量
　機械部品の質量を求めた方法で計算する。ただし、"仕上げしろ"を加えて計算する。部品の材質が鋳鉄なので、仕上げしろは表4.12から求められる。さて、部品の幅が70 mmなので、表中の300mm以下の欄に書かれている「3.0 mm」が幅の仕上げしろである。また、直径がφ45 mmなので、表中の300mm以下の欄に書かれている「3.0 mm」が内径部分の仕上げしろである。ここで注意しなければならない点は、3.0 mmの仕上げしろになるので、素材の内径＝45 mm－3.0 mm×2＝φ39 mmになることである。つまり、下線部の2をかけ忘れないように気をつけること。

$$①部の体積 = \frac{\pi}{4} \times (80 \text{ mm})^2 \times 50 \text{ mm} - \frac{\pi}{4} \times (39 \text{ mm})^2 \times 50 \text{ mm}$$
$$= 191597.88 \text{ mm}^3$$
$$\fallingdotseq 192 \text{ cm}^3$$

$$②部の体積 = \frac{\pi}{4} \times (120 \text{ mm})^2 \times 23 \text{ mm} - \frac{\pi}{4} \times (39 \text{ mm})^2 \times 23 \text{ mm}$$
$$= 232648 \text{ mm}^3$$
$$\fallingdotseq 233 \text{ cm}^3$$

　機械部品の素材の体積＝①部の体積＋②部の体積＝192 cm³＋233 cm³＝425 cm³
　また、鋳鉄の密度は表4.10より、7.21 g/cm³なので、素材の質量は次式のようになる。
　素材の質量＝7.21 g/cm³×425cm³＝3064.25 g≒3.06 kg

4.1 材料記号

(a)　　　　　　　　(b)

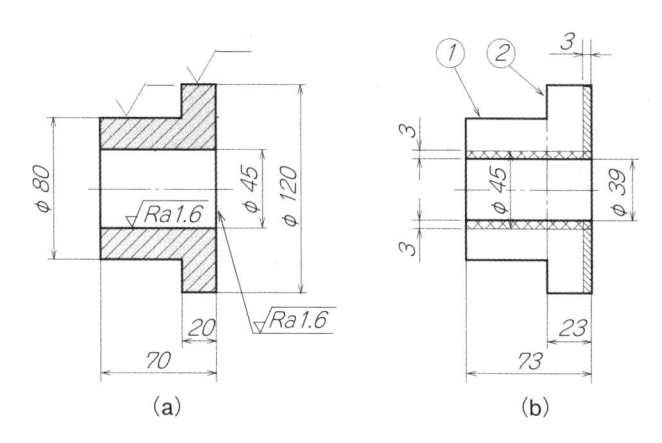

図4.1

まとめ

① 材料記号は基本的には以下の三つの部分で構成される。
　Ⅰ) 材質を表す記号
　Ⅱ) 規格名または製品名を表す記号
　Ⅲ) 材質の種類
② 材料の質量計算をする目的は、Ⅰ) 材料費を見積もるため、Ⅱ) 機械の組立て、据付け、運搬のための2点が挙げられる。
③ 機械部品の質量は、材料の密度と製品の体積の積で求められる。
④ 素材の質量を求めるためには、仕上げしろを考慮しなければならない。

4.2 スケッチの方法

> **チェックポイント**
> ① スケッチの目的を明確にする。
> ② スケッチの手順と注意点を理解する。

（1）スケッチの目的

　機械製図でスケッチ図を描く目的は、使用中の機械の部品が摩耗して作り替える場合、旧モデルの機械をもとに新しい機械を作る場合、同一の機械を作る場合など、機械部品を作り替えたいが、図面がないために図面を描く必要性が発生した場合である。

　スケッチと言っても、一般の製図と同様に第三角法による投影法を用い、フリーハンドで描く。その後、スケッチ図をもとに製作図を描くが、スケッチ図をそのまま製作図として現場に回ることがあるので、形状、寸法、材料、表面性状、加工方法、その他必要事項を誤りがないように注意してスケッチする。

（2）スケッチ用具

スケッチする際に使用する用具は以下のとおりである。
① 製図用具
　図形を描くために使用する鉛筆、寸法数字を記入するために使用する赤鉛筆、寸法線を描くために使用する青鉛筆、方眼紙または上質紙、画板、消しゴムなど。
② 分解用具（機械を分解するまたは組み立てるために使用する）
　スパナ、モンキ、六角棒スパナ、ソケットレンチ、プライヤ、ドライバ、ハンマ、ポンチなど。
③ 測定用具（分解した部品の寸法を測定するために使用する）
　スケール（鋼製直尺）、ノギス、マイクロメータ、内パス・外パス、スコヤ、半径ゲージ、スキマゲージ、ねじピッチゲージ、歯形ゲージ、ハイトゲージなど。
④ 補助用具（寸法測定を補助する道具）
　定盤、Vブロック、トースカンなど。
⑤ その他
　光明丹（プリント用）、曲線の形どりに使用するためのヒューズ線、やすり、サンドペーパー、部品番号を記入するための荷札、部品を入れるための小物入れ、ウエス、比較用表面粗さ標準片など。
　図4.2に測定用具および補助用具の一部を示す。

（3）機械の分解・組立

　スケッチしたい品物が機械を構成する機械部品である場合には、機械を分解しなけれ

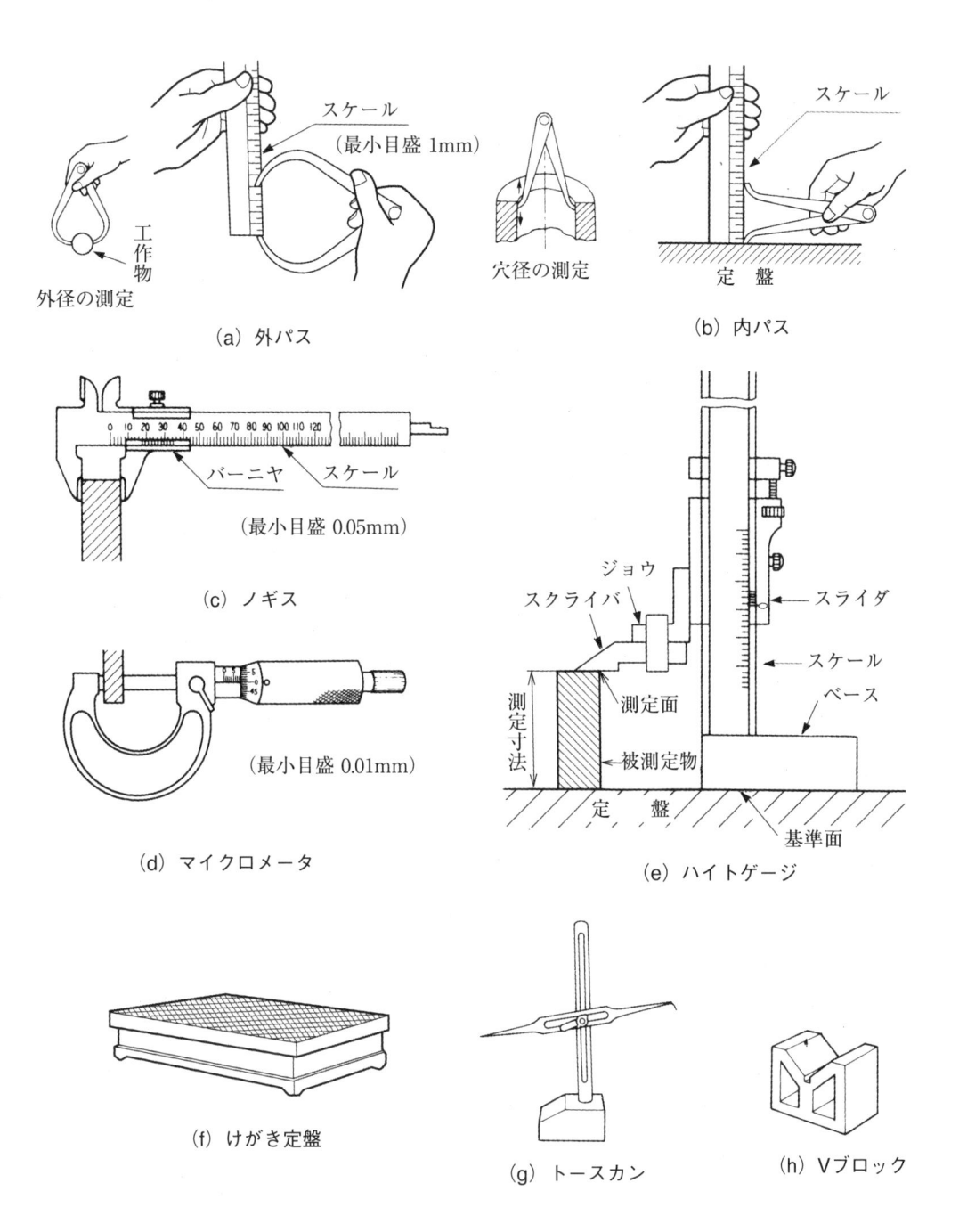

図4.2 測定用具・補助用具の例

ばならない。もちろん、スケッチした後は機械を組み立てなければならないので、組立作業も必要である。ここでは、分解・組立の手順・要領を説明する。

1）機械の構造・機能の調査
スケッチする機械の使用目的を知り、その構造や機能のポイントをよく把握する。

2）組立図のスケッチ
機械を分解する前に、構成部品相互の位置関係がわかるように正面図を中心に、各部品の配置を表した組立図をフリーハンドで描く。組立状態の主要寸法および可動部は移動量などを測定し、記入する。

3）分　解
分解する前に、分解および組立方法を理解し、必要な工具（4.2（2）②の分解用具を参照）を準備する。分解後、部品をきれいに洗浄して、これに部品番号を記入した荷札を付ける。この部品番号は、組立図にも記入する。なお、重要なはめあい部品は、分解する前にポンチややすりで合い印を付けておくと、組立作業で間違いを防止できる。

4）組　立
スケッチが終わったら、分解したときの順序と逆の順序で組み立てる。その際、部品の潤滑面に油を塗り、機械が正しく作動するようにする。組立後の機械が正常に作動するかを調べるために、機械の性能を調べる。

（4）スケッチの要領
1）図形の描き方
部品の形状をスケッチする場合、一般には尺度にとらわれずにフリーハンドで描く。部品の形状をもっともよく表す投影図を正面図とし、必要に応じて断面図、部分投影図などを併用する。スケッチ図はフリーハンドで描くので大きさが曖昧でも描けるが、製作図となると描けなくなる。ということは製作できないということであり、形状を表す寸法はすべて重複しないように測定しなければならない。

スケッチ図ができたら、寸法、はめあい、表面性状などをつぎの要領で記入する。
① 必要な寸法線、寸法補助線、引出線を青鉛筆で描く。
② 寸法数値は、赤鉛筆で記入する。
③ 材料・加工方法・はめあい・表面性状・個数などを記入する。

部品の形状を描く場合、部品の形状によっては、以下のような方法を併用すると便利である。

（a）押し形による方法

図4.3のように部品を平面に光明丹または油を薄く塗り、この上に紙を押しあてて実形を写し取る方法で、実形と等しい大きさで比較的詳細な部分まで写すことができる。

（b）プリントによる方法

図4.4のように部品の平面に紙をあて、紙の上に鉛筆などで軽くこすりつけて実形を写し取る方法である。

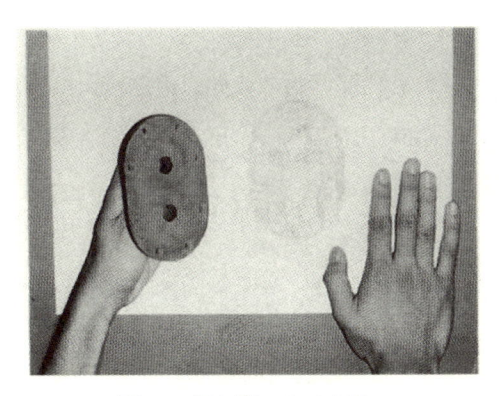

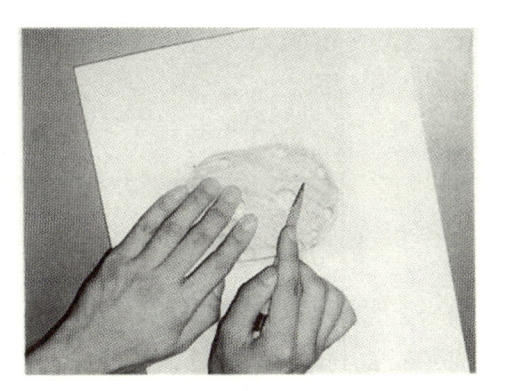

図4.3　押し形による方法　　　　　図4.4　プリントによる方法

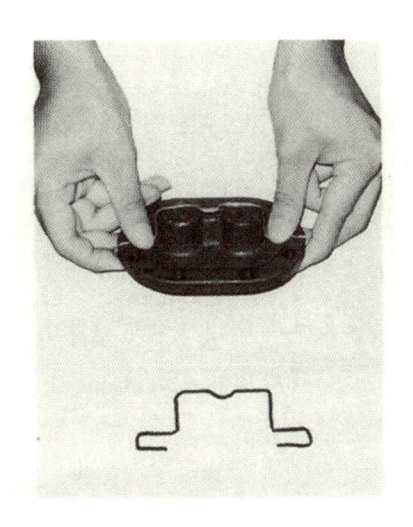

図4.5　形取りによる方法　　　　　図4.6　ヒューズ線の形取りによる方法

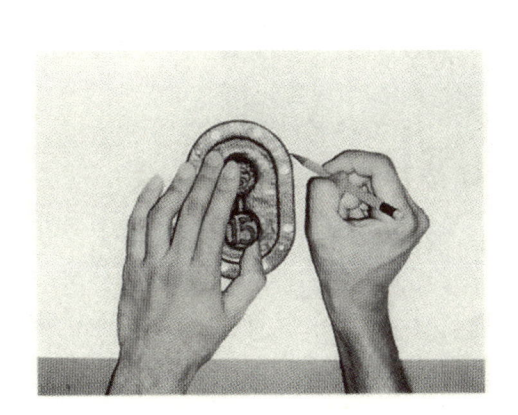

（c）形取りによる方法

図4.5のように直接紙の上に置いて、部品の外周に沿って鉛筆で実形を写し取る方法である。また、図4.6のように、ヒューズ線を使って曲線などの複雑な形状をとり、用紙に写し取る方法もある。

2）寸法の取り方

スケッチ作業の中で部品の寸法を測定することは、最も重要である。寸法測定にあたっては、部品の寸法や大きさにより、測定方法を工夫しなければならない。

寸法を測定する場合、必ず基準となる仕上げ面を決めて、主要となる寸法から順に測定し、重要な寸法は特に正確に測定するように心がける。

部品の機能上で精度を必要とするところを測定する場合は、精度に応じた測定用具を使用しなければならない。

たとえば、図4.7に示すような穴の中心距離および位置の寸法を測定するには、まず、横方向（X軸）、縦方向（Y軸）の基準となる面を決めて、両軸の直角を確認する。つぎに、同図の a、b、c、d_1、d_2、e をそれぞれ測定すると、A、B、Cは次式から求まる。

$$A = a + \frac{d_1}{2}、B = b + \frac{d_1}{2}、C = c + \frac{d_1 + d_2}{2}$$

3）表面性状・加工方法・はめあいの判定

部品の表面性状を判定するために、比較用表面粗さ標準片を使用する。比較用表面粗さ標準片と部品の仕上げ面とを比較することによって、表面性状を判定できる。ただし、ある程度使用したものやさびたものでは、その面の使用目的や寸法精度から推定する。

加工方法の判定をするために、部品の仕上げ面の加工模様を観察する。部品の使用目的から判定することもできる。

はめあいの判定をすることは難しいので、部品の機能や仕上げ面の精度から推測する。

4）材料の判定

材料の種類を外観から的確に判定することは難しいので、部品の形状・用途や仕上げ面の色や光沢などから推測する。表4.14に金属材料表面の特徴をまとめた。

（5）スケッチ図と製作図

図4.8はフリーハンドと押し形による歯車ポンプのカバーのスケッチ図である。これらのスケッチ図をもとにして製作図を作成する。製作図には、スケッチ図の形状や寸法などをそのまま図示するとは限らない。特に寸法の記入については、機能寸法と非機能寸法を同等に扱う、重複に記入する、あるいは記入漏れをするなどの不備な点を十分に補い、機械の機能に合わせた修正を加えてから、製作図を作成する。

まとめ

① スケッチでは、第三角法による投影図をフリーハンドで描いてスケッチ図とする。

② スケッチ図は、機械の分解・組立が必要な場合には、まず組立図を描き、部品相互の位置関係を把握しておく。その後、要領よく分解・組立を行う。

③ 図形を描く方法には、押し形による方法、プリントによる方法、形取りによる方法がある。

④ 寸法を記入する際には、機能寸法と非機能寸法を同等に扱わないこと、重複して記入しないこと、記入漏れがないことなどに気をつける。

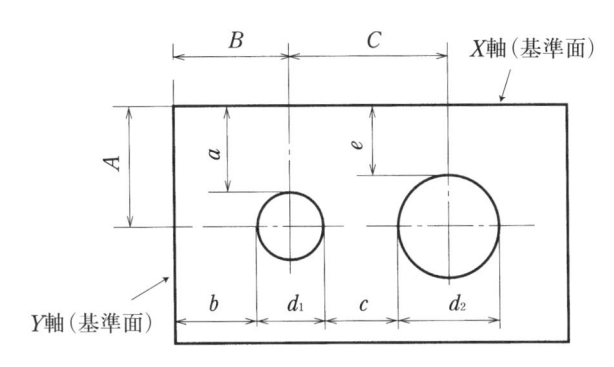

図4.7　穴の中心距離と位置の測定方法

表4.14　金属材料表面の特徴

材料名	金属表面の状態
鋳鉄	仕上げていない表面はざらざらしており、仕上げ面は灰色がかっており、細かい穴がある。
鋳鋼	仕上げていない面は、鋳鉄よりなめらかで、軟鋼に似ているが、鋳ばりと研磨したあとがある。
鍛鋼	仕上げていない面は、鋳鉄よりなめらかで軟鋼のように白味がかった色をしている。
鋼	圧延したままのものは青黒い黒皮がある。仕上げ面は光沢のある白色をしている。軟鋼と硬鋼の区別をするために、硬度を測定するか、火花試験をする。
黄銅	黄味がかっている。
青銅	主として鋳造品で黄銅より赤味の強い黄色をしている。
銅	あずき色をしている。
ホワイトメタル	白色あるいは黄白色で、アルミニウムよりはるかに重い。
アルミニウム	青白色で非常に軽い。

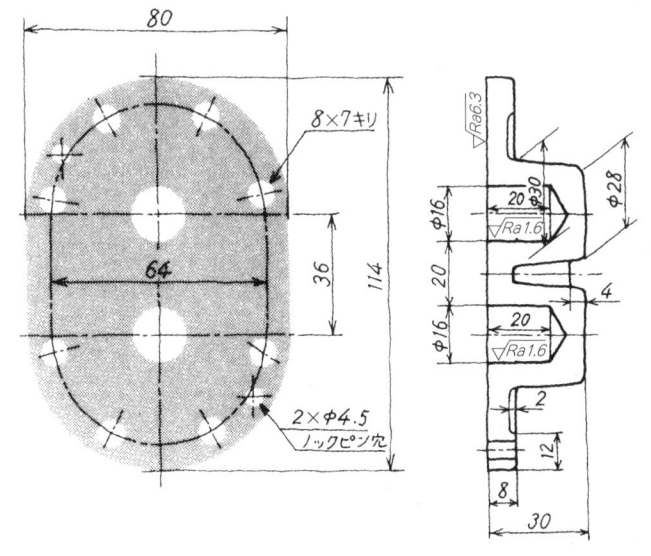

図4.8　フリーハンドと押し形による歯車ポンプのカバーのスケッチ図の例

4.3 製作図の描き方

> **チェックポイント**
> ① 元図（もとず）や写図、トレース図、複写図、原図等の用語の意味を捉えること。
> ② 第1章で学んだ「製図の目的」を思い出し、投影図の選定や配置を考えながら、製作図を描くこと。
> ③ 製作図を描いたら、図形が正しく描かれているかどうかを第三者に検図してもらうこと。

（1）元図の描き方

鉛筆で最初に描いた図面を**元図**という。複写する目的で元図やその他の図面の上にトレース用紙を重ねて図面を描き写すことをトレースあるいは**写図**といい、できた図面を**トレース図**という。トレース図は**複写図**（複写機で作られる）のもとになるので、**原図**ともいう。最近では、効率を上げるために、最初からトレース紙に鉛筆で元図を描いて、それを原図にすることが多い。

元図を描く要領は以下の通りである。

① 投影図の構想を立てる

第1章で学んだ製図の目的を思い出してみる。製図の目的は、「図面作成者の意図を図面使用者に確実かつ容易に伝達すること」であった。この目的が達成できるような図面を描かなければならない。このことを念頭に置きながら、機械や機械部品の形に対して、どの方向から投影図を描けばよいか、構想を立てる。

製作にはどのような機械が使われるか、製作途中で測定することも考え、正面図をもとに投影図の選定および配置を検討する。

図4.9は、旋盤のチャックに形体を固定して、加工途中の形体を測定している様子を示している。この場合、長手方向の寸法は上側から測定する。**図4.10**は同様に旋盤のチャ

図4.9 旋盤による加工途中の長手寸法の測定　　**図4.10** 旋盤による中ぐり加工途中の穴径の測定

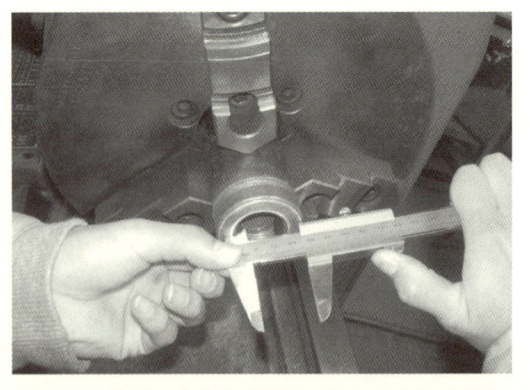

4.3 製作図の描き方

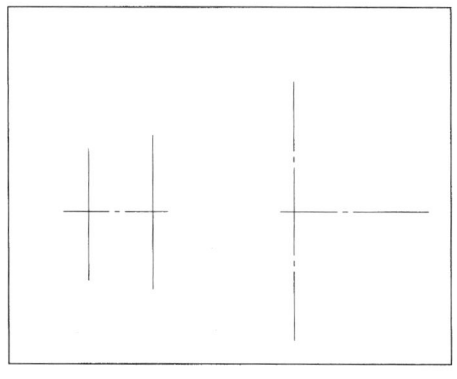

(1) 中心線、基準線を引く。

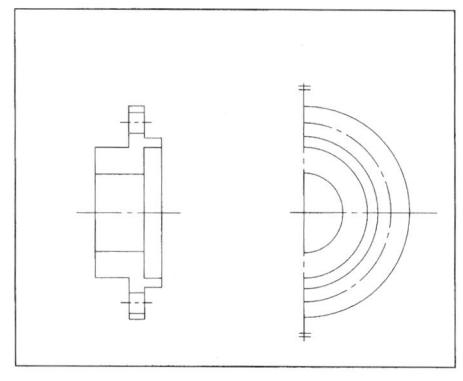

(2) 図形の輪郭を細線でうすく描く。

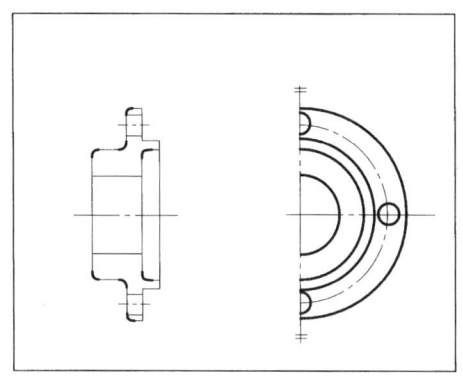

(3) 図形の円・円弧の部分を描く。

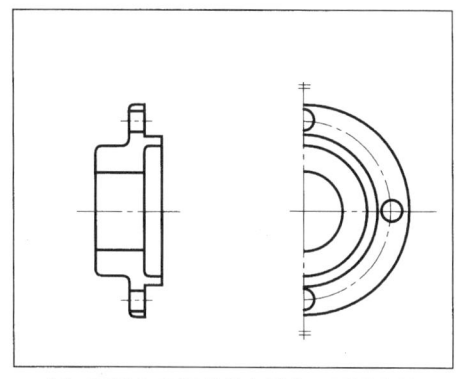

(4) 図形の直線部分を描き、不要な線を消して図形を完成する。

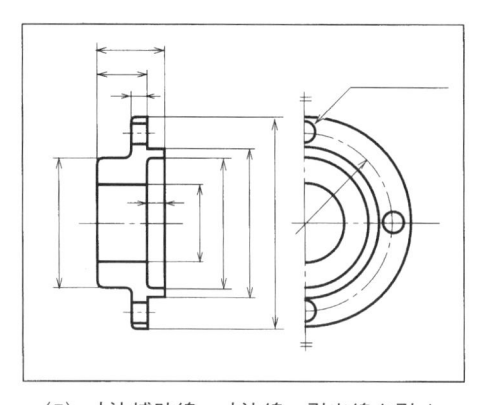

(5) 寸法補助線・寸法線・引出線を引く。

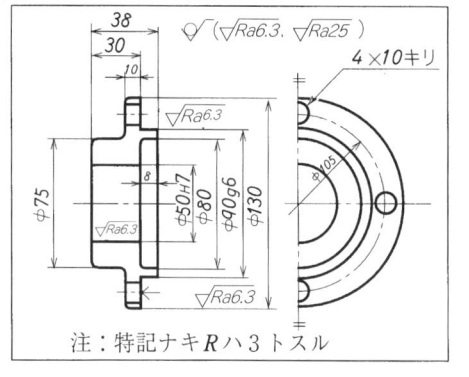

(6) 寸法数字・表面性状・はめあい記号などを記入して完成。

図4.11　元図の描き方の例

ックに形体を取り付けて中ぐり加工をした後、穴の内径を測定しているところである。形体の右側から測定器具を当てて測定している様子を示す。これは、製作図に示す寸法が上側、右側に配置していると、製作上寸法の読み間違いが少ないということになり、図面使用者の立場に立った描き方といえる。これらは、第1章で示した上側の重視、右側の重視に相当するものであり、図形の配置で考慮すべきである。

② 尺度と用紙の大きさを決める

図面を現尺で描くのが望ましい。機械部品が大きい場合には縮尺で描き、小さい場合には倍尺で描く。推奨される尺度は JIS 規格に規定されている。使用する用紙の大きさは投影図の数で決まるが、明瞭さおよび細かさを保つことが求められる。

③ 図形の配置を決める

図面を描く前に正面図や補助となる投影図の配置を考えないと、用紙の一方にかたよったり、外へはみ出したりして、描き直しすることがある。そのため、寸法線や寸法補助線などを描くための余白、表題欄、部品欄などのスペースを考慮して図を配置する。

④ 各図形における中心線、基準線を引く（**図4.11**の(1)）

中心線の引き始めや引き終わりは、短線にならないようにし、図形の外に5mm～10mm程度だけ長く引く。円や四角形等の図形にひく中心線の交点では、一点鎖線の長線が交わるようにする。

⑤ 機械部品の輪郭を細線でうすくかく（図4.11の(2)）

図形の中心線や基準線から寸法をとりながら、簡単に消せるような細い線でうすくかく。ひとつの投影図ごとに描かず、互いに関連する図形は平行して描くとよい。

⑥ 外形線を引く（図4.11の(3)、(4)）

うすい細線の上から外形線を太線で引く。円弧や円などの部分を先に描いてから直線の部分を引くと、線のつながりがなめらかに描ける。

⑦ かくれ線を引く

外形線に準じて、かくれ線を引く。引き方がまずいと図面の見栄えが悪くなるので、注意する。その他に、図4.11(4) のように、うすく引いた線の中で不要な部分を消す。

⑧ 必要に応じて断面図示する

⑨ 寸法補助線、寸法線、引出線を引く（図4.11の(5)）

⑩ 寸法線の矢印を描き、寸法数字を記入する（図4.11の(5)、(6)）

⑪ 表面性状やはめあいなどの記号や部品番号を記入する（図4.11の(6)）

⑫ 説明事項を記入する（図4.11の(6)）

⑬ 表題欄、部品欄を作って、必要事項を記入する

⑭ 誤記や記入漏れがないように検図する

（2）かくれ線の引き方

① かくれ線が外形線と交わる場合には、**図4.12**(a)の a のように、引き始めのところは外形線と交わるように引く。

(a) よい例　　　　(b) 悪い例

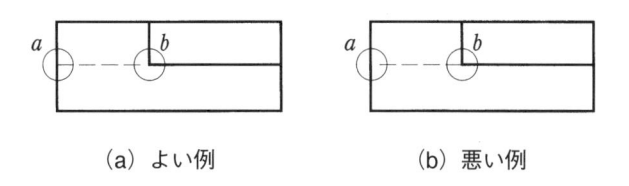

図4.12　外形線とかくれ線の交さする場合

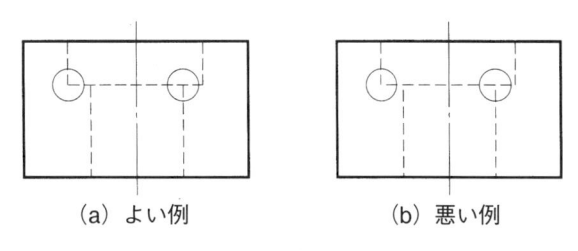

(a) よい例　　　　(b) 悪い例

図4.13　外形線が交さする場合

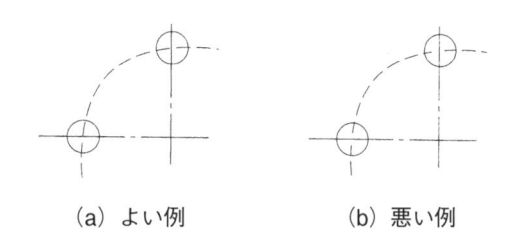

(a) よい例　　　　(b) 悪い例

図4.14　かくれ線で円弧をかく場合

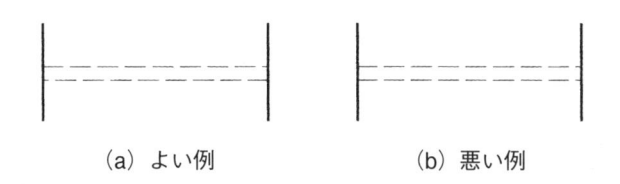

(a) よい例　　　　(b) 悪い例

図4.15　接近して平行なかくれ線をかく場合

② かくれ線が外形線の延長と一致する場合には、**図4.12**(a)のbのように、かくれ線と外形線の間にすきまをあける。

③ 一つの形に属するかくれ線が交わる場合には、**図4.13**(a)のように、すきまをあけない。

④ かくれ線で円弧を描く場合には、**図4.14**(a)のように、かくれ線で描いた円弧の始まりと終わりの点で、必ず中心線と交わる。

⑤ かくれ線を2～3本接近して平行にひく場合には、**図4.15**(a)のように、かくれ線のピッチをそろえないで、千鳥形に描く。

（3）検　図

元図ができあがったら、まず製図者自身で十分チェックすることは当然であるが、同時に必ず第三者が検図し、記入漏れや不備な点等を指摘してもらい、訂正することが必要である。この検図者は、以下のような項目に従って検図するように組織化しておくのがよい。

検図方法の一例を項目別に挙げると、以下の通りである。

1）図面全体の検図
① 用紙の大きさが規格に合っているか
② 線ははっきりと、図は明瞭で読みやすいか

2）図形の検図
① 図面の尺度は適正か
② 図形の部品の形を完全に表しているか
③ 図形の投影法は正しいか
④ 図形の配置や選定は正しいか
⑤ 不必要な図はないか
⑥ 正しい寸法で図形が描かれているか
⑦ 断面図示は正しいか
⑧ 用途により、正しい線の使い方がなされているか

3）寸法・記号の検図
① 寸法が正しく記入されているか。寸法数値の誤記入や矛盾はないか
② 文字の向きは正しいか
③ 重複寸法や不足寸法はないか
④ 他の部品と関係する寸法は正しいか
⑤ 寸法数字や記号がはっきりと記入されているか
⑥ 寸法公差やはめあいが必要なところに記入されているか
⑦ 表面性状やその他の記号が正しく記入されているか
⑧ 加工方法や注記などの指示が適切に記入されているか
⑨ 誤字、脱字、記入漏れはないか

4）表題欄・部品欄などの検図
① 名称・部品番号などが正しく記入されているか
② 部品欄に必要な標準部品に対する指示が適切に記入されているか
③ 部品の個数は合っているか
④ 表題欄で指示する必要事項は正しく記入されているか

5）その他の事項の検図
① 設計したものついては、組立・分解は容易にできるか
② 設計仕様書どおりの性能を確保できるか
③ 適切な材料を使用しているか

④　給油方法は適正か
⑤　運転操作・保守などから見て、不備な点はないか

> **まとめ**
> ①　元図とは、鉛筆で最初に描いた図面のことをいう。元図をトレースしたものをトレース図という。トレース図は複写図のもとになるので、原図という。効率を上げるために、最初からトレース紙に元図を描いて、それを原図にすることもある。
> ②　製図の目的は、「図面作成者の意図を図面使用者に確実かつ容易に伝達すること」である。そのことを念頭に置いて、図面使用者の立場に立って製作図を描くことが大切である。
> ③　製作図を描き終わったら、図面作成者が正しく描かれているか製作図をチェックする。その後、第三者に検図してもらう。検図の項にかかれた要領で組織的に検図するとよい。

〔第 4 章　演習問題〕

〔問題4-1〕　指示に適合した図記号を選び、その記号を答えよ。

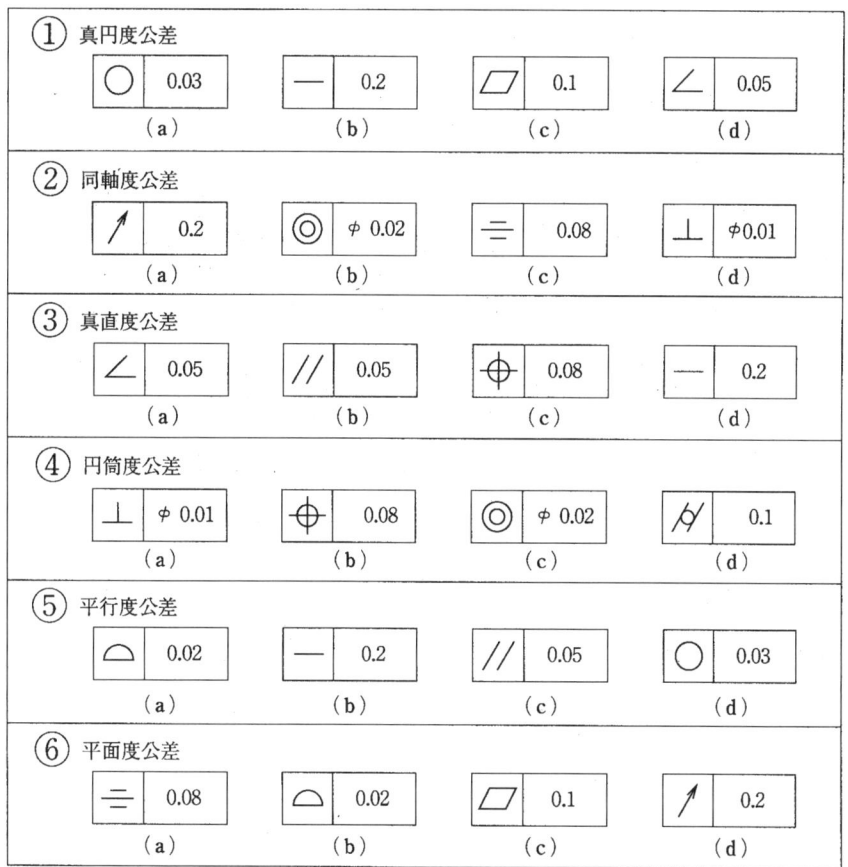

① 真円度公差
② 同軸度公差
③ 真直度公差
④ 円筒度公差
⑤ 平行度公差
⑥ 平面度公差

第4章　材料記号、およびスケッチの方法と製作図の描き方

〔問題4-2〕　次の材料記号の意味を書きなさい。
1）　S　F　540　A　　①（　　　　　　　　）②（　　　　　　　　　）
　　　①　②　③　④　　③（　　　　　　　　　　　　　　　　　　　）
　　　　　　　　　　　　④（　　　　　　　　）

2）　F　C　200　　　　①（　　　　　　　　）②（　　　　　　　　　）
　　　①　②　③　　　　③（　　　　　　　　）

〔問題4-3〕　直径100mm、長さ1mの鋼丸棒の質量を求めなさい。
　〔計算式〕

〔問題4-4〕　次の文章のうち、正しいものに○印、誤っているものに×印を（）内に記入しなさい。また、誤っている箇所にはアンダーラインを引いて訂正しなさい。
（　）（1）曲線と直線との接合部分は、曲線部分から描き、次に直線部分を描くと、線のつながりが滑らかになる。
（　）（2）かくれ線が外形線と交わる場合には、引き始めのところは外形線と少しすき間をあける。
（　）（3）素材質量は、仕上がり寸法に下降しろを加えた仮想寸法より、部品の体積を求めて計算する。
（　）（4）使用中の機械の部品が摩耗・損傷してつくり替える場合で、m現物から図面を作成する作業をスケッチという。
（　）（5）鋳鉄の仕上げ面はざらざらしていて灰色がかっており、細かい穴があるのが特徴です。
（　）（6）形体に指定する公差がデータムと関連するときは、データムは原則としてデータムを指示する文字記号によって示す。
（　）（7）品物の形状、姿勢、位置および振れの公差のことを普通公差という。

〔問題4-5〕　次に示す破線の描き方について、A・Bのうち、正しい描き方に○印を（）内に記入しなさい。

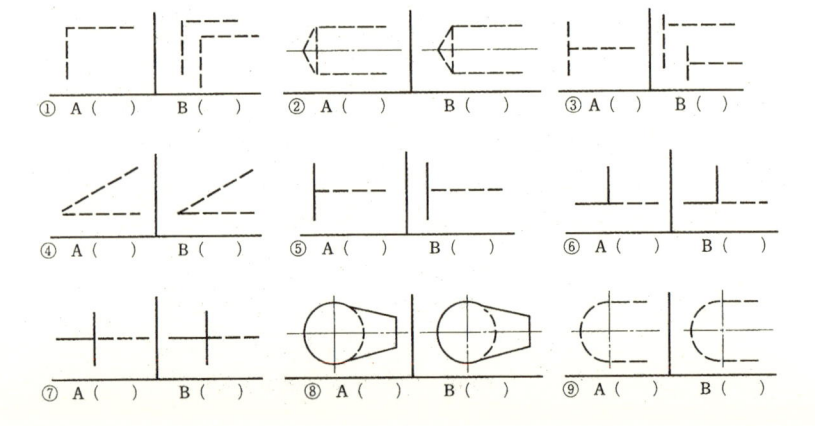

①　A（　）　B（　）　　②　A（　）　B（　）　　③　A（　）　B（　）

④　A（　）　B（　）　　⑤　A（　）　B（　）　　⑥　A（　）　B（　）

⑦　A（　）　B（　）　　⑧　A（　）　B（　）　　⑨　A（　）　B（　）

第 5 章
機械要素の製図

第5章　機械要素の製図

自動車のエンジンの構成を考えると、エンジンケース、シリンダー、ピストン、クランクケースなどのエンジンの主要な部品とともに、各種ボルト・ナットなどの締結部品、歯車・プーリなどの回転力を伝導する部品、クランク軸・カム軸などの各種軸などから成り立っていることがわかる。この中で、主要な部品は機械の特徴、機能を十分に発揮するための形状・寸法が決められるが、ボルト・ナット、歯車・プーリ、軸などはどのような機械でも構成部品として必ず存在するような部品である。これらの部品を機械要素といい、特に一般的な機械要素、ボルト・ナットなどは自前で製作するのではなく、ボルト・ナットなどの専業メーカーに注文することで、専用の設備を持つ必要がなく、精度の安定したものを大量に安価に入手できて都合がよい。このような機械要素を標準部品という。

本章では、JIS規格に掲載されている機械要素の名称、規格形状、用途などを説明するとともに、機械要素の製図法を学ぶ。

第5章のねらい

ねじの種類と表し方・描き方を知る	5.1　ね　じ
歯車の表し方・描き方を知る	5.2　歯　車
軸・キーおよびピン・軸継手のJIS規格と使い方を知る	5.3　軸・キーおよびピン・軸継手
軸受の種類と表し方・描き方を知る	5.4　軸　受
ばねの種類と表し方・描き方を知る	5.5　ば　ね

5.1 ねじ

> **チェックポイント**
> ① ねじの大きさは、おねじの外径で表し、これを呼び径ともいう。
> ② ねじには、呼び径をミリメートル単位で示すメートル系とインチ単位で示すインチ系とがある。
> ③ ねじは、おねじとめねじの対で使用されるもので、太線と細線を用いた略画法で表される。
> ④ ボルトには、通しボルト・押えボルト・植込みボルトなど、いわゆる締付けボルトが用いられる。
> ⑤ 座金は、ボルト・ナットなどの座面と締め付け部との間に入れて、締め付け具合をよくしたり、ゆるみ止めのために用いられる。

　機械の構成部品を締結するときに、一番多く用いられるものにねじがある。ねじは、用途・使用される場所などの違いによっていろいろな種類があるが、形状・名称がJIS規格で規定されている。また、ねじを利用したボルト・ナットなどは、標準部品として形状・大きさが規格化されている。

（1）ねじの原理とねじ各部の名称

　図5.1に示すように、直径 d の円筒の外周に直角三角形 ABC の紙を巻きつけたとき、その斜辺 AC は円筒面に曲線を描く。この曲線をつる巻曲線といい、つる巻曲線に沿って円筒に三角形、台形、四角形などの溝、あるいは突起（ねじ山）をつけたものをねじという。

　円筒の外面にねじ山をつけたものをおねじ、円筒の内面にねじ山をつけたものをめねじという。**図5.2**は、ねじ各部の名称を示したものである。ねじの大きさは、おねじの外径で表し、これを**呼び径**ともいう。一つのねじ山の中心からつぎのねじ山の中心までの距離を**ピッチ**といい、ねじみぞの幅がねじ山の幅に等しくなるような、仮想的な円筒の

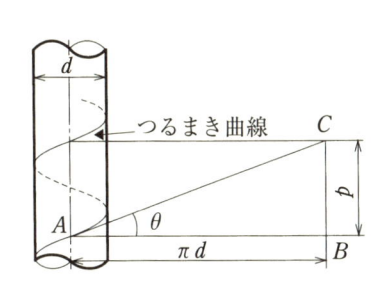

図5.1　ねじの原理

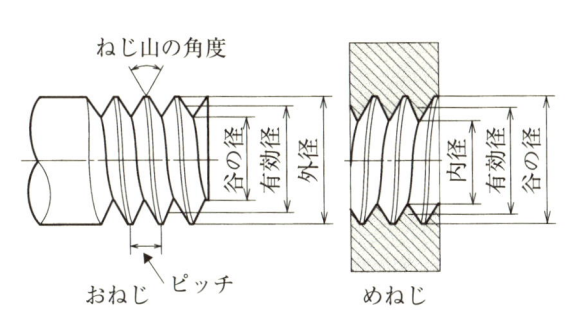

図5.2　ねじ各部の名称

直径を**有効径**という。また、つる巻線の向きにより右ねじと左ねじがある。ふつう、ねじといえば右ねじを指し、右(時計回り)に回すと進む方向である。左ねじは特殊な場合に使用される。

1本のつる巻線に沿ってねじ山を設けたものを一条ねじ、2本のつる巻線に沿ってねじ山を設けたものを二条ねじという。ねじを1回転したとき、ねじ上の一点が軸方向に進む距離を**リード**といい、ピッチを p、ねじの条数を n とすると、リードL は、$L = np$ で表される(**図**5.3)。

通常は一条ねじを使用するが、小さいピッチでリードを大きくしたい場合、すなわち、ねじ山は小さいが、ねじの回転に対してねじの進みを多くしたい場合に条数の多いねじが使われる。二条ねじ以上のねじを総称して多条ねじという。

(2) ねじの種類

ねじは、ねじ山の断面形状によっていろいろの種類があるが、ここでは三角ねじ、台形ねじについて説明する。

1) 三角ねじ

図5.2に示すように、ねじ山の断面形状が三角形をしているもので、工作がしやすくゆるみにくいので、締め付け用として最も多く使われている。このねじには呼び径をメートル系、インチ系で表す二つの系統があり、さらにピッチにより並目と細目にわけられる。**表**5.1は、一般用三角ねじの規格および用途を示している。

2) 台形ねじ

図5.4に示すように、ねじ山の断面形状が台形をしているもので、三角ねじより強度が大きいので、旋盤の親ねじやプレスのねじなど、大きな力を伝達するためのねじとして使われる。このねじは、山の角度が30度のメートル系と、29度のインチ系の二つの系統がある。

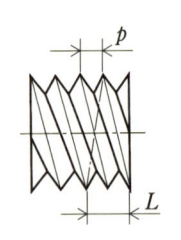

図5.3 二条ねじとリード

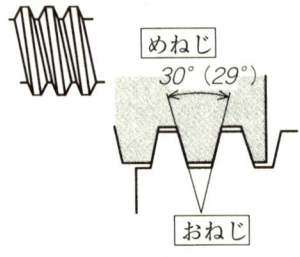

図5.4 台形ねじ

(3) ねじの表し方

ねじの表し方は、「ねじの表し方(JIS B 0123：1999)」により、ねじの呼び、ねじの等級およびねじ山の巻き方向の各項目について、つぎのように構成する。ただし、ねじ山の巻き方向の挿入位置は特に定めない。

表5.1　三角ねじの規格および用途

ねじの種類	ねじの呼び径	ピッチ	ねじ山の角度	用途	JIS規格
メートル並目ねじ	mm	ピッチ	60°	機械部品の締結用	B 0205
ユニファイ並目ねじ	インチ	25.4mm間の山数	60°	航空機・自動車	B 0206
メートル細目ねじ	mm	ピッチ	60°	精密機器	B 0207
ユニファイ細目ねじ	インチ	25.4mm間の山数	60°	航空機・自動車	B 0208
管用平行ねじ	ガス管の呼び寸法インチ	25.4mm間の山数	55°	管・管用部品・流体機器などの接続における機械的結合	B 0202
管用テーパねじ	ガス管の呼び寸法インチ	25.4mm間の山数	55°	管・管用部品・流体機器などの接続におけるねじ部の耐密性	B 0203

表5.2　ねじの種類を表す記号およびねじの呼びの表し方の例

区分	ねじの種類		ねじの種類を表す記号	ねじの呼びの表し方の例	引用規格
ピッチをmmで表すねじ	メートル並目ねじ		M	M8	JIS B 0205
	メートル細目ねじ			M8×1	JIS B 0207
	ミニチュアねじ		S	S0.5	JIS B 0201
	メートル台形ねじ		Tr	Tr10×2	JIS B 0216
ピッチを山数で表すねじ	管用テーパねじ	テーパおねじ	R	R3/4	JIS B 0203
		テーパめねじ	Rc	Rc3/4	
		平行めねじ	Rp	Rp3/4	
	管用平行ねじ		G	G1/2	JIS B 0202
	ユニファイ並目ねじ		UNC	3/8 - 16UNC	JIS B 0206
	ユニファイ細目ねじ		UNF	No/8 - 36UNF	JIS B 0208

表5.3　ねじの等級の表し方

区分	ねじの種類	めねじ・おねじの別		ねじの等級の表し方の例	引用規格
ピッチをmmで表すねじ	メートルねじ	めねじ	有効径と内径の等級が同じ場合	6H	JIS B 0215
		おねじ	有効径と内径の等級が同じ場合	6g	
			有効径と内径の等級が異なる場合	5g 6g	
		めねじとおねじを組み合わせたもの		6H/5g	
				5H/5g 6g	
	ミニチュアねじ	めねじ		3C6	JIS B 0201
		おねじ		5h3	
		めねじとおねじを組み合わせたもの		3C6/5h3	
	メートル台形ねじ	めねじ		7H	JIS B 0217
		おねじ		7e	
		めねじとおねじを組み合わせたもの		7H/7e	
ピッチを山数で表すねじ	管用平行ねじ	おねじ		A	JIS B 0202
	ユニファイねじ	めねじ		2B	JIS B 0210
		おねじ		2A	JIS B 0212

| ねじの呼び | − | ねじの等級 | − | ねじ山の巻き方向 |

1) ねじの呼び

ねじの呼びは、ねじの種類を表す記号、直径または呼び径を表す数字およびピッチ、または25.4mmについてのねじ山数を用い、**表5.2**のように表す。

2) ねじの等級

ねじの等級は、ねじの等級を表す数字と文字との組み合わせまたは文字によって、**表5.3**のように表す。ねじの等級の表示が必要でない場合には、省略してもよい。

3) ねじ山の巻き方向

ねじ山の巻き方向は、左ねじの場合には、"LH"、右ねじの場合には一般に付けないが、必要な場合には"RH"で表す。

4) ねじの表し方の例

上に示した1)～3)に基づくねじの表し方の例を**図5.5**に示す。図は、メートル台形ねじ以外のねじの場合である。メートル台形ねじの場合は、**図5.6**の例による。

(4) ねじの図示法

ねじの図示は、「製図―ねじおよびねじ部品(JIS B 0002-1～3：1998)」に規定され、通常、すべての種類の製図で、ねじおよびねじ部品は、**図5.7**のように略画法によって表す。

① おねじの山の頂(外径)、めねじの山の頂(内径)は、太い実線でかく(同図(a)・(c))。
② おねじ、めねじの谷底は、細い実線でかく (同図(a)・(c))。
③ ねじ山の頂と谷底とを表す線の間隔は、ねじ山の高さとできるだけ等しくする。ただし、この線の間のすきまは、いかなる場合にも、次のいずれか大きい方の値以上とする。
 Ⅰ）太い線の太さの2倍
 Ⅱ）0.7mm

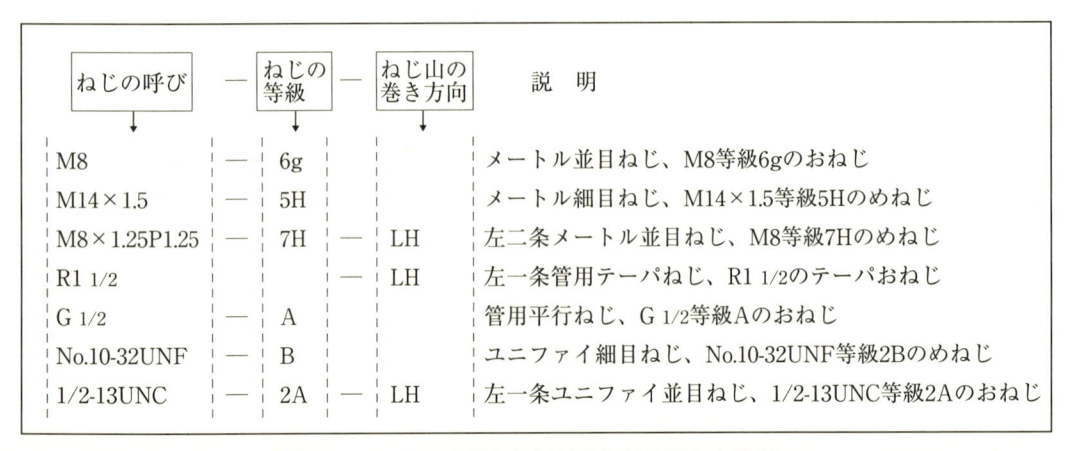

ねじの呼び		ねじの等級		ねじ山の巻き方向	説明
M8	—	6g			メートル並目ねじ、M8等級6gのおねじ
M14×1.5	—	5H			メートル細目ねじ、M14×1.5等級5Hのめねじ
M8×1.25P1.25	—	7H	—	LH	左二条メートル並目ねじ、M8等級7Hのめねじ
R1 1/2		—		LH	左一条管用テーパねじ、R1 1/2のテーパおねじ
G 1/2	—	A			管用平行ねじ、G 1/2等級Aのおねじ
No.10-32UNF	—	B			ユニファイ細目ねじ、No.10-32UNF等級2Bのめねじ
1/2-13UNC	—	2A	—	LH	左一条ユニファイ並目ねじ、1/2-13UNC等級2Aのおねじ

図5.5 メートル台形ねじ以外のねじの表し方の例

5.1 ねじ

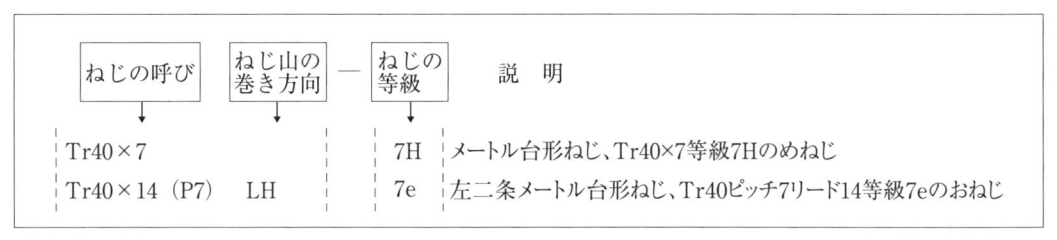

```
 ┌─────┐ ┌─────┐  ┌─────┐
 │ねじの│ │ねじ山の│ │ねじの│      説　明
 │呼び │ │巻き方向│ │等級 │
 └──┬──┘ └──┬──┘  └──┬──┘
    ↓       ↓        ↓
  Tr40×7              7H    メートル台形ねじ、Tr40×7等級7Hのめねじ
  Tr40×14（P7）  LH   7e    左二条メートル台形ねじ、Tr40ピッチ7リード14等級7eのおねじ
```

図5.6　メートル台形ねじの表し方の例

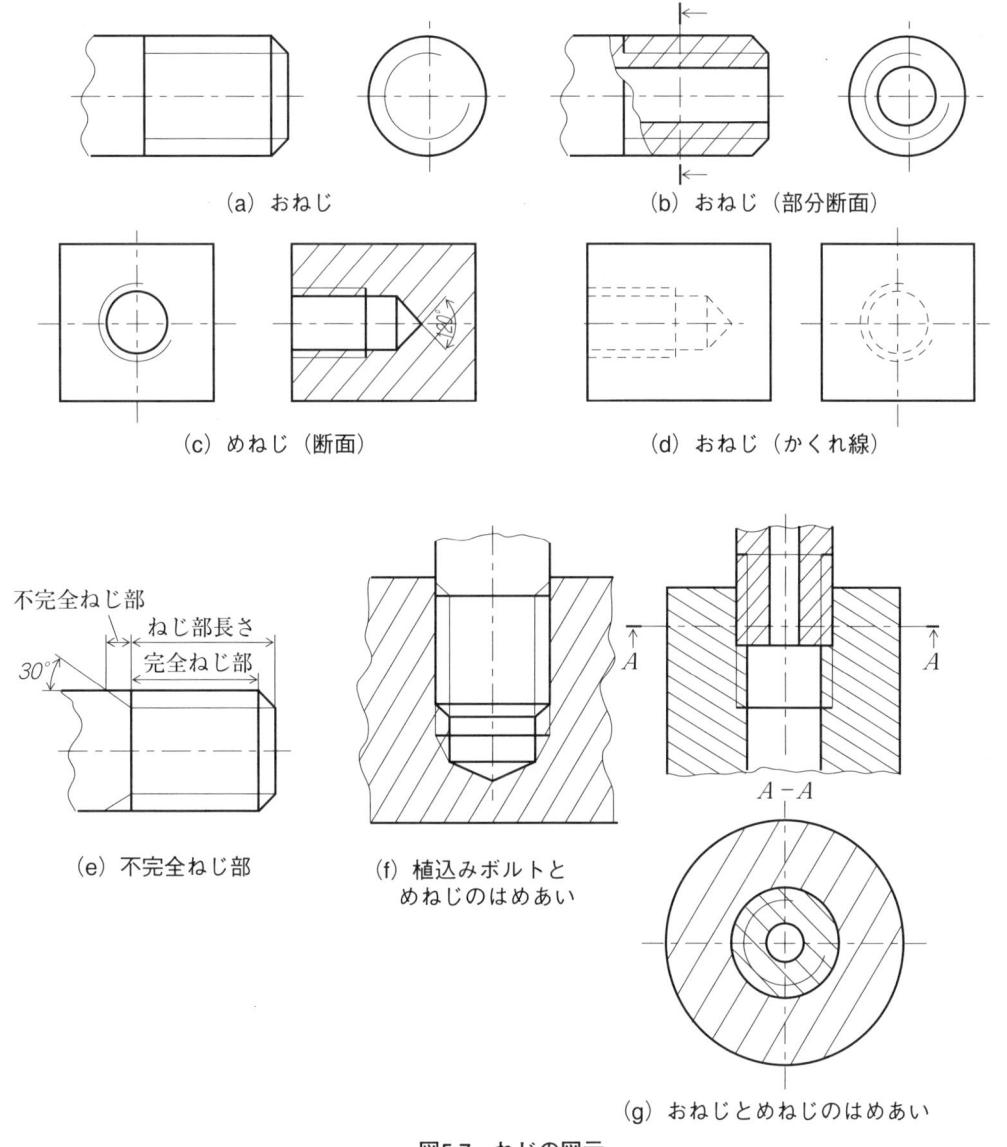

(a) おねじ　　　　　　　　　　(b) おねじ（部分断面）

(c) めねじ（断面）　　　　　　(d) おねじ（かくれ線）

(e) 不完全ねじ部　　(f) 植込みボルトと　　(g) おねじとめねじのはめあい
　　　　　　　　　　　めねじのはめあい

図5.7　ねじの図示

④　ねじの端面から見た図において、ねじの谷底は、細い実線で描いた円周の3/4にほぼ等しい円の一部で表し、できれば、右上方に4分円を開けるのがよい（同図(a)・(b)・(c)）。

⑤　面取り円を表す太い実線は、一般に端面から見た図では省略する（同図(a)・(b)）。

⑥　隠れたねじを示すことが必要な場所では、山の頂および谷底は、細い破線で表す（同図(d)）。

⑦　断面図に示すねじ部品では、ハッチングはねじの山の頂を示す線まで延ばして描く（同図(b)・(c)・(f)・(g)）。

⑧　ねじ部の長さの境界は、太い実線で示す（同図(a)・(b)・(c)）。

⑨　ねじ部の長さの境界が隠れている場合は、細い破線で示してもよい。これらの境界線は、ねじの大径（おねじの外形、またはめねじの谷の径）を示す線で止める。

⑩　不完全ねじ部の終端は、植込みボルトの植込み側（同図(f)）を除き、ねじ部の終端を超えたところである。不完全ねじ部は、機能上必要な場合、または寸法指示をするために必要な場合には、軸線に対して通常30°の傾斜した細い実線でかく（同図(e)・(f)）。ただし、不完全ねじ部は省略可能であれば、表さなくてもよい（同図(a)・(b)・(c)・(d)・(g)）。

⑪　断面図示しためねじのねじ下きり穴の止り部は、太い実線で120°にかく（同図(c)）。

⑫　おねじとめねじのはまりあう部分は、おねじを優先に表す（同図(f)・(g)）。

(5) ねじ部の寸法記入

①　ねじの呼び径は、常におねじの山の頂、またはめねじの谷底に対して記入する（**図5.8**(a)・(b)、同図(c)は引出線による例）。

②　不完全ねじが機能上必要である場合（図5.7(f)）、かつ、そのために明確に図示する場合（図5.7(e)）以外には、ねじ長さの寸法は、一般にねじ部長さに対して記入する（図5.8(a)）。

③　面取りのある場合はねじを示す線に矢印の位置を明確にする（図5.8(d)）。

④　めねじのねじ部長さおよびねじ下穴の径と深さとを表示する場合は、図5.8(e)・(f)・(g)のいずれかの方法で示す。なお、止まり穴深さは、通常、省略してもよい。その場合、図面にはねじ長さの1.25倍程度に描く。

⑤　ねじの結合部でめねじ・おねじの等級を同時に示す必要がある場合は、図5.8(h)・(i)のように示す。

⑥　管用テーパねじの基準径の位置を示す必要のあるときは、基準径の位置にその呼びを記入する（図5.8(j)）。

⑦　めねじが管用平行ねじで、おねじが管用テーパねじの組合せである場合は、引出線の端部に設けた水平線の上側に、めねじ・おねじの順に表す（図5.8(k)）。

⑧　多条ねじは、呼びのあとに図に示すようにリード、ピッチを記入する（図5.8(l)）。

⑨　メートル台形ねじの表し方は、ねじの種類を表す記号、ねじの呼び径、リード、

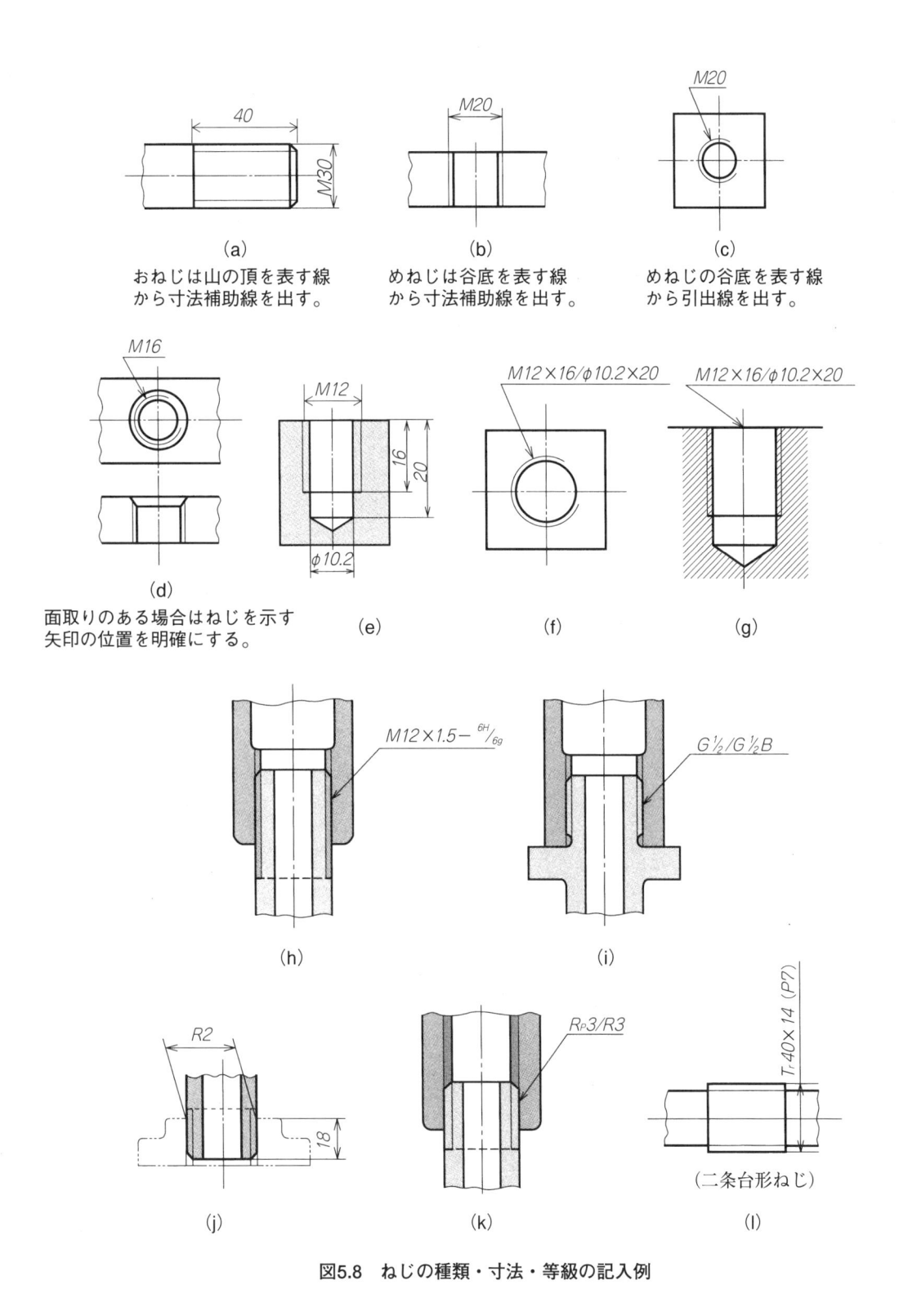

5.1 ねじ

(a) おねじは山の頂を表す線から寸法補助線を出す。

(b) めねじは谷底を表す線から寸法補助線を出す。

(c) めねじの谷底を表す線から引出線を出す。

(d) 面取りのある場合はねじを示す矢印の位置を明確にする。

(e)

(f)

(g)

(h)

(i)

(j)

(k)

(l) (二条台形ねじ)

図5.8 ねじの種類・寸法・等級の記入例

ピッチ、ねじ山の巻き方向およびねじの等級について、おねじの山の頂またはめねじの谷底を表す線から引出線を出し、その端部に水平線を設け、その上に「ねじの表し方（JIS B 0123：1999）」に規定する方法を用いて記入する（図5.8（1））。

表5.4はメートル並目ねじの規格寸法を示す。

（6）ボルト・ナット

ボルトとは、丸棒の外周にねじを切ったもので、用途によって軟鋼・硬鋼・銅合金・耐食性合金などの材料が使われている。

機械部品の組立には、**図5.9**に示すような通しボルト・押えボルト・植込みボルトなど、いわゆる締付けボルトが用いられる。

通しボルトは、結合させる二つの部品に貫通した穴をあけ、これにボルトを通してナットで締め付けるボルトで、一般に同図(a)のように六角ボルトと六角ナットが用いられ

表5.4　一般用メートルねじ（並目）

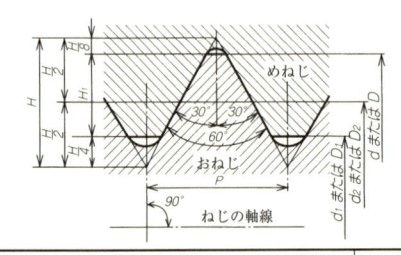

$H = 0.866025P$
$H_1 = 0.541266P$

$d_2 = d - 0.649519P$
$d_1 = d - 1.082532P$

$D = d$
$D_2 = d_2$
$D_1 = d_1$

（単位：mm）

ねじの呼び*			ピッチ P	H_1	めねじ 谷の径 D / おねじ 外径 d	めねじ 有効径 D_2 / おねじ 有効径 d_2	めねじ 内径 D_1 / おねじ 谷の径 d_1
1欄	2欄	3欄					
M 1			0.25	0.135	1.000	0.838	0.729
	M 1.1		0.25	0.135	1.100	0.938	0.829
M 1.2			0.25	0.135	1.200	1.038	0.929
	M 1.4		0.3	0.162	1.400	1.205	1.075
M 1.6			0.35	0.189	1.600	1.373	1.221
	M 1.8		0.35	0.189	1.800	1.573	1.421
M 2			0.4	0.217	2.000	1.740	1.567
	M 2.2		0.45	0.244	2.200	1.908	1.713
M 2.5			0.45	0.244	2.500	2.208	2.013
M 3			0.5	0.271	3.000	2.675	2.459
	M 3.5		0.6	0.325	3.500	3.110	2.850
M 4			0.7	0.379	4.000	3.545	3.242
	M 4.5		0.75	0.406	4.500	4.013	3.688
M 5			0.8	0.433	5.000	4.480	4.134
M 6			1	0.541	6.000	5.350	4.917
M 8	M 7		1	0.541	7.000	6.350	5.917
			1.25	0.677	8.000	7.188	6.647
		M 9	1.25	0.677	9.000	8.188	7.647
M 10			1.5	0.812	10.000	9.026	8.376
		M 11	1.5	0.812	11.000	10.026	9.376
M 12			1.75	0.947	12.000	10.863	10.106
M 16	M 14		2	1.083	14.000	12.701	11.835
			2	1.083	16.000	14.701	13.835
	M 18		2.5	1.353	18.000	16.376	15.294

注* 1欄を優先的に、必要に応じて2欄、3欄の順に選ぶ。

る。押えボルトは、同図(b)のように結合する一方の部品にめねじを設け、ここにボルトをねじ込んで二つの部品を締め付ける。植込みボルトは、六角ボルトのように頭をもたず、丸棒の両端にねじ部をもつボルトで、同図(c)のように一端は部品に植え込まれた状態で、他端はナットの着脱だけで、部品の取り付け・取りはずしができる。

1）六角ボルト

図5.10は、六角ボルトの形状および名称を示したものである。六角ボルトには、ボルトの円筒部の形状により、図5.11のように呼び径六角ボルト・有効径六角ボルト・全ねじ六角ボルトの3種類がある。呼び径六角ボルトは、円筒部の直径がねじ部の呼び径と同じ寸法のもので、有効径六角ボルトは、円筒部の直径が有効径と同じ寸法からなっており、また、全ねじ六角ボルトは、ボルトの長さを示す部分がすべてねじ部のボルトである。

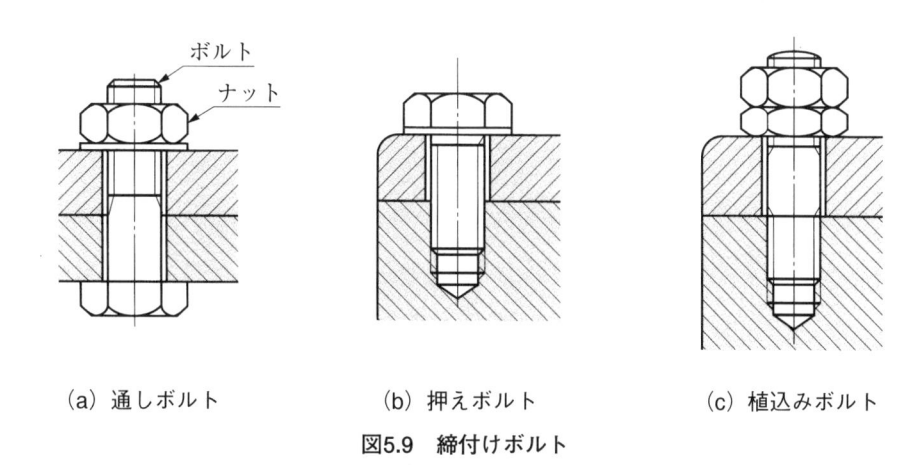

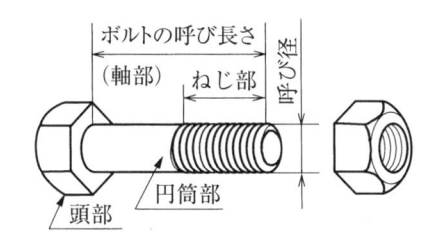

(a) 通しボルト　　(b) 押えボルト　　(c) 植込みボルト

図5.9　締付けボルト

図5.10　六角ボルトとナット

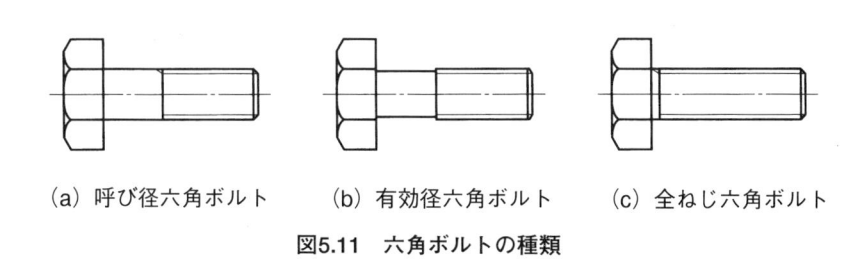

(a) 呼び径六角ボルト　　(b) 有効径六角ボルト　　(c) 全ねじ六角ボルト

図5.11　六角ボルトの種類

第 5 章　機械要素の製図

表5.5に、呼び径六角ボルトの形状・寸法を示す。

表5.5　呼び径六角ボルト—並目ねじ—部品等級 A および B の形状・寸法

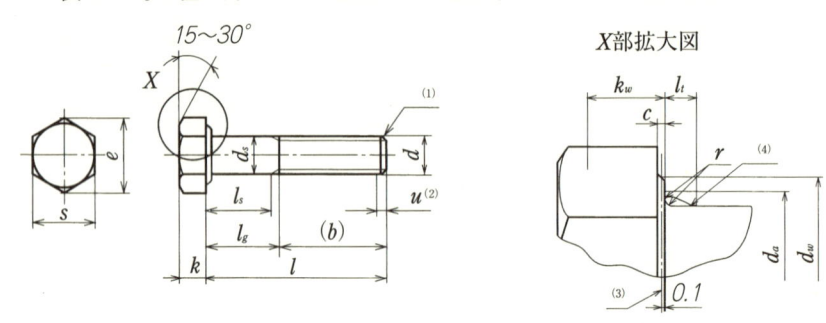

注(1)　ねじ先は、面取り先とする。ただし、M4以下は、あら先でもよい（JIS B 1003参照）。
　(2)　不完全ねじ部 $u ≦ 2p$
　(3)　d_w に対する基準位置
　(4)　首下丸み部最大
備考　寸法の呼びおよび記号はJIS B 0143による。

（単位：mm）

ねじの呼び (d)			M1.6	M2	M2.5	M3	M4	M5	M6	M8	M10
p			0.35	0.4	0.45	0.5	0.7	0.8	1	1.25	1.5
b（参考）	$l≦125$		9	10	11	12	14	16	18	22	26
c		最大	0.25	0.25	0.25	0.40	0.40	0.50	0.50	0.60	0.60
		最小	0.10	0.10	0.10	0.15	0.15	0.15	0.15	0.15	0.15
d_a		最大	2	2.6	3.1	3.6	4.7	5.7	6.8	9.2	11.2
d_s	基準寸法＝最大		1.60	2.00	2.50	3.00	4.00	5.00	6.00	8.00	10.00
	部品等級 A	最小	1.46	1.86	2.36	2.86	3.82	4.82	5.82	7.78	9.78
	部品等級 B		1.35	1.75	2.25	2.75	3.70	4.70	5.70	7.64	9.64
d_w	部品等級 A	最小	2.27	3.07	4.07	4.57	5.88	6.88	8.88	11.63	14.63
	部品等級 B		2.3	2.95	3.95	4.45	5.74	6.74	8.74	11.47	14.47
e	部品等級 A		3.41	4.32	5.45	6.01	7.66	8.79	11.05	14.38	17.77
	部品等級 B		3.28	4.18	5.31	5.88	7.50	8.63	10.89	14.20	17.59
l_f		最大	0.6	0.8	1	1	1.2	1.2	1.4	2	2
k		基準寸法	1.1	1.4	1.7	2	2.8	3.5	4	5.3	6.4
	部品等級 A	最大	1.225	1.525	1.825	2.125	2.925	3.65	4.15	5.45	6.58
		最小	0.975	1.275	1.575	1.875	2.675	3.35	3.85	5.15	6.22
	部品等級 B	最大	1.3	1.6	1.9	2.2	3.0	3.26	4.24	5.54	6.69
		最小	0.9	1.2	1.5	1.8	2.6	2.35	3.76	5.06	6.11
k_w	部品等級 A	最小	0.68	0.89	1.10	1.31	1.87	2.35	2.70	3.61	4.35
	部品等級 B		0.63	0.84	1.05	1.26	1.82	2.28	2.63	3.54	4.28
r		最小	0.1	0.1	0.1	0.1	0.2	0.2	0.25	0.4	0.4
s	基準寸法＝最大		3.20	4.00	5.00	5.50	7.00	8.00	10.00	13.00	16.00
	部品等級 A	最小	3.02	3.82	4.82	5.32	6.78	7.78	9.78	12.73	15.73
	部品等級 B		2.90	3.70	4.70	5.20	6.64	7.64	9.64	12.57	15.57

表5.6 六角ナット―スタイル1（並目ねじ）の形状・寸法

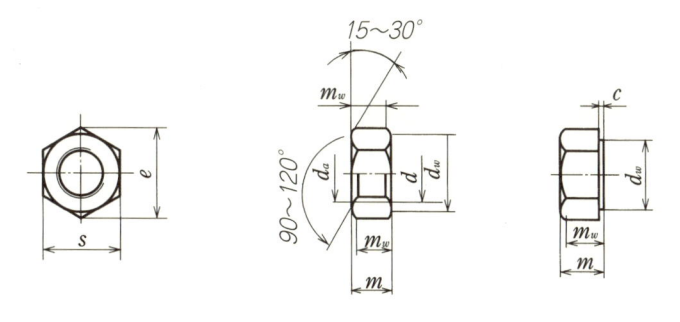

（単位：mm）

ねじの呼び (d)		M1.6	M2	M2.5	M3	M4	M5	M6	M8	M10	M12
p		0.35	0.4	0.45	0.5	0.7	0.8	1	1.25	1.5	1.75
c	最大	0.2	0.2	0.3	10.40	0.40	0.50	0.50	0.60	0.60	0.60
	最小	0.1	0.1	0.1	0.15	0.15	0.15	0.15	0.15	0.15	0.15
d_a	最大	1.84	2.3	2.9	3.45	4.6	5.75	6.75	8.75	10.8	13
	最小	1.60	2.0	2.5	3.00	4.0	5.00	6.00	8.00	10.0	12
d_w	最小	2.4	3.1	4.1	4.6	5.9	6.9	8.9	11.6	14.6	16.6
e	最小	3.41	4.32	5.45	6.01	7.66	8.79	11.05	14.38	17.77	20.03
m	最大	1.30	1.60	2.00	2.40	3.2	4.7	5.2	6.80	8.40	10.80
	最小	1.05	1.35	1.75	2.15	2.9	4.4	4.9	6.44	8.04	10.37
m_w	最小	0.8	1.1	1.4	1.7	2.3	3.5	3.9	5.2	6.4	8.3
s	基準寸法=最大	3.20	4.00	5.00	5.50	7.00	8.00	10.00	13.00	16.00	18.00
	最小	3.02	3.82	4.82	5.32	6.78	7.78	9.78	12.73	15.73	17.73

注 pは、ねじのピッチ。

2）ナット

ナットは、ボルトと組み合わせて使用されるが、使用目的によって形状が異なり、六角ナット・四角ナット・溝付き六角ナット・袋ナット・ちょうナットなどいろいろな種類のものがあるが、最も多く使用されているのは六角ナットである。

六角ナットの種類には、六角ナット・六角低ナットがあり、ねじの呼び径 d に対するナットの呼び高さが $0.8\,d$ 以上のものが六角ナットで、並高ナットと呼んでいる。$0.5\,d$ 以上 $0.8\,d$ 未満のものを六角低ナットといい、低ナットとも呼んでいる。

表5.6は、六角ナット―スタイル1（並目ねじ）の形状・寸法を示したものである。ナットの部品等級は、ＡＢＣにわけられており、JIS B 1021：2003の一般用ねじ部品の部品等級による。

（7）ボルト・ナットの描き方

ボルト・ナットを規格寸法通りの実形で表すことは手数がかかるので、「製図『ねじおよびねじ部品』（JIS B 0002：1998）」では、図5.12に示すような略図で表すよう規定している。図における(a)・(b)の図示法では、(a)のほうは部品図、(b)は組立図に用いられている。図(b)では不完全ねじ部をかかない。

(a) (b)
六角ボルトおよび六角ナット

(a) (b)
四角ボルトおよび四角ナット

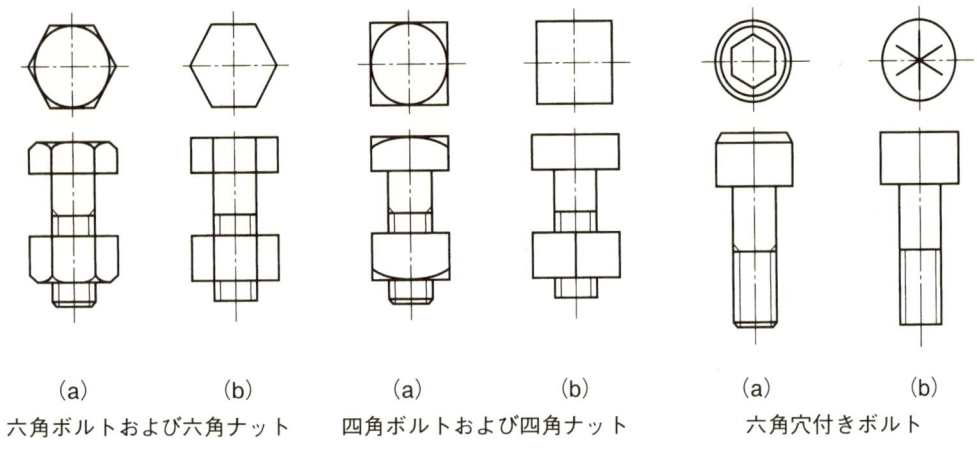

(a) (b)
六角穴付きボルト

図5.12 ボルト・ナットの略図

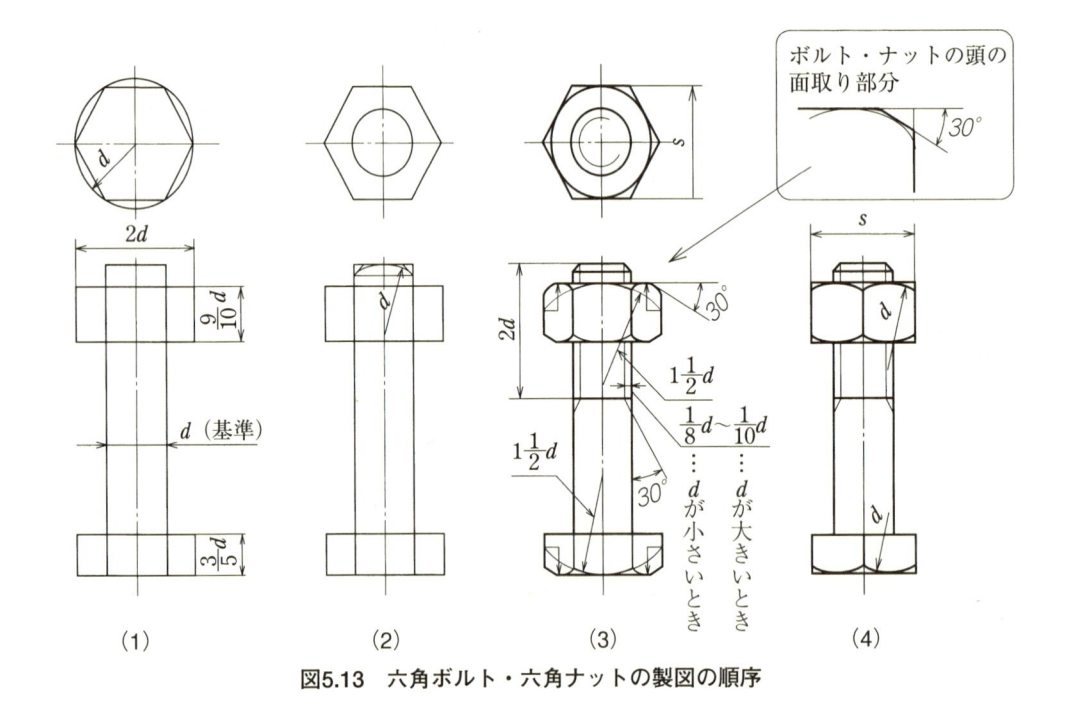

図5.13 六角ボルト・六角ナットの製図の順序

　図5.13は、ボルト・ナットをかく場合の一例である。一般には、図のようにボルトの呼び径 d に対して各部を一定の寸法割合でかく。ボルトのねじ先には、面取り先と丸先があるが平先の場合には45°の面取りをし、丸先の場合には、呼び径 d を半径にとって円弧をかくようにする（図5.13(2)）。

（8）ボルト・ナットの呼び方

　ボルト・ナットなどのように部品の名称・形状・寸法などがJISで規格化されているものを標準部品といい、一般には、前述のように図示するか、図示しないで、部品表にその呼び方だけを記入して表してもよい。

1）ボルトの呼び方

ボルトの呼び方は、規格番号、ボルトの種類、部品等級、ねじの呼び（d）×長さ（l）、機械的性質の強度区分（鋼ボルトの場合）、または性状区分（ステンレス鋼ボルトの場合）、材料および指定事項を用いて、つぎのように構成する。

規格番号	種類	部品等級	ねじの呼び(d)×呼び長さ(l)	-	強度区分 性状区分 材質区分	指定事項

〔例〕
```
〔呼び径六角ボルト  並目・鋼の場合〕
    JIS B 1180   呼び径六角ボルト   A   M12×80      -    10.9      (Ep-Fe/Zn 5/CM 2)
〔呼び径六角ボルト  細目・ステンレスの場合〕
    （略）       呼び径六角ボルト   A   M12×1.5×80  -    A2-70     -
〔全ねじ六角ボルト  細目・非鉄金属の場合〕
    （略）       全ねじ六角ボルト   A   M8×1×40     -    CU2       （丸先）
```

ただし、鋼ボルトおよびステンレス鋼ボルトの場合は材料を、非鉄金属ボルトの場合は、機械的性質の強度区分を除く。また、規格番号も特に必要がなければ省略してもよいことになっている。指定事項としては、ねじ先の形状、表面処理の種類などを必要に応じて示す。

2）ナットの呼び方

ナットの呼び方は、規格番号、種類、部品等級、ねじの呼び、機械的性質の強度区分（鋼ナットの場合は強度区分、ステンレス鋼ナットの場合は性状区分、および非鉄金属ナットの場合は材質区分）、および指定事項を用いて、つぎのように構成する。

規格番号	種類	部品等級	ねじの呼び	-	強度区分 性状区分 材質区分	指定事項

〔例〕

	規格番号	種類	部品等級	ねじの呼び	-	強度区分等	指定事項
六角ナット－スタイル1 並目・鋼の場合	JIS B 1181	六角ナット－スタイル1	A	M10	-	8	Ep-Fe/Zn 5/CM2
六角ナット－スタイル2 の場合	（略）	六角ナット－スタイル2	A	M8	-	12	Ep-Fe/Zn 5/CM2

ただし、六角低ナットの面取りなしは強度区分を、その他のナットは材料を省略できる。規格番号も特に必要がなければ、省略してもよいことになっている。指定事項としては、六角ナットの座付き、表面処理の種類などを必要に応じて示す。

（9）座　金

座金は、ボルト・ナットなどの座面と締め付け部との間に入れて、締め付け具合をよくするために用いられる。種類には、形状・機能・用途などによって平座金・ばね座金・歯付き座金・舌付き座金などがある。座金は、一般に円形状の平座金が用いられるが、振動によってナットがゆるみやすい部分には、ばね座金や歯付き座金あるいは舌付

(a) 平座金　　　　　(b) ばね座金

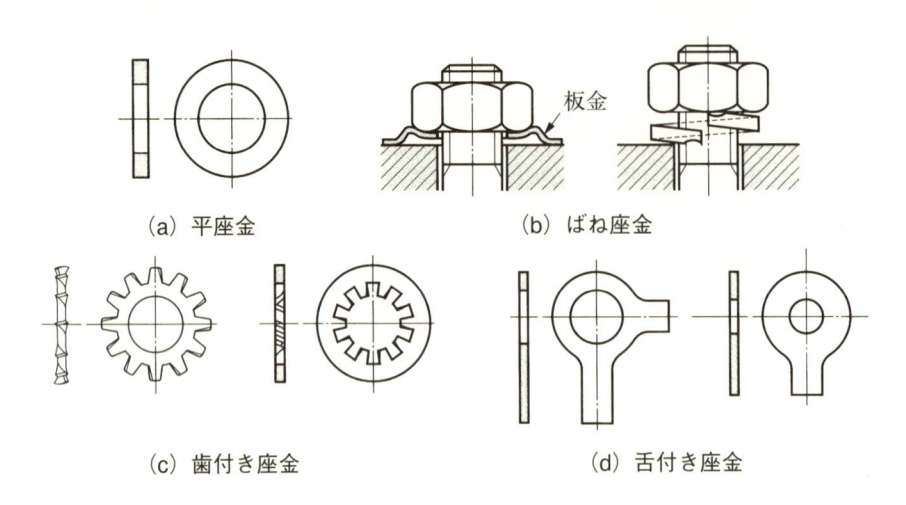

(c) 歯付き座金　　　　(d) 舌付き座金

図5.14　各種の座金

表5.7　ねじ込み部の長さ、めねじの深さおよび下穴の深さ

(単位：mm)

穴の材質	l	l_1、l_2
軟鋼・鋳鋼・青銅	$1d$	$l_1 = l + (2～10)$
鋳　　　鉄	$1.3d$	$l_2 = l_1 + (2～10)$
軽　合　金	$1.8d$	

き座金が用いられる。**図5.14**は、各種の座金の形状を示したものである。

(10) ボルトのねじ込み深さ

押えボルト・植込みボルトなどがねじ込まれる部分のめねじの深さは、めねじ部分の材料によって異なり、一般には、**表5.7**の寸法を参考とする。

(11) 小ねじ

小ねじは軸径が10mm以下の小さい頭付きのおねじで、ビスとも呼ばれ、頭の形状により六角・四角・なべ・平・チーズ・皿・丸皿・トラスなどの種類がある。頭部には、ドライバで締め付けられるように、すりわり（－みぞ）または十字穴（＋みぞ）が切ってある。－みぞの小ねじをすりわり付き小ねじ、＋みぞの小ねじを十字穴付き小ねじと呼んでいる。小ねじの図示は、**図5.15**に示すように小ねじのねじ部と頭を略図で表す。

この場合、小ねじの不完全ねじ部の図示は省略し、頭のすりわりは、正面図に１本の実線を記入し平面図には中心線に対して45°の方向に右上りにかく。また、十字穴付きの頭部は、図5.15(b)のようにみぞの形状を平面図だけに×をかき、正面図には何もかかない。

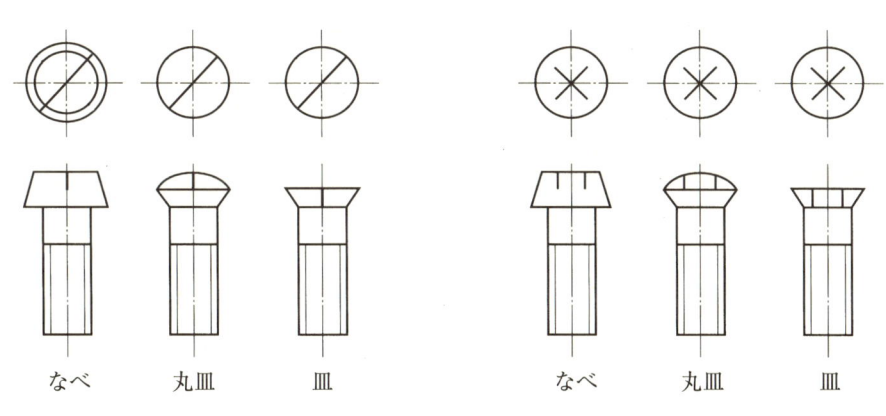

(a) すりわり付き小ねじ　　　　(b) 十字穴付き小ねじ

注：なべ頭であることを強調する場合は、のように両側にわずかなこう配を付ける。

図5.15　小ねじの図示法

（12）止めねじ

　止めねじは、ねじの先端を利用して、軸にベルト車・歯車などを固定したり、位置の調整を必要とする部分に使用される小さいねじである。止めねじの種類には、頭部の形状により、すりわり付き止めねじ・四角止めねじ・六角穴付き止めねじがある。

まとめ

① ねじ山の断面形状が三角形をしている三角ねじは、工作がしやすくゆるみにくいので、締め付け用として最も多く使われている。

② ねじの表し方は、ねじの呼び、ねじの等級およびねじ山の巻き方向の各項目について、必要な事項を記述する。

③ ねじの呼びは、ねじの種類を表す記号、直径または呼び径を表す数字およびピッチ、または25.4mmについてのねじ山数を用いて表す。

④ すべての種類の製図で、ねじおよびねじ部品は、略画法によって表す。

⑤ 締付けボルトの種類には、通しボルト、押えボルト、植込みボルトなどがある。

⑥ 小ねじは呼び径が10mm以下の小さい頭付きのおねじで、ビスとも呼ばれる。

5.2 歯車

> **チェックポイント**
> ① 歯車の基本は、平歯車、中でも標準平歯車をしっかり理解しておく。
> ② 歯形曲線にはインボリュート曲線が使われる。また、歯形の大きさはモジュールで表す。
> ③ 歯車の製図は、歯切り作業に必要な事項がかかれた要目表と、歯車素材を製作するのに必要な形状・寸法が記入された図を作りあげることである。

歯車は、2軸間に回転と動力を確実に伝達する方法の一つで、2軸間の距離が比較的短く、2軸の相対位置が平行、交差、その他任意の方向に変えられる便利な機械要素である。そのために、いろいろな歯車が作られ、機械の駆動機構には必ずと言ってよいほど使われている。歯車製図について、JIS規格を中心に見ていこう。

（1）歯車の種類

歯車は、2個が対で使われるもので、2軸の相対位置、接触の仕方によっていろいろな種類がある。**図5.16**は、歯車の形状による種類を示したものである。

表5.8は、図5.1に示した各種歯車の2軸の相対位置関係、歯の接触状態、歯車を製作するための歯切り盤などを示したものである。

歯車は、2枚の歯車を区別するために、歯数の多いほうを大歯車、歯数の少ない方を小歯車という。

（2）摩擦車と歯車

図5.17は、摩擦車と歯車の回転による動力伝達の例を示したものである。

摩擦車の場合は、原動車と従動車が互いに円周の摩擦によって回転しているので、従動車の負荷がしだいに大きくなったり、原動車の回転が速くなったりすると、接点ですべりが生じて正確な回転や動力を伝えることができない。

一方、この摩擦車の円周上に等間隔に歯形を付けたのが歯車で、一対の歯車では、歯が互いにかみ合って回転するので、摩擦車より回転速度比が正確で、かつ大きな動力を伝達することができる。

図5.17において、摩擦車の直径 d_a、d_b に相当するのが歯車のピッチ円直径である。

歯車の場合は、摩擦車の円周に相当する部分に凹凸の歯形を刻んでかみ合っている。歯車の凸部の円を**歯先円**、凹部の円を**歯底円**、歯先円の直径を**外径**、または**歯先円直径**という。

摩擦車では、原動車と従動車との接触は両車軸の中心線上である。歯車の場合も、大

5.2 歯車

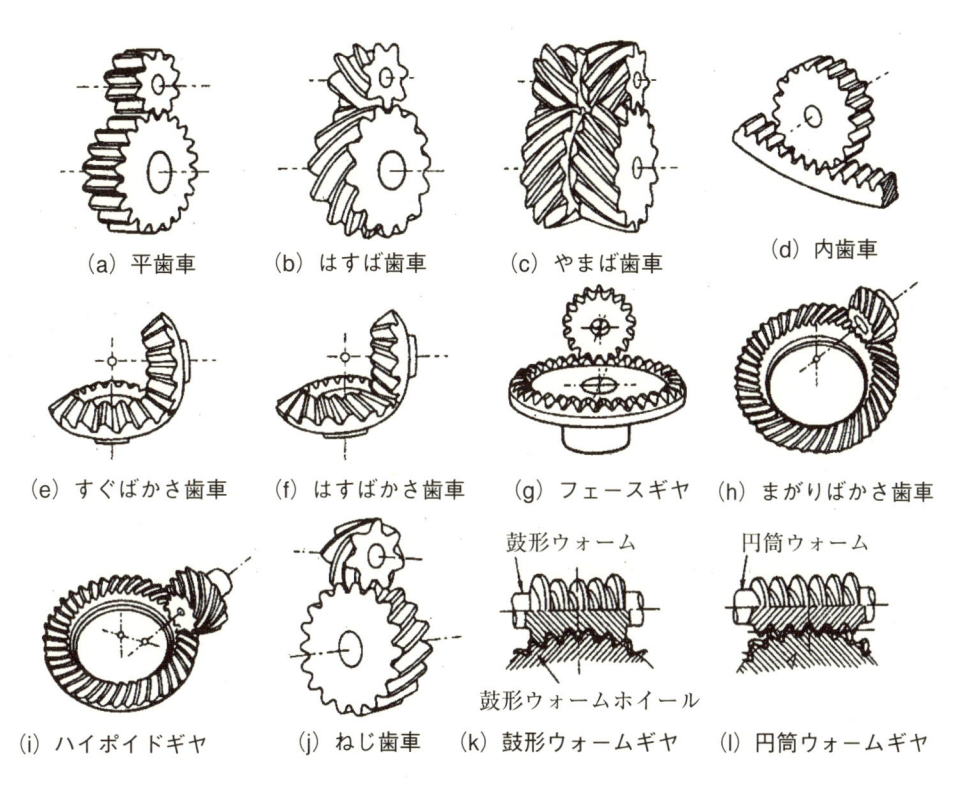

(a) 平歯車　(b) はすば歯車　(c) やまば歯車　(d) 内歯車

(e) すぐばかさ歯車　(f) はすばかさ歯車　(g) フェースギヤ　(h) まがりばかさ歯車

(i) ハイポイドギヤ　(j) ねじ歯車　(k) 鼓形ウォームギヤ　(l) 円筒ウォームギヤ

図5.16　各種歯車の形状

表5.8　歯車の種類と特徴および工作法

名　称	2軸の相対位置	歯の接触	工作機械・その他
平歯車	平　行	直　線	ホブ盤・歯車形削り盤
内歯車		直　線	歯車形削り盤
はすば歯車		直　線	ホブ盤・歯車形削り盤
やまば歯車		直　線	ホブ盤・歯車形削り盤
ラック		直　線	フライス盤
すぐばかさ歯車	交　差	直　線	かさ歯車歯切盤
まがりばかさ歯車		直　線	まがりばかさ歯車歯切盤
ハイポイドギヤ	平行でもなく交差もしない	曲　線	グリーソン・クリンゲルンベルヒ特殊歯切盤
ねじ歯車		点	2個のはすば歯車を使用する
ウォームギヤ		点	ウォームは旋盤、ウォームホイールはホブ盤

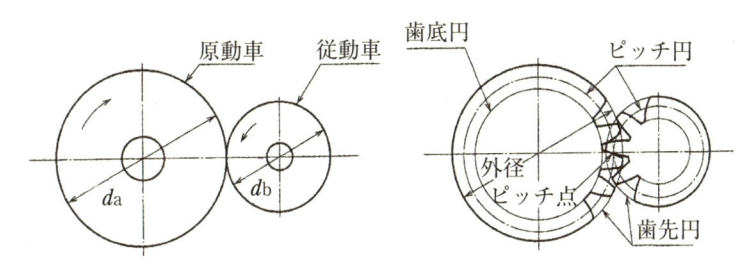

図5.17　摩擦車と歯車

歯車と小歯車の歯形は両歯車のピッチ円の交点で接触し、この点を**ピッチ点**という。

（3）歯形曲線

歯車の歯形曲線には、インボリュート（involute）とサイクロイド（cycloid）がある。インボリュート曲線を用いた歯形は製作が容易で、かつ歯車の中心距離が少々変わっても、なめらかなかみ合いが保たれるので、動力伝達用の歯車をはじめとして、ほとんどの歯車に用いられている。

1）インボリュート曲線の描き方

インボリュート曲線は、糸巻きに巻いた糸の先端を、ぴんと張りながらほどいていくときにその先端が描く軌跡である。

描き方を示すと以下のとおりである（図5.18）。

① 糸巻きに相当する基礎円を描き、円周を適当に等分する（図では12等分）。

② 図のようにA点より、基礎円の円周の長さと等しい接線ABを引き、長さ$\widehat{A1} = A1'$、$\widehat{A2} = A2'$、$\widehat{A3} = A3'$、…、とする。

③ 円周上の各等分点から円に接線を引き、長さ$11'' = A1'$、$22'' = A2'$、$33'' = A3'$、…、となる点$1''$、$2''$、$3''$、…、をとり、これらの点を雲形定規などでなめらかな線でつなぐ。

図5.19は、インボリュート曲線をもとにした歯形を示す。JISでは、インボリュート歯

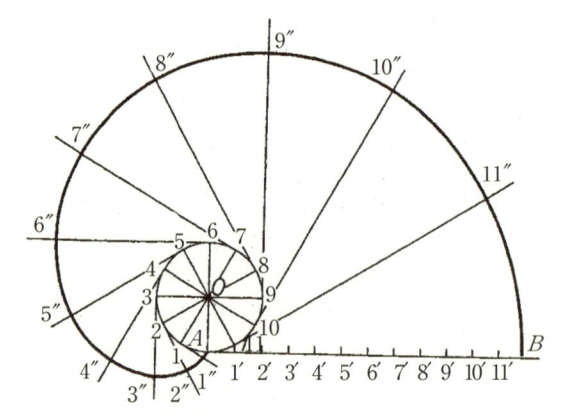

図5.18　インボリュート曲線

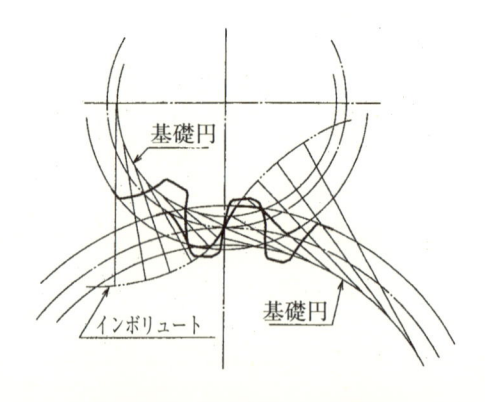

図5.19　インボリュート歯形

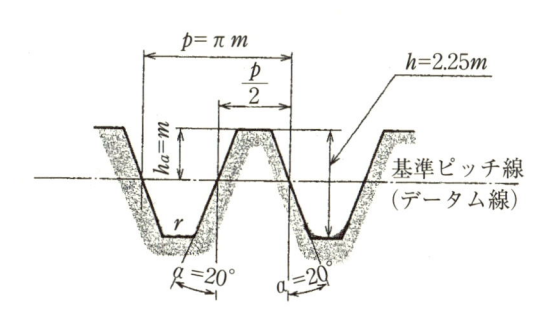

図5.20　標準基準ラック歯形（JIS B 1701）

形を規定しており、歯数 $Z=\infty$、ピッチ円直径 $d=\infty$ の歯車に相当する基準ラックの歯直角断面形状を標準基準ラック歯形といい、図5.20に寸法、形状を示す。

（4）歯車各部の名称
1）ピッチ円直径とピッチ
図5.21は、平歯車の各部の名称を示したものである。
歯数を Z とすると、ピッチ円直径 d [mm]、ピッチ p との間には、つぎの関係がある。

$$p = \frac{\text{ピッチ円周}}{\text{歯数}} = \frac{\pi d}{Z} \text{ [mm]} \tag{5.1}$$

2）モジュール
式（5.1）で、ピッチ円直径を歯数で割った値は、ピッチが一定であれば常に一定であることがわかる。

ピッチは円周率 π を含むので、数値が複雑となり扱いにくい。そのために、d/Z、すなわち p/π を**モジュール**（module：記号 m）といい、歯形の大きさを表す尺度に使っている。

$$m = \frac{d}{Z} = \frac{p}{\pi} \text{ [mm]} \tag{5.2}$$

歯車を選択する上で、モジュールの標準値（JIS B 1701:1999）が**表5.9**のように規定されている。

（5）標準平歯車の基本
図5.21で歯末のたけ h_a をモジュール m に等しく設定した歯車を**標準平歯車**、その歯形を**並歯**という。

標準平歯車の場合は、歯元のたけ h_f は $1.25m$ にとることになっているので、それぞれつ

表5.9 モジュールの標準値

(単位：mm)

第1系列	第2系列	第1系列	第2系列
0.1			3.5
	0.15		4.5
0.2	0.25	4	5.5
0.3	0.35	5	
0.4	0.45	6	
0.5	0.55		7
0.6	0.7	8	9
		10	11
	0.75	12	14
0.8	0.9	16	18
1	1.125	20	22
1.25	1.375	25	28
1.5	1.75	32	36
2	2.25	40	45
2.5	2.75	50	
3			

備考：第1系列を優先的に、必要に応じて第2系列から選ぶ。
（JIS B 1701：1999による）

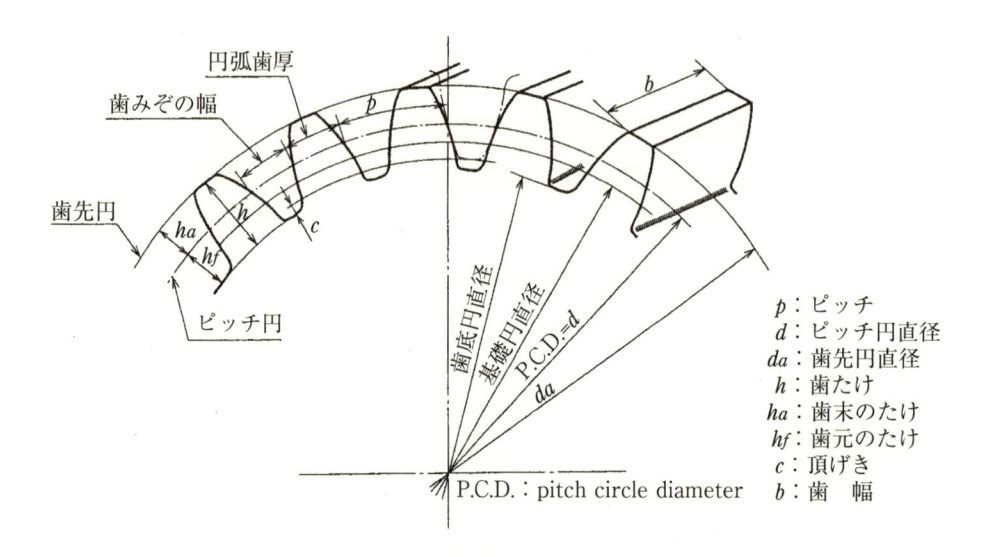

p：ピッチ
d：ピッチ円直径
da：歯先円直径
h：歯たけ
ha：歯末のたけ
hf：歯元のたけ
c：頂げき
b：歯幅

P.C.D.：pitch circle diameter

図5.21 標準平歯車の各部の名称

ぎの関係が成り立つ。

 歯末のたけ $h_a = m$
 歯元のたけ $h_f = 1.25m$
 歯たけ $h = h_a + h_f = m + 1.25m = 2.25m$
 歯先円直径 $d_a = d + 2h_a = Zm + 2m = (Z+2)m$
 頂げき $c = h_f - h_a = 1.25m - m = 0.25m$
 円弧歯厚 $s = p/2 = \pi m/2$
 歯底円直径 $d_f = d - 2h_f = Zm - 2.5m = (Z-2.5)m$

(6) 歯車の図示法

歯車製図は、ねじ製図と同様に略画法によって行う。図5.16に示したように、歯車の種類は多いが、いずれの歯車も基本的な図示法は同じである。したがって、まず平歯車についてしっかり理解しておけば、他の種類の歯車についても付け加える程度で理解できる。

1）平歯車

歯車の製図は、歯切り作業に必要な事項がかかれた要目表と、歯車素材（歯切り作業前の材料で、すべての機械加工が終った状態）を製作するのに必要な形状・寸法が記入された図を作りあげることである。

（a）図示法

歯車は、**図5.22**に示すように、略画法によって製図する。

① 歯車は、一般に軸に直角な方向から見た図を正面図に選ぶ。正面図・側面図とも、図に示すように歯先の線は、太い実線でかき、ピッチ円・ピッチ線は、細い一点鎖線でかく。
② 歯底円は細い実線でかくが、側面図では省略することができる。
③ 正面図を断面で図示するときは、歯は切断せずに歯底のところを太い実線でかく（図5.7の正面図は、上部を断面図示している）。

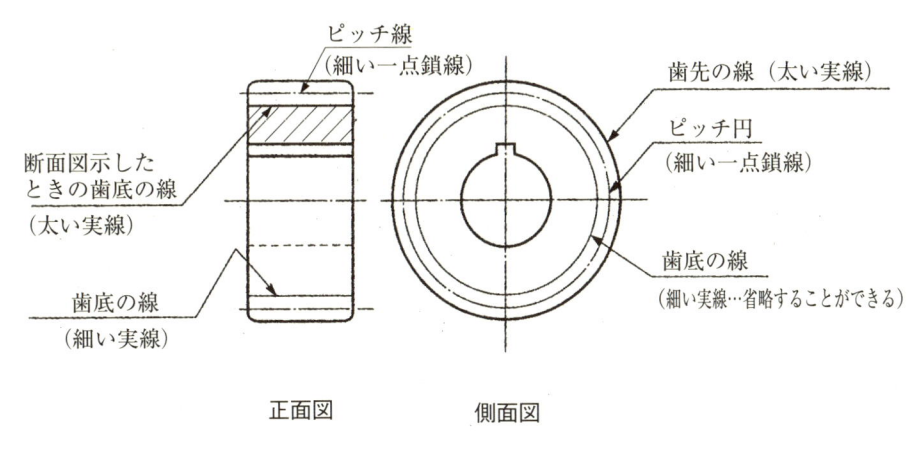

図5.22 平歯車の図示

④ かみあう1対の歯車の図示は、図5.23に示すように、側面図のかみあい部の歯先円をいずれも太い実線でかく。したがって、歯先円は交差する。正面図を断面図示するときはかみあい部の一方の歯先を示す線は破線でかく。

⑤ 歯車列の正面図は、展開して図示する場合がある。この場合、歯車の中心線の位置は、図5.24に示すように、側面図と一致しないことになる。

⑥ 歯の位置を示す必要があるときは、図5.25のように示す。また、加工のときに、特に基準面を考える必要があるときには、その場所をデータムの記号で示す。

平歯車に限らず、組立図などにかかれる歯車は、図5.26のような簡略図を用いる。

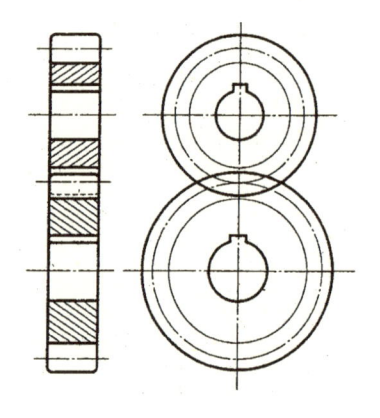

図5.23 かみあう1対の歯車の図示

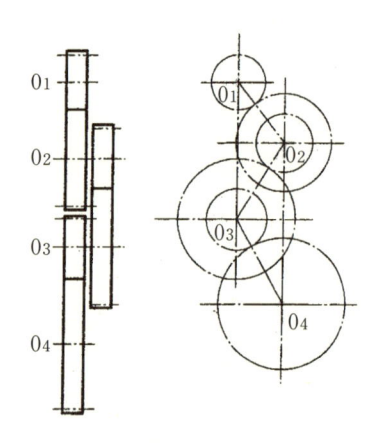

図5.24 歯車列の図示

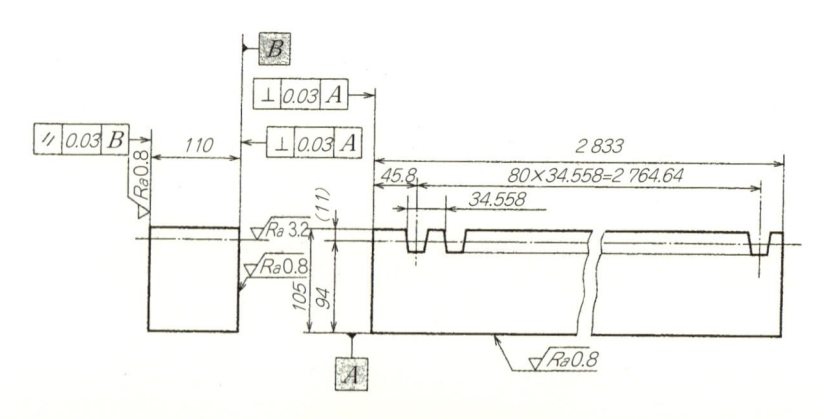

図5.25 歯の位置の記入例

5.2 歯車

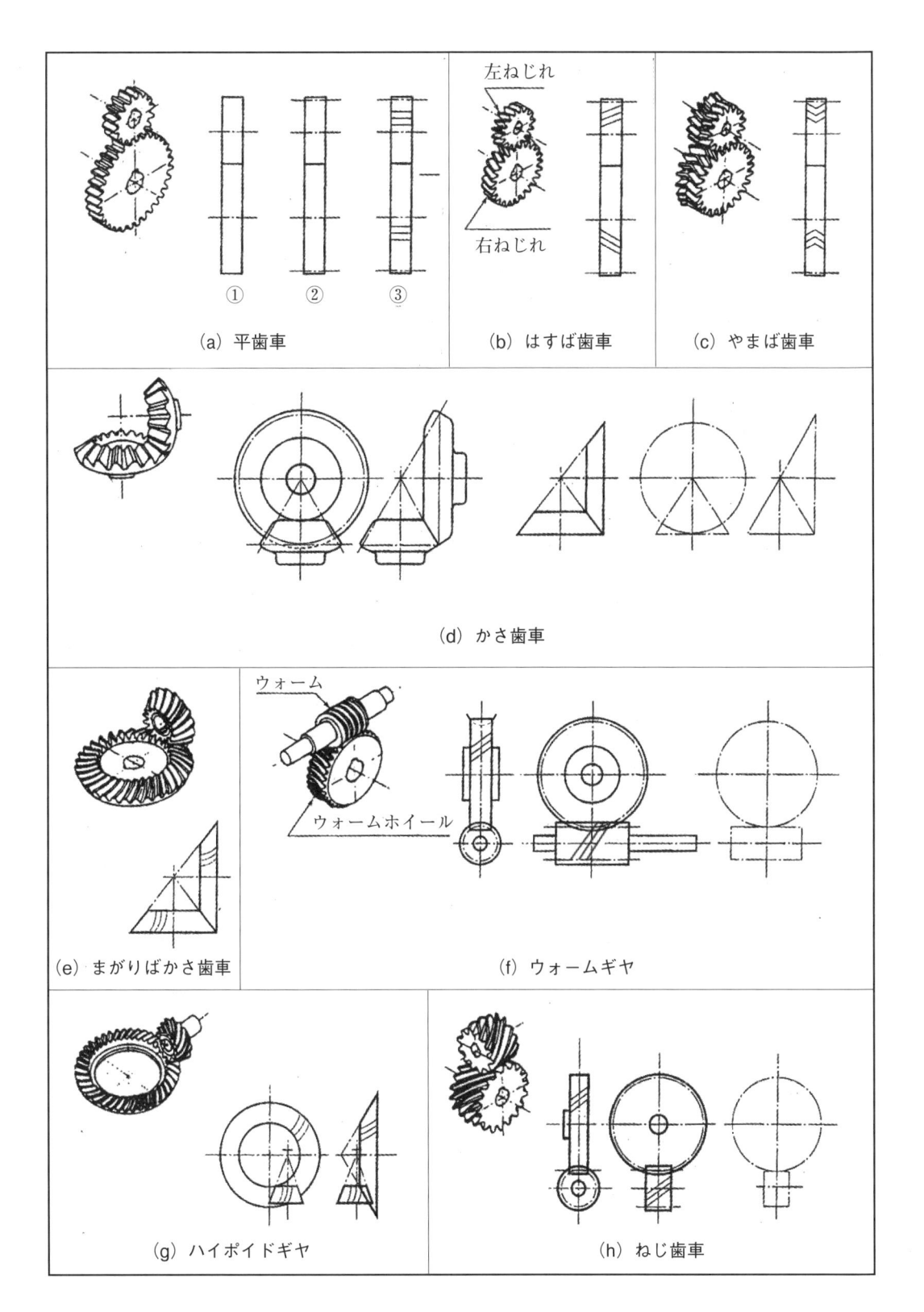

(a) 平歯車　　① ② ③

左ねじれ
右ねじれ

(b) はすば歯車

(c) やまば歯車

(d) かさ歯車

(e) まがりばかさ歯車

ウォーム
ウォームホイール

(f) ウォームギヤ

(g) ハイポイドギヤ

(h) ねじ歯車

図5.26　かみあう各種歯車の略図

(b) 寸法と要目表

図5.27は、平歯車の図例と要目表の記入例である。歯車の部品図は、表および図を併用することとし、図中の記入文字は、歯車素材を製作するのに必要な寸法だけにとどめて歯切りに必要な、歯数・ピッチ円直径・歯厚などは要目表に記入する。

要目表の各欄にはつぎの内容のことを記入する。

① 歯車歯形：標準・転位などの区別を記入する。
② 工具の歯形：並歯、低歯[※1]などの区別を記入する。工具歯形修整の場合には、備考欄に"修整"と記入し、修整歯形の図示をする。

   ※1 歯たけが並歯より低い歯形。歯末のたけがモジュールの0.8倍のものが多い。

③ 工具のモジュール：モジュールを記入する。特にピッチで歯の大きさを表すときには題名を工具のピッチとする。
④ 基準ピッチ円直径：歯数×モジュールの数値を記入する。ただし、歯直角方式[※2]のはすば歯車では、（歯数×モジュール）/cos β の数値を記入する（βはねじれ角）。

   ※2　209頁脚注参照

要　目　表　　　　　（単位：mm）

平　歯　車			
歯車歯形	標準	仕上方法	ホブ切り
基準ラック 歯　形	並歯	精　度	JIS B 1702-1 9級
基準ラック モジュール	6	相手歯車転位量	0
基準ラック 圧力角	20°	相手歯車歯数	50
基準ラック 歯　数	18	中心距離	204
基準ピッチ円直径	108	備考 バックラッシ	
転位量	0	備考 ＊材　料	
歯たけ	13.50	備考 ＊熱処理	
歯厚 またぎ歯厚		備考 ＊硬　さ	

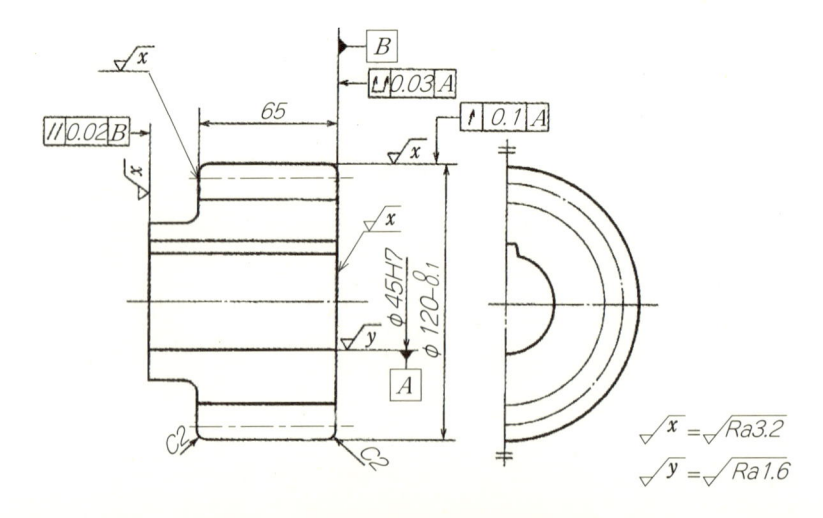

$\sqrt{x} = \sqrt{Ra3.2}$

$\sqrt{y} = \sqrt{Ra1.6}$

図5.27　平歯車の図例と要目表の記入例

⑤ 歯　厚：計測基準寸法と、その寸法許容差を示す。特に歯厚の寸法測定法などを示す場合には、**図5.28**のように図示する。

⑥ 仕上方法：歯車の工作法や使用機械などの指示が必要なとき記入する。

⑦ 精　度：歯車の最終精度を示す。平歯車とはすば歯車の精度は、ピッチ誤差、歯形誤差などで、0〜12級の13等級にわけ、JIS B 1702：1998で規定されている。

⑧ 備　考：転位係数、相手歯車の転位係数、相手歯車の歯数、相手歯車との距離、かみあい圧力角、かみあいピッチ円直径、標準切込み深さ、バックラッシ、熱処理および必要に応じて周速度などを記入する。

要目表のうちで * 印をつけた項目は歯切りするのに必要であるから、平歯車以外の歯車についても必ず記入することになっている。他の項目は必要に応じて記入する。

製図例1は、一般用平歯車の製作図である。歯のかみ合い面の表面性状は、正面図のピッチ線上に記入する。要目表は最小限の要目を記入してあり、要目表の位置は適当に決める。

2）はすば歯車

図5.29は、はすば歯車の図例である。はすば歯車の製図は、平歯車とだいたい同じように描くが、歯すじを図示する必要がある。歯すじおよびねじれの方向を図示するのは、左ねじれの場合を例に示すと、図5.29のように正面図に、3本の細い実線（断面にしたときは細い2点鎖線）を右上がりに描く（**表5.10**）。

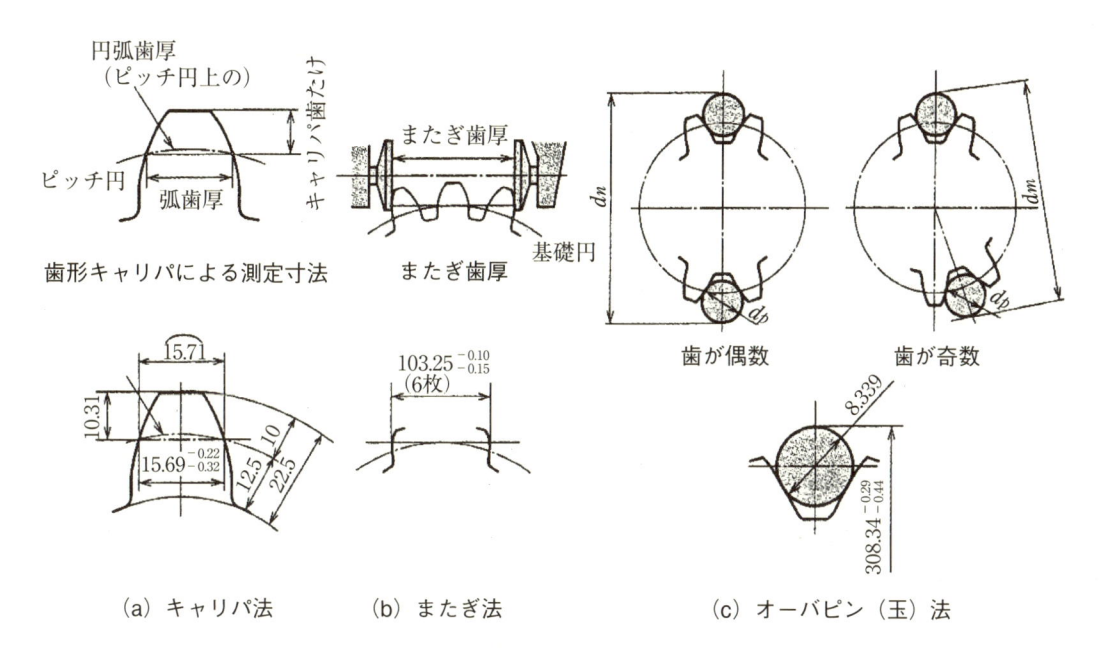

図5.28　歯車の測定法と記入例

(a) キャリパ法　　(b) またぎ法　　(c) オーバピン（玉）法

第5章 機械要素の製図

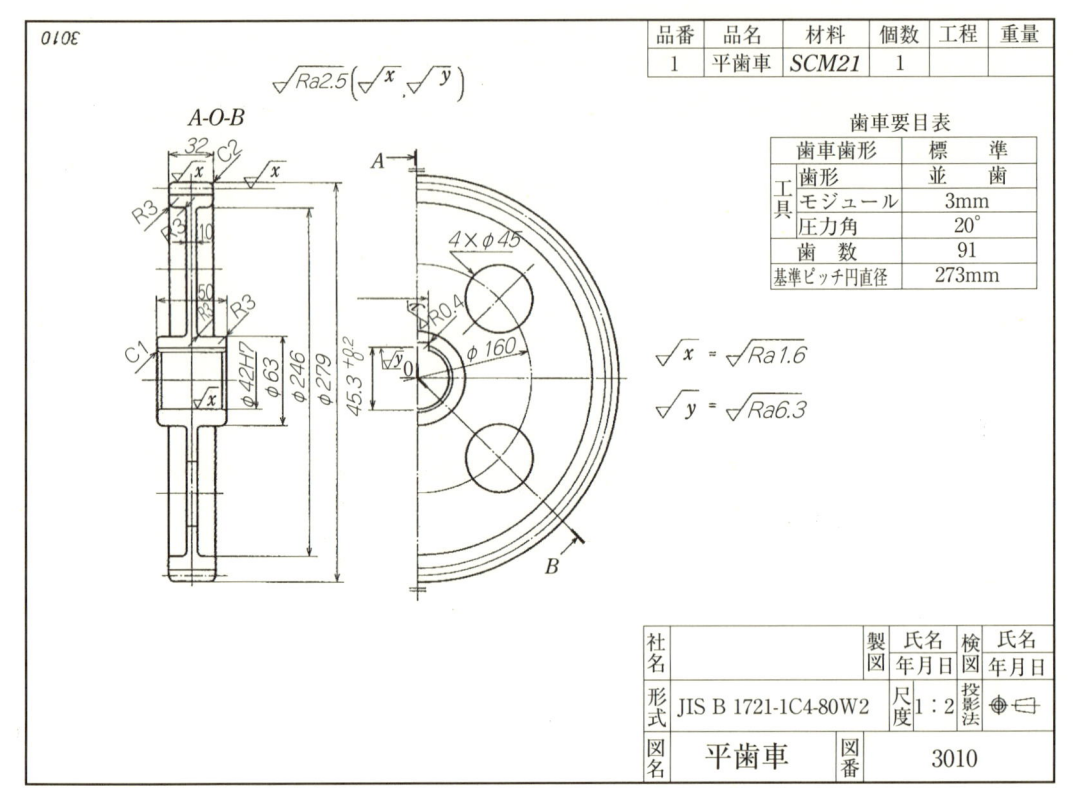

製図例1

品番	品名	材料	個数	工程	重量
1	平歯車	SCM21	1		

歯車要目表

歯車歯形	標 準
歯形	並 歯
モジュール	3mm
圧力角	20°
歯数	91
基準ピッチ円直径	273mm

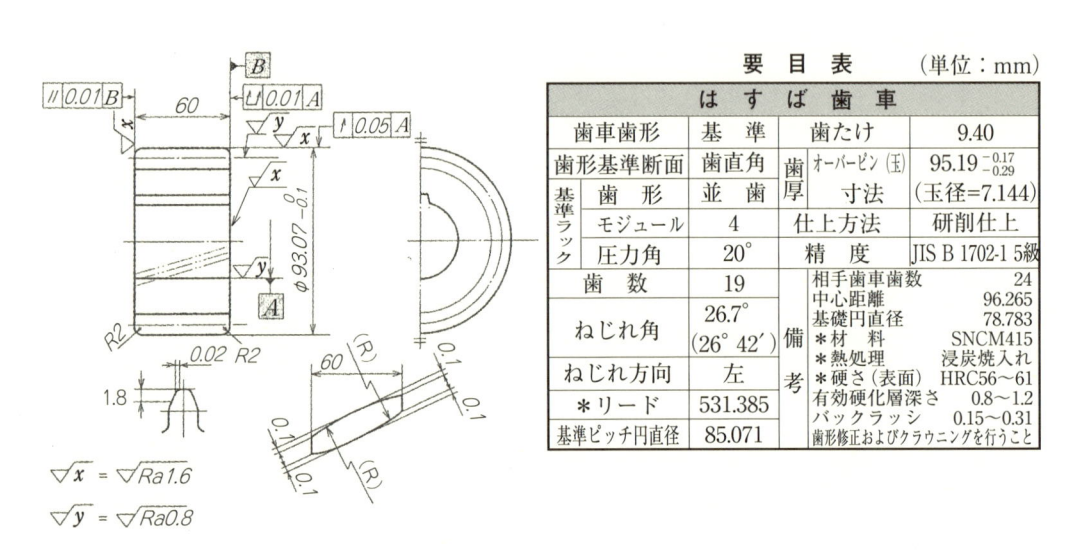

$\sqrt{x} = \sqrt{Ra1.6}$
$\sqrt{y} = \sqrt{Ra6.3}$

形式	JIS B 1721-1C4-80W2	尺度	1:2	投影法	
図名	平歯車	図番	3010		

図5.29 はすば歯車の図例

要 目 表　（単位：mm）

はすば歯車			
歯車歯形	基準	歯たけ	9.40
歯形基準断面	歯直角	オーバーピン(玉)寸法	95.19 $^{-0.17}_{-0.29}$ (玉径=7.144)
歯形	並 歯	仕上方法	研削仕上
モジュール	4	精度	JIS B 1702-1 5級
圧力角	20°	相手歯車歯数	24
歯数	19	中心距離	96.265
ねじれ角	26.7° (26° 42′)	基礎円直径	78.783
ねじれ方向	左	*材料	SNCM415
*リード	531.385	*熱処理	浸炭焼入れ
基準ピッチ円直径	85.071	*硬さ(表面)	HRC56〜61
		有効硬化層深さ	0.8〜1.2
		バックラッシ	0.15〜0.31
		歯形修正およびクラウニングを行うこと	

$\sqrt{x} = \sqrt{Ra1.6}$
$\sqrt{y} = \sqrt{Ra0.8}$

要目表には、歯形基準平面を設け、歯形が歯直角方式[※3]によるか、軸直角方式によるかを明示する。

※3 はすばラックの歯形は、歯直角方式ではラックの歯すじに直角な断面（歯直角断面）の歯形が、軸直角方式では歯車軸に直角な断面（軸直角断面）の歯形が、図5.28の標準基準ラック歯形になるように規定している。一般には、歯直角方式が多く用いられ、ホブ切りのはすば歯車はこれに属する。

表5.10には、歯直角方式のはすば歯車の計算式と、その歯車の軸直角断面における寸法を求める式を示す。

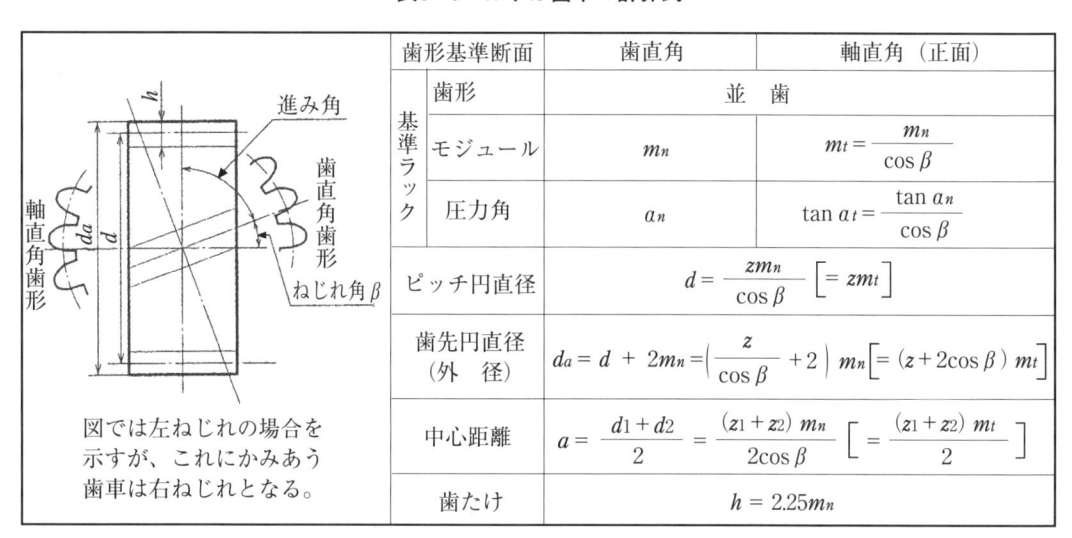

表5.10 はすば歯車の計算式

歯形基準断面		歯直角	軸直角（正面）
基準ラック	歯形	並 歯	
	モジュール	m_n	$m_t = \dfrac{m_n}{\cos \beta}$
	圧力角	α_n	$\tan \alpha_t = \dfrac{\tan \alpha_n}{\cos \beta}$
ピッチ円直径		$d = \dfrac{z m_n}{\cos \beta} \; [= z m_t]$	
歯先円直径（外径）		$d_a = d + 2m_n = \left(\dfrac{z}{\cos \beta} + 2 \right) m_n \left[= (z + 2\cos \beta) \, m_t \right]$	
中心距離		$a = \dfrac{d_1 + d_2}{2} = \dfrac{(z_1 + z_2) \, m_n}{2\cos \beta} \left[= \dfrac{(z_1 + z_2) \, m_t}{2} \right]$	
歯たけ		$h = 2.25 m_n$	

図では左ねじれの場合を示すが、これにかみあう歯車は右ねじれとなる。

まとめ

① ピッチ円直径を歯数で割った値は、モジュールといい、歯形の大きさを表す。

② 標準平歯車は、歯末のたけがモジュールと等しい歯車であり、歯元のたけはモジュールの1.25倍にする。

③ 歯車の部品図は、要目表および製作図を併用することとし、図中の記入文字は、歯車素材を製作するのに必要な寸法だけにとどめて、歯切りに必要な、歯数・ピッチ円直径・歯厚などは要目表に記入する。

④ 歯車は、一般に軸に直角な方向から見た図を正面図に選ぶ。正面図・側面図とも、歯先の線は、太い実線で描き、ピッチ円・ピッチ線は、細い一点鎖線で描く。

5.3 軸・キーおよびピン・軸継手

> **チェックポイント**
> ① 動力や回転運動を伝達する機械要素を理解する。
> ② 軸の直径は、JIS規格で規定されている。
> ③ キーおよびピンは軸に他の機械要素を取り付けるのに使われる。
> ④ 電動軸と機械装置の主軸などを直結するのに、2軸の軸線が一致している、わずかにずれている、かなりずれている、それぞれの場合に適した軸継手がある。

(1) 軸

軸は、回転運動により動力を伝達するための機械要素である。

軸を形状によって分類すると、車軸・伝導軸などに用いられる直軸、往復機関に用いられるクランク軸、伝動軸にたわみ性をもたせて、軸方向を自由に変えたり、衝撃を緩和したりするようにしたたわみ軸がある。

図5.30は、直軸とクランク軸を示す。

(2) 軸の図示と寸法記入の仕方

軸の直径は、設計の段階で各種の強度計算を行って求めるが、最終的には、表5.11に示すように、「軸の直径」(JIS B 0901：1977) から選ぶ。表5.11によって求めた軸の図例を図5.31に示す。

直軸の場合、一般には図5.31に示すような段付き構造をしているが、これは段のついた各部に歯車、ころがり軸受などの機械部品がはまりあうのに適した構造とするためである。

軸の両端の部分は、特に軸端と呼ばれ、プーリ・軸継手などをはめあわせることが多くある。表5.12は、回転軸用の軸端のうち、はめあい部が円筒形で、その直径が130mmまでのものについて、「円筒軸端」(JIS B 0903：1977) の規格を示す。

表5.12には、軸端の長さにより短軸端と長軸端の2種類があること、また沈みキー（後述）を用いる場合、キー溝の加工法によって軸の形状が異なることを示している。

軸の段付き部のすみの丸みや軸を研削仕上げするための逃げは、図5.32に示すように、丸みの場合は、半径 $r = (0.3～0.5) s$、逃げの量は約0.2mmにとるのがよいとされている。

円すい軸端は、図5.33に示すように、1/10のテーパをつけた形状が「1/10円すい軸端」(JIS B 0904：1995) に規定されている。この軸端にも短軸端と長軸端がある。この部分にはまるボスを固定するには、キーのほかにナットやねじを用いるが、円すい軸端の各部の寸法は、規格を参照する。

5.3 軸・キーおよびピン・軸継手

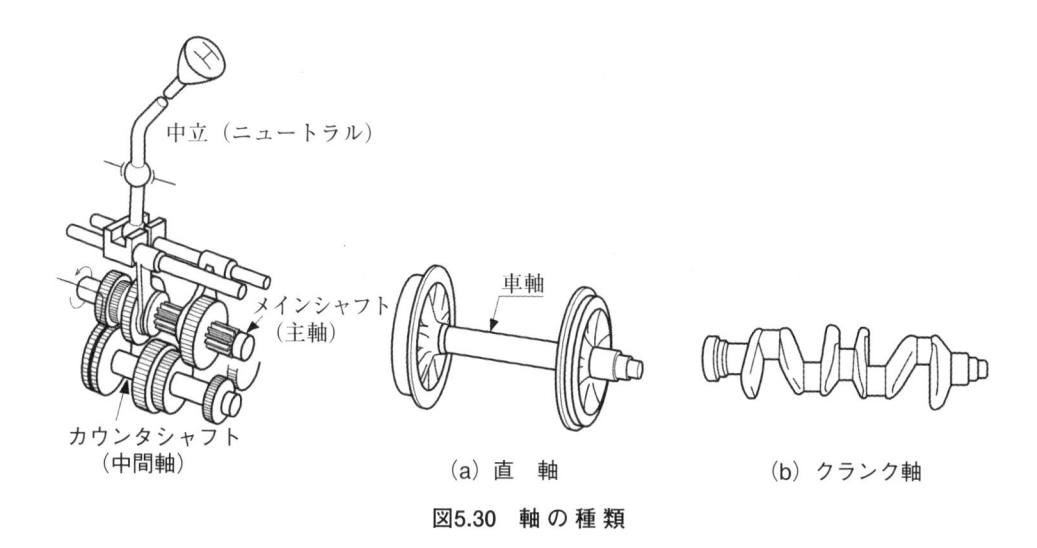

図5.30 軸の種類
(a) 直 軸
(b) クランク軸

表5.11 軸の直径（JIS B 0901）

（単位：mm）

4	14	35	75	170	360
4.5	15	35.5	80	180	380
5	16	38	85	190	400
5.6	17	40	90	200	420
6	18	42	95	220	440
6.3	19	45	100	224	450
7	20	48	105	240	460
7.1	22	50	110	250	480
8	22.4	55	112	260	500
9	24	56	120	280	530
10	25	60	125	300	560
11	28	63	130	315	600
11.2	30	65	140	320	630
12	31.5	70	150	340	
12.5	32	71	160	355	

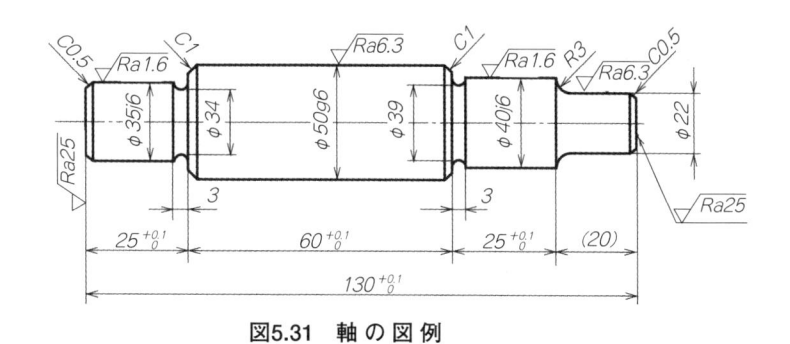

図5.31 軸の図例

表5.12 円筒軸端の形状および寸法（JIS B 0903）

段のない場合　　　　段付きの場合　　　沈みキーを用いる場合の例
　　　　　　　　　　　　　　　　　　（エンドミル加工）（みぞフライス加工）
　　　　　　　　　　　　　　　　　　　　キーの呼び寸法 $b \times h$

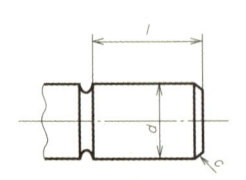

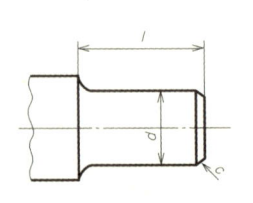

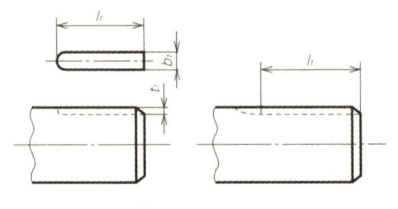

（単位　mm）

軸端の直径 A	軸端の長さ l		直径 d の許容差	（参考）端部の面取り C	軸端の直径 A	軸端の長さ l		直径 d の許容差	（参考）端部の面取り C
	短軸端	長軸端				短軸端	長軸端		
6	—	16		0.5	42	82	110		1
7	—	16	j6	0.5	45	82	110	k6	1
8	—	20		0.5	48	82	110		1
9	—	20		0.5	50	82	110	k6	1
10	20	23	j6	0.5	55	82	110		1
11	20	23		0.5	56	82	110	m6	1
12	25	30		0.5	60	105	140		1
14	25	30	j6	0.5	63	105	140	m6	1
16	28	40		0.5	65	105	140		1
18	28	40		0.5	70	105	140		1
19	28	40	j6	0.5	71	105	140	m6	1
20	36	50		0.5	75	105	140		1
22	36	50		0.5	80	130	170		1
24	36	50	j6	0.5	85	130	170	m6	1
25	42	60		0.5	90	130	170		1
28	42	60	j6	1	95	130	170		1
30	58	80		1	100	165	210	m6	1
32	58	80	k6	1	110	165	210		2
35	58	80		1	120	165	210		2
38	58	80	k6	1	125	165	210	m6	2
40	82	110		1	130	200	250		2

備考　1．この表は抜すいで、JIS は 630mm まで規定している。

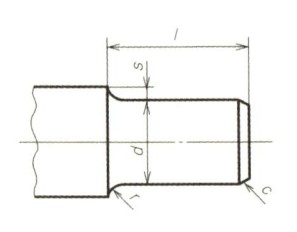

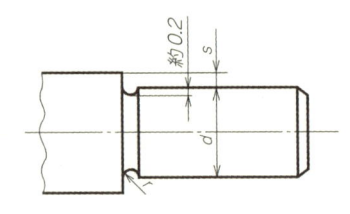

　（a）丸み r をとる　　　（b）軸端を研削加工　　　（c）軸端を研削加工
　　　　　　　　　　　　　　　　　　　　　　　　　　　　（長さ l に余裕がある）

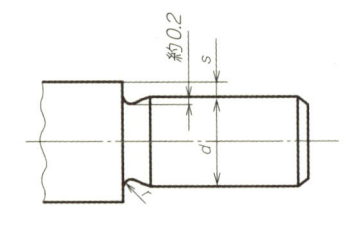

図5.32　円筒形軸端の段付部の形状

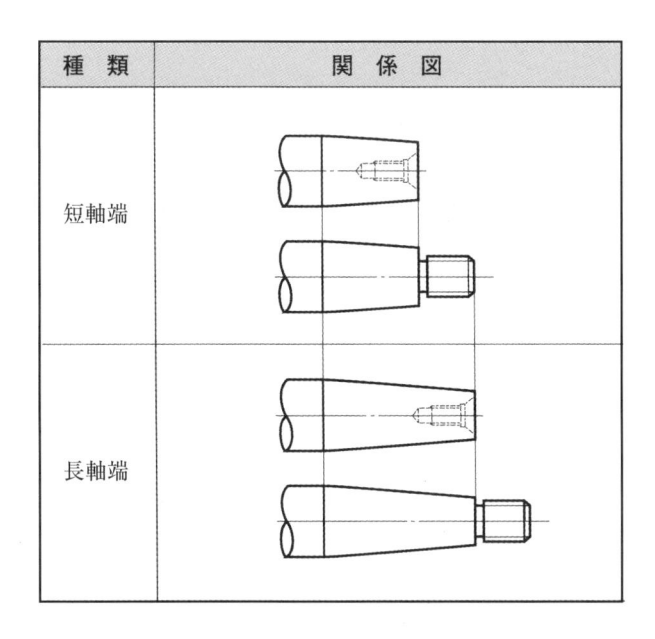

図5.33 円すい軸端の種類

表5.13 キーの種類および記号

形　状		記号
平行キー	ねじ用穴なし	P
	ねじ用穴付き	PS
こう配キー	頭なし	T
	頭付き	TG
半月キー	丸底	WA
	平底	WB

表5.14 キーによる軸・ハブの結合

形　状	説　明	適用するキー
滑動形	軸とハブとが相対的に軸方向に滑動できる結合	平行キー
普通形	軸に固定されたキーにハブをはめ込む結合	平行キー、半月キー
締込み形	軸に固定されたキーにハブを締め込む結合[1]または組み付けられた軸とハブの間にキーを打ち込む結合	平行キー、こう配キー 半月キー

注 [1] 選択はめあいが必要である。

（3）キーおよびキー溝の種類と形状・規格

　キーは、回転軸にプーリや歯車などを取り付けるのに使われ、表5.13に示す6種類がキーおよびキー溝（JIS B 1301：1996）に規定されている。キーは、回転軸およびプーリなどのボスのキー溝に挿入され取り付けられる。このキーと挿入する軸およびボスのキー溝との寸法許容差はそれらの結合の形式によって、表5.14に示す3種類がある。

　図5.34は、各種キーの取付例を示す。同図（a）に示すキーは、ねじ用穴なし平行キーで、工作が簡単でトルクの伝達が確実で最も広く使われている。同図（d）は、ねじ用穴付き平行キーで、同図（e）に示すように軸上をボスが軸方向に移動する場合などに使用する。

また、ハブと軸をしっかり結合する場合には、ハブのキー溝だけキーのこう配と等しい1/100のこう配をつけたこう配キーが使われる。こう配キーには、同図（b）の頭なしこう配キーと、同図（c）に示すこう配キーに打ち込むための頭をつけた頭付きこう配キーがある。

同図（f）は、半月キーで、半月形の板状のキーを軸に削った半月状のキー溝に入れて

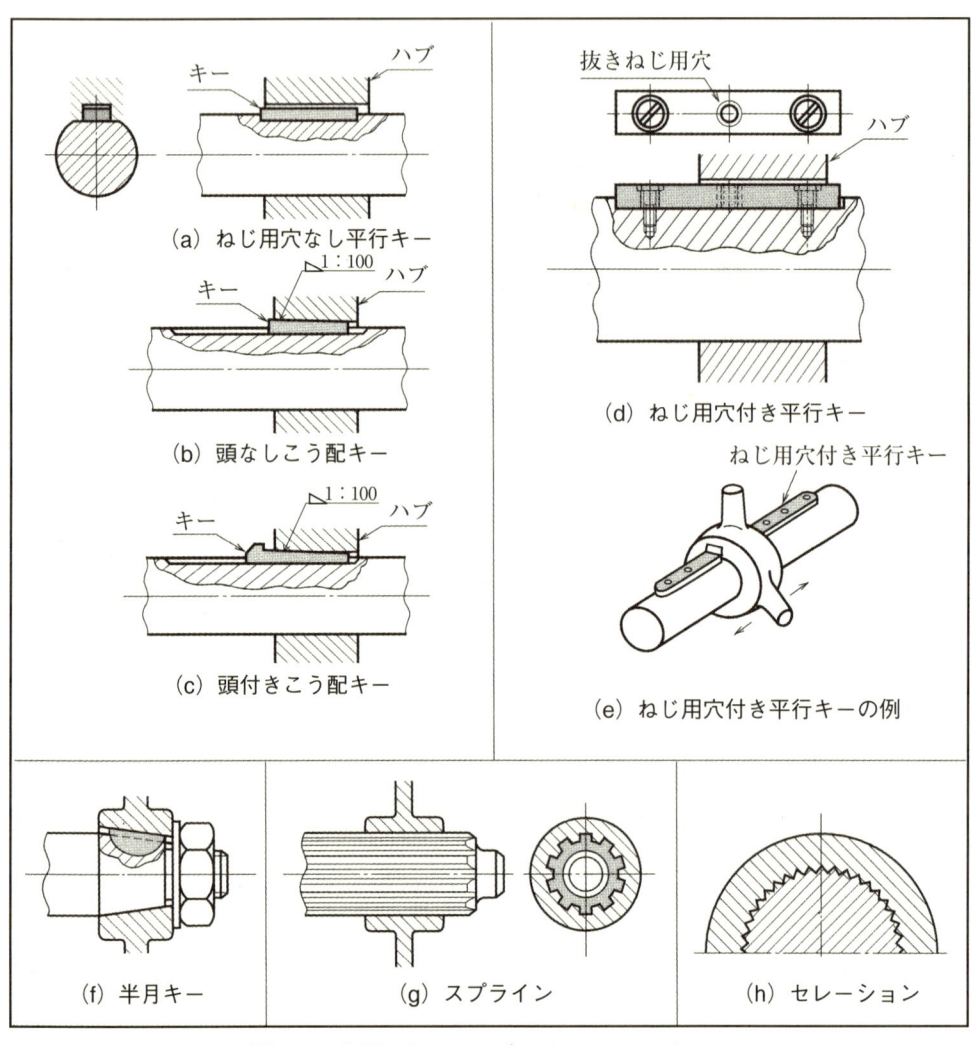

(a) ねじ用穴なし平行キー
(b) 頭なしこう配キー
(c) 頭付きこう配キー
(d) ねじ用穴付き平行キー
(e) ねじ用穴付き平行キーの例
(f) 半月キー
(g) スプライン
(h) セレーション

図5.34　各種のキー・スプライン・セレーション

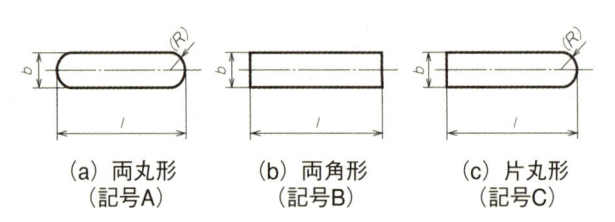

(a) 両丸形（記号A）
(b) 両角形（記号B）
(c) 片丸形（記号C）

備考　丸形の端部は、受渡し当事者間の協定によって大きい面取りとしてもよい。

図5.35　キーの端部の形状

使用する。このキーは、取り付けのときに自動的に調心されるので、テーパ軸に適している。

同図(g)は、軸に平行にキー状の歯を等間隔に削り出した角形スプラインで、ボスにはこれにはまりあう溝を切る。このようにすれば、キーと同様の働きをするばかりでな

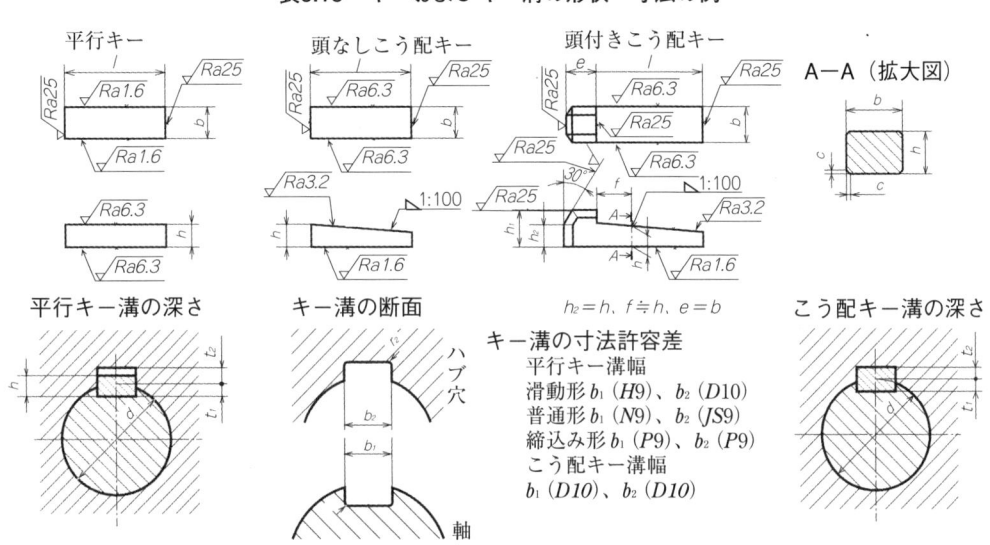

表5.15 キーおよびキー溝の形状・寸法の例

キー溝の寸法許容差
平行キー溝幅
滑動形 b_1($H9$)、b_2($D10$)
普通形 b_1($N9$)、b_2($JS9$)
締込み形 b_1($P9$)、b_2($P9$)
こう配キー溝幅
b_1($D10$)、b_2($D10$)

(単位：mm)

キーの呼び寸法 $b \times h$	キーの寸法					キー溝の寸法					適応する軸径(b 参考)	
	b	h	h_1	c	l	b_1, b_2	r_1, r_2	t_1	t_2 平行キー	t_2 こう配キー	を超え	以下
5×5	5	5	8		10～56	5		3.0	2.3	1.7	12～17	
6×6	6	6	10	0.25	14～70	6	0.16	3.5	2.8	2.2	17～22	
(7×7)[1]	7	7	10	～0.40	16～80	7	～0.25	4.0	3.0	2.3	20～25	
		(7.2)[2]										
8×7	8	7	11		18～90	8		4.0	3.3	2.4	22～30	
10×8	10	8	12		22～110	10		5.0	3.3	2.4	30～38	
12×8	12	8	12		28～140	12		5.0	3.3	2.4	38～44	
14×9	14	9	14	0.40	36～160	14	0.25	5.5	3.8	2.9	44～50	
(15×10)	15	10	15	～0.60	40～180	15	～0.40	5.0	5.0	5.0	50～55	
		(10.2)										
16×10	16	10	16		45～180	16		6.0	4.3	3.4	50～58	
18×11	18	11	18		50～200	18		7.0	4.4	3.4	58～65	
20×12	20	12	20		56～220	20		7.5	4.9	3.9	65～75	
22×14	22	14	22	0.60	63～250	22	0.40	9.0	5.4	4.4	75～85	
(24×16)	24	16	24	～0.80	70～280	24	～0.60	8.0	8.0	8.0	80～90	
		(16.2)										
25×14	25	14	22		70～280	25		9.0	5.4	4.4	85～95	

注 l の数値は次の中から表の範囲内のものを選ぶ。
　　8、10、12、14、16、18、20、22、25、28、32、36、40、45、50、56、63、70、80、90、100、110、125、140、160、180、200、220、250、280
(1) 呼び寸法で ( ) をつけたものは、なるべく使用しない。軸径12mm未満、95mmを超えるものは省略。
(2) キーの寸法で h で ( ) をつけたものは、こう配キー・頭付きこう配キーの寸法である。

備考 1. こう配キーを用いる場合、ハブのキー溝に1/100のこう配をつける。

く、必要に応じてハブを軸方向に移動させることも可能である。大きな特徴は、スプラインの歯と軸が一対となっているので、強固で、しかも数列の歯でトルクを分担するので、キー溝付き軸に比べてはるかに大きなトルクが伝達できる。スプラインには、他にインボリュート平歯車の形をしたインボリュートスプラインがある。

スプラインの歯の形状を小さい山形としたものが同図（h）に示すセレーションで、歯たけが低く、端数も多いのでさらに強固である。したがって、同じ外径のスプラインよりもさらに大きなトルクを伝達することができ、自動車のハンドルの固定などに用いられている。

平行キーの端部は、**図5.35**に示す両丸形（記号A）、両角形（記号B）、片丸形（記号C）の3種類である。ただし、指定がない場合には、両角形とする。平行キーおよびこう配キーのキー、およびキー溝の形状および寸法の例を**表5.15**に示す。

キーの呼び方は、規格番号、種類（またはその記号）および形状寸法による。ただし、ねじ用穴なし平行キーおよび頭なしこう配キーの種類は、それぞれ単に"平行キー"および"こう配キー"と記してもよい。なお、平行キーの端部の形状を示す必要がある場合には、種類の後にその形状（または短線を挟んでその記号）を記入する。

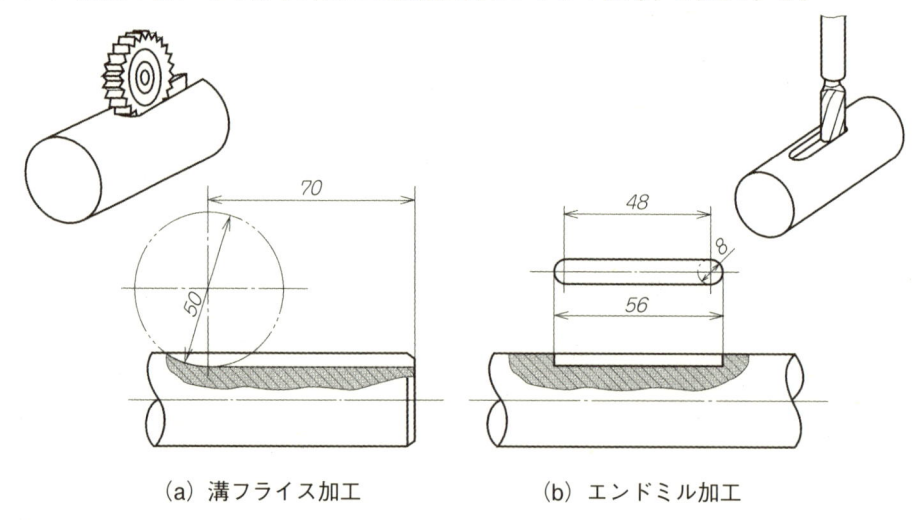

（a）溝フライス加工　　（b）エンドミル加工

図5.36　キー溝の加工

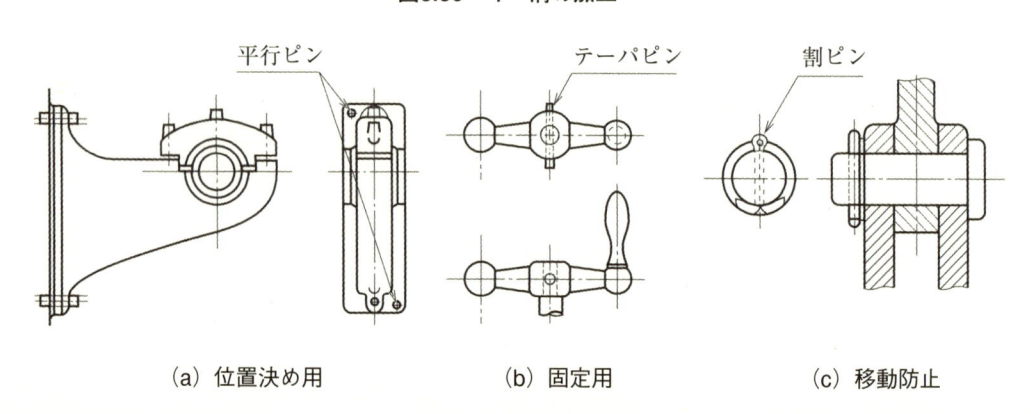

（a）位置決め用　　（b）固定用　　（c）移動防止

図5.37　ピンの使用例

〔例〕　JIS B 1301　ねじ用穴なし平行キー　両丸形　25×14×90
　　　　または、JIS B 1301　P－A　　　　　　　　25×14×90

キー溝端部の形状の加工は、図5.36に示すような溝フライスやエンドミルで行う。

（4）ピン

ピンは、小径の鋼製丸棒で、機械部分の分解、組立の際の取り付け位置を一定にする場合や、ハンドルなどを軸に固定する場合など、あまり力のかからないところに用いる。種類には、平行ピン、テーパピン、割りピンなどがある。図5.37は、ピンの使用例を示す。ピンに関する規格をつぎに示す。

　割りピン　　　　JIS B 1351：1987
　テーパピン　　　JIS B 1352：1988
　平行ピン　　　　JIS B 1354：1988

ピンの呼び方は、①規格番号または規格名称、②等級・種類・形状（テーパピンまたは平行ピンの場合）、③呼び径×長さ、④材料、⑤先端形状（割りピンの場合）の順に示す。

（5）軸継手

軸継手には、フランジ形固定軸継手、フランジ形たわみ軸継手、自在継手などがある。

2軸の中心を一直線上に合わせやすい場合には、鋳鉄または鋳鋼製のフランジをキーで軸に固定し、これをボルトで締め合わせるフランジ形固定軸継手がひろく使われている。

フランジ形たわみ軸継手は、フランジ形固定軸継手の特殊なもので、皮・ゴム・金属薄板など弾力に富んだ材料をなかだちとして軸を連結する。2軸の軸線を正しく一致させにくいときに使われ、また、温度変化による軸の伸縮や、振動が伝わるのを軽減することもできる。

連結しようとする2軸の軸線がある角度で交わる場合には、自在継手が使われる。

フランジ形固定軸継手はJIS B 1451に、フランジ形たわみ軸継手はJIS B 1452に規定されている。

まとめ

① 軸は動力や回転運動を伝達するための機械要素である。
② 強度計算により求めた軸の直径は、「軸の直径」（JIS B 0901：1977）から選択して使用する。
③ 軸に、歯車、プーリなどの機械要素を固定するのにキーを使用する。
④ 軸にハンドルなどあまり力のかからない部品を固定する場合、二つの部品の、抜け止め、位置決めなどに各種のピンを使用する。

5.4 軸　受

> **チェックポイント**
> ① 軸受には、スラスト荷重を主に受けるスラスト軸受とラジアル方向の荷重を主に受けるラジアル軸受に分類できる。
> ② 軸と軸受との相対運動から分けると、滑り軸受と転がり軸受の2種類となる。滑り軸受は、一般に大荷重、衝撃荷重、低速回転に適し、構造が簡単であるが、JIS規格がなく、また潤滑装置が必要である。転がり軸受は、摩擦が小さく、JIS規格があって互換性があり、高速回転に適するが、構造が複雑で寿命も短い。
> ③ 転がり軸受の主要寸法である外形、幅、高さなどは、軸受内径が決まると、外形は直径系列、幅（ラジアル軸受の場合）または高さ（スラスト軸受の場合）は幅系列として数字化されている。

回転軸を支える部分を軸受といい、回転する軸の軸受によって包まれている部分をジャーナルという。軸受は、ジャーナルの種類によってラジアル軸受、スラスト軸受、円すい軸受、球面軸受に分けられるが、軸と軸受との相対運動から分けると、滑り軸受と転がり軸受の2種類となる。

（1）滑り軸受

滑り軸受には、荷重のかかり方によりラジアル滑り軸受とスラスト滑り軸受とがある。ここではラジアル滑り軸受を取りあげる。

簡単なものに図5.38に示すような単体軸受がある。同図において、はめ込んである筒形の軸受メタルをブシュといい、接触面が摩滅したとき取り替える。

軸受メタルには、焼結含油軸受や滑り軸受用ブシュなどがあり、前者では、形状・組

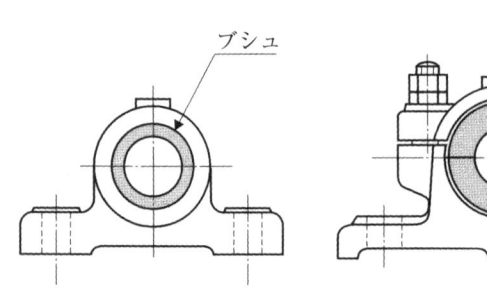

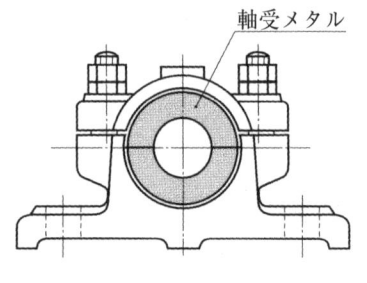

　図5.38　単体軸受　　　　　図5.39　割り軸受　　　　図5.40　青銅軸受メタルの形状の例

成・精度・含油率をメーカーで、後者では、おもに形状と寸法をJIS B1582：1996に、それぞれ規定している。

図5.39は、軸受本体と軸受メタルを二つ割りにして、軸と軸受のすきまを調整できるようにした割り軸受を示す。

図5.40は、割り軸受に使われる青銅軸受メタルの形状を示す。上側のメタルの内側に油みぞが作られ、その上部中心の穴から潤滑油が供給されるようになっている。そのために、オイルカップがすべり軸受の軸受ふたにねじ込まれ、自然な力で滴下注油するように用いられている。

（2）転がり軸受
1）転がり軸受の種類

転がり軸受は、転がり部の形状から図5.41に示すように球状の玉軸受ところ状のころ軸受とに分類できる。また、ラジアル（半径）方向、すなわち軸受の中心線に垂直な方向に作用する荷重を受けもつラジアル軸受と、スラスト（軸）方向の荷重を主として受けもつスラスト軸受に区分される。図5.42は、代表的な転がり軸受の例を示す。

2）主要寸法

転がり軸受の主要寸法は、図5.43に示すように、軸受内径 d、軸受外径 D、軸受の幅 B、組立幅または高さ T、面取り寸法 r などの軸受の輪郭を示す寸法であって、軸受を軸およびハウジングに取り付けるときに必要な寸法でもある。

主要寸法は、国際的なISOの規格で決定されており、転がり軸受の主要寸法（JIS B 1512：2000）も、これに準拠している。

主要寸法である外形、幅、高さなどは、軸受内径に対して、外形は直径系列、幅（ラジ

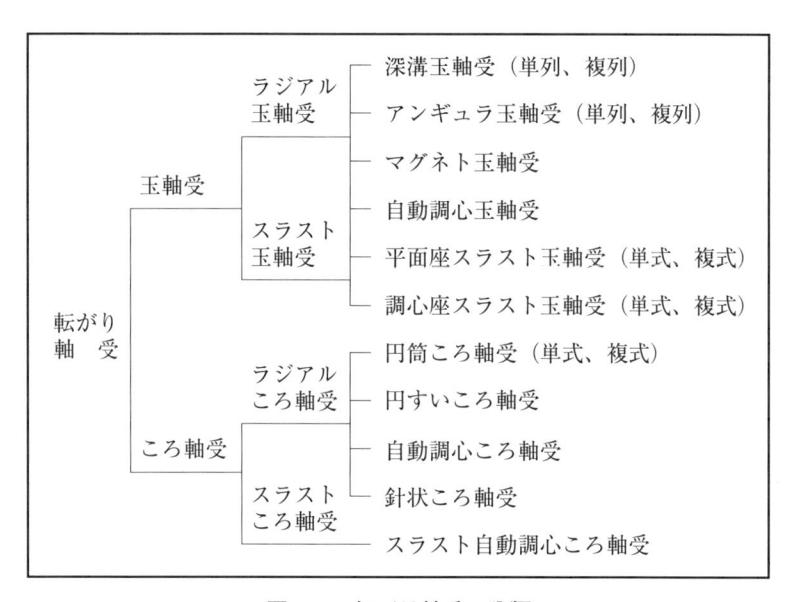

図5.41　転がり軸受の分類

第5章　機械要素の製図

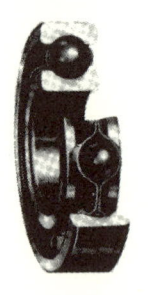

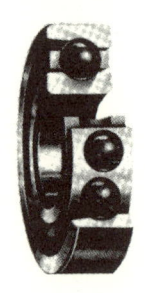

(a) 深溝玉軸受　　(b) アンギュラ玉軸受　(c) 自動調心玉軸受　　(g) 平面座スラスト玉軸受
　　（JIS B 1521）　　　（JIS B 1522）　　　（JIS B 1523）　　　　（単式）（JIS B 1532）

(d) 円筒ころ軸受　(e) 円すいころ軸受　(f) 自動調心ころ軸受　　(h) スラスト球面ころ軸受
　　（N形）　　　　　（JIS B 1534）　　　（球面ころ）
　　（JIS B 1533）　　　　　　　　　　　　（JIS B 1535）

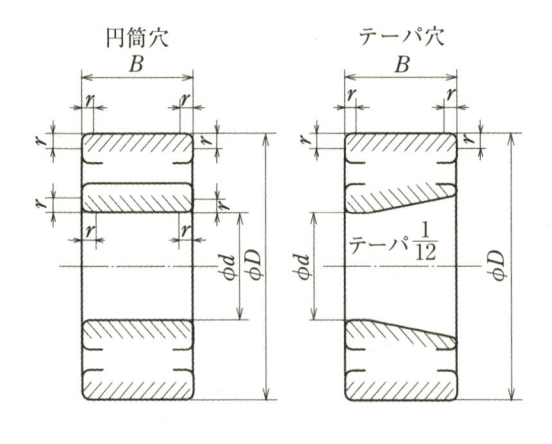

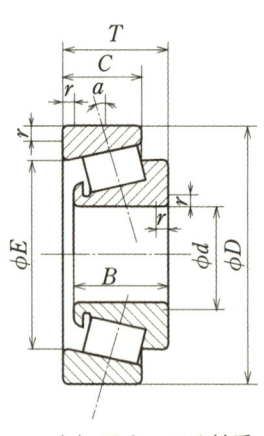

図5.42　転がり軸受

円筒穴　　　　　テーパ穴

テーパ $\frac{1}{12}$

(a) ラジアル軸受　　　　　　　　(b) 円すいころ軸受

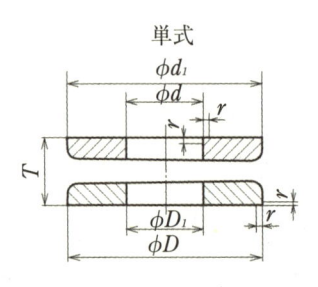

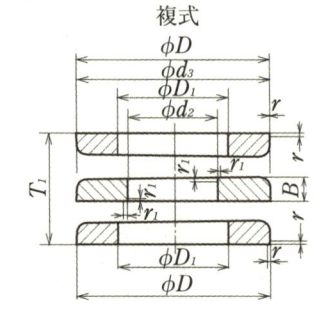

単式　　　　　　　複式

(c) スラスト軸受

図5.43　転がり軸受の主要寸法

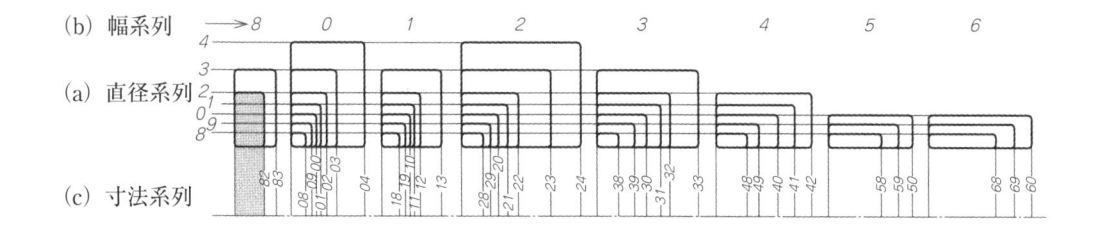

図5.44 ラジアル軸受の寸法系列の図式表示

表5.16 呼び番号の配列

基本番号			補助記号						
軸受系列記号	内径番号	接触角記号	保持器記号	シールド記号またはシール記号	シール記号	軌道輪形状記号	組合せ記号	内部すきま記号	等級記号

備考 1．接触角記号および補助記号は、該当するものだけを左から順に配列する。

アル軸受の場合)または高さ(スラスト軸受の場合)は幅系列として数字化され、つぎのように系統的に定められている(**図5.44**)。

① 直径系列：軸受内径に対して軸受外径を系統的に示したもので、系列を8、9、0、1、2、3、4の数字によって表す(同図(a))。

② 幅系列または高さ系列：同じ軸受内径、同じ軸受外径に対して幅(ラジアル軸受)または高さ(スラスト軸受)を系列的に示し、段階的に数種の幅または高さを定めたものをいう。幅系列は、8、0、1、2、3、4、5、6の数字で表す(同図(b))。

③ 寸法系列：直径系列と幅または高さ系列を組み合わせたもので、同じ軸受内径に対する幅または高さと軸受外径の系列を示し、この両者を順に組み合わせた2けたの数字で示す(同図(c))。(例：寸法系列82→幅系列8、直径系列2)

3) 転がり軸受の呼び番号

転がり軸受の製図で大切なことは、軸受を作るための製図ではなく、メーカーから転がり軸受を購入し、上手に使うための製図でなければならないということである。そのためには、先ず転がり軸受の形状・寸法・精度などを表す「呼び番号」について理解し、使えるようになってほしい。

呼び番号は、基本番号と補助記号からなり、それぞれについて**表5.16**のような内容を盛り込むことになっている。

① 軸受系列記号：軸受の形式と寸法系列とを表す記号で、**表5.17**に示す。

② 内径番号：軸受の内径寸法を表すもので、**表5.18**による。ただし、複式平面座スラスト玉軸受の内径番号は別に定めている。

表5.17　軸受系列記号（JIS B 1513・1995）

軸受の形式		断面図	形式記号	寸法系列記号	軸受系列記号
深溝玉軸受	単列 入れ溝なし 非分離形		6	17 18 19 10 02 03 04	67 68 69 60 62 63 64
アンギュラ玉軸受	単列 非分離形		7	19 10 02 03 04	79 70 72 73 74
自動調心玉軸受	複列 非分離形 外輪軌道球面		1	02 03 22 23	12 13 22 23
円筒ころ軸受	単列 外輪両つば付き 内輪つばなし		NU	10 02 22 03 23 04	NU10 NU 2 NU22 NU 3 NU23 NU 4
	単列 外輪両つば付き 内輪片つば付き		NJ	02 22 03 23 04	NJ 2 NJ22 NJ 3 NJ23 NJ 4
	単列 外輪両つば付き 内輪片つば付き 内輪つば輪付き		NUP	02 22 03 23 04	NUP 2 NUP22 NUP 3 NUP23 NUP 4
	単列 外輪両つば付き 内輪片つば付き L形つば輪付き		NH	02 22 03 23 04	NH 2 NH22 NH 3 NH23 NH 4
	単列 外輪つばなし 内輪両つば付き		N	10 02 22 03 23 04	N10 N 2 N22 N 3 N23 N 4

表5.17 軸受系列記号（つづき）

軸受の形式		断面図	形式記号	寸法系列記号	軸受系列記号
円筒ころ軸受	単列 外輪片つば付き 内輪両つば付き		NF	10 02 22 03 23 04	NF10 NF 2 NF22 NF 3 NF23 NF 4
	複列 外輪両つば付き 内輪つばなし		NNU	49	NNU49
	複列 外輪つばなし 内輪両つば付き		NN	30	NN30
ソリッド形 針状ころ軸受	内輪付き 外輪両つば付き		NA	48 49 59 69	NA48 NA49 NA59 NA69
	内輪なし 外輪両つば付き		RNA	—	RNA48[1] RNA49[1] RNA59[1] RNA69[1]
円すいころ軸受	単列 分離形		3	29 20 30 31 02 22 22C 32 03 03D 13 23 23C	329 320 330 331 302 322 322C 332 303 303D 313 323 323C
自動調心ころ軸受	複列 非分離形 外輪軌道球面		2	39 30 40 41 31 22 32 03 23	239 230 240 241 231 222 232 213[2] 223

注 [1] 軸受系列NA48、NA49、NA59およびNA69の軸受から内輪を除いたサブユニットの系列記号である。
[2] 寸法系列からは、203となるが、慣習的に213となっている。

表5.17 軸受系列記号（つづき）

軸受の形式		断面図	形式記号	寸法系列記号	軸受系列記号
単式スラスト玉軸受	平面座形 分離形		5	11 12 13 14	511 512 513 514
複式スラスト玉軸受	平面座形 分離形		5	22 23 24	522 523 524
スラスト自動調心ころ軸受	平面座形 単式 分離形 ハウジング軌道盤軌道球面		2	92 93 94	292 293 294

表5.18 内径番号（JIS B 1513）

呼び軸受内径 [mm]	内径番号	呼び軸受内径 [mm]	内径番号	呼び軸受内径 [mm]	内径番号
0.6	/0.6[3]	78	15	480	96
1	1	80	16	500	/500
1.5	/1.5[3]	85	17	530	/530
2	2	90	18	560	/560
2.5	/2.5[3]	95	19	600	/600
3	3	100	20	630	/630
4	4	105	21	670	/670
5	5	110	22	710	/710
6	6	120	24	750	/750
7	7	130	26	800	/800
8	8	140	28	850	/850
9	9	150	30	900	/900
10	00	160	32	950	/950
12	01	170	34	1000	/1000
15	02	180	36	1060	/1060
17	03	190	38	1120	/1120
20	04	200	40	1180	/1180
22	/22	220	44	1250	/1250
25	05	240	48	1320	/1320
28	/28	260	52	1400	/1400
30	06	280	56	1500	/1500
32	/32	300	60	1600	/1600
35	07	320	64	1700	/1700
40	08	340	68	1800	/1800
45	09	360	72	1900	/1900
50	10	380	76	2000	/2000
55	11	400	80	2120	/2120
60	12	420	84	2240	/2240
65	13	440	88	2360	/2360
70	14	460	92	2500	/2500

注[3] 他の記号を用いることができる。

5.4 軸受

表 5.19 接触角記号（JIS B 1513）

軸受の形式	呼び接触角	接触角記号
単列アンギュラ玉軸受	10°を超え22°以下	C
	22°を超え32°以下	A[(4)]
	32°を超え45°以下	B
円すいころ軸受	17°を超え24°以下	C
	24°を超え32°以下	D

注[(4)] 省略することができる。

表 5.20 補 助 記 号（JIS B 1513）

仕様	内容または区分	補助記号	仕様	内容または区分	補助記号
内部寸法	主要寸法およびサブユニットの寸法がISO355に一致するもの	J3[(3)]	軸受の組合せ	背面組合せ	DB
				正面組合せ	DF
シール・シールド	両シール付き	UU[(3)]		並列組合せ	DT
	片シール付き	U[(3)]	ラジアル内部すきま[(5)]	C2すきま	C2
	両シールド付き	ZZ[(3)]		CNすきま	CN[(4)]
	片シールド付き	Z[(3)]		C3すきま	C3
軌道輪形状	内輪円筒穴	なし		C4すきま	C4
	フランジ付き	F[(3)]		C5すきま	C5
	内輪テーパ穴（基準テーパ比 1/12）	K	精度等級[(6)]	0級	なし
				6X級	P6X
	内輪テーパ穴（基準テーパ比 1/30）	K30		6級	P6
				5級	P5
	輪溝付き	N		4級	P4
	止め輪付き	NR		2級	P2

注[(5)] JIS B 1520参照　[(6)] JIS B 1514参照

③　接触角記号：**表5.19**より、A～Dの記号で表す。

④　補助記号：保持器記号、シール記号またはシールド記号、軌道輪形状記号、組合せ記号、内部すきま記号および等級記号とからなり、形式と主要寸法以外の軸受の仕様を示す記号（数字を含むことがある）であって、**表5.20**による。

呼び番号の例を示すと、つぎのようになる。

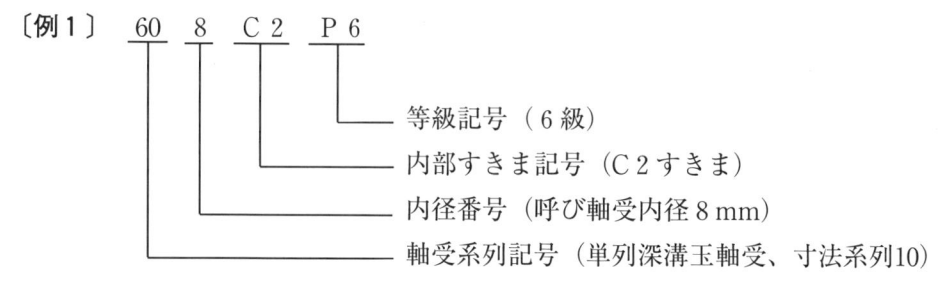

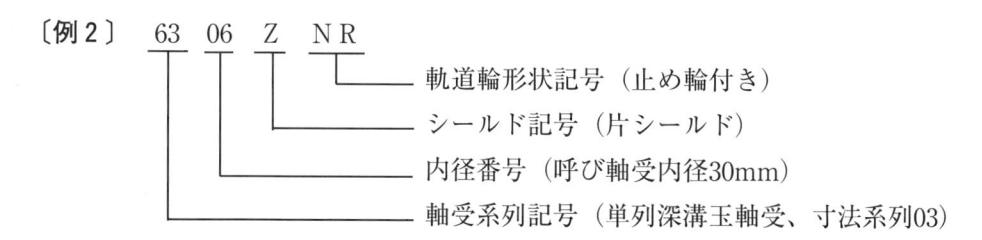

〔例 1〕　60　8　C 2　P 6

　　└─ 等級記号（6級）
　　└── 内部すきま記号（C 2すきま）
　　└─── 内径番号（呼び軸受内径 8 mm）
　　└──── 軸受系列記号（単列深溝玉軸受、寸法系列10）

〔例 2〕　63　06　Z　NR

　　└─ 軌道輪形状記号（止め輪付き）
　　└── シールド記号（片シールド）
　　└─── 内径番号（呼び軸受内径30mm）
　　└──── 軸受系列記号（単列深溝玉軸受、寸法系列03）

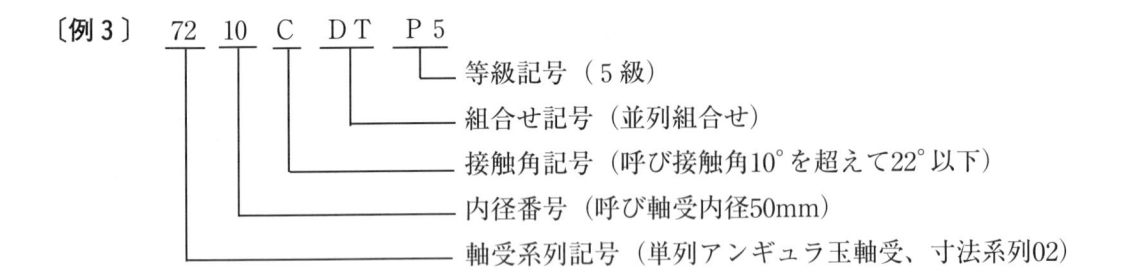

［例3］　72 10 C DT P5
　　　　　　　　　　└── 等級記号（5級）
　　　　　　　　└──── 組合せ記号（並列組合せ）
　　　　　　└────── 接触角記号（呼び接触角10°を超えて22°以下）
　　　　└──────── 内径番号（呼び軸受内径50mm）
　　└────────── 軸受系列記号（単列アンギュラ玉軸受、寸法系列02）

4) 転がり軸受けの製図法

転がり軸受けに関する製図法は、規格（JIS B 0005：1999）によって定められている。この製図法は、軸受の使用者が機械の組立図を描く場合に、軸受の占める範囲や、隣接部との位置関係などを図示するとき用いられる簡略図示法である。なお、その解説には、軸受単体表示に便利なため、比例寸法による作図方法が示されている。

比例寸法による作図方法は、軸受の主要寸法を基準にして、各部分の寸法は比例配分することによって製図する方法で、主要寸法のAおよびBまたはHを基準にして、各形式の略画法の描き方を**図5.45**に示す。

(a) 深溝玉軸受　　(b) 平面座スラスト玉軸受（単式）　　(c) 自動調心玉軸受

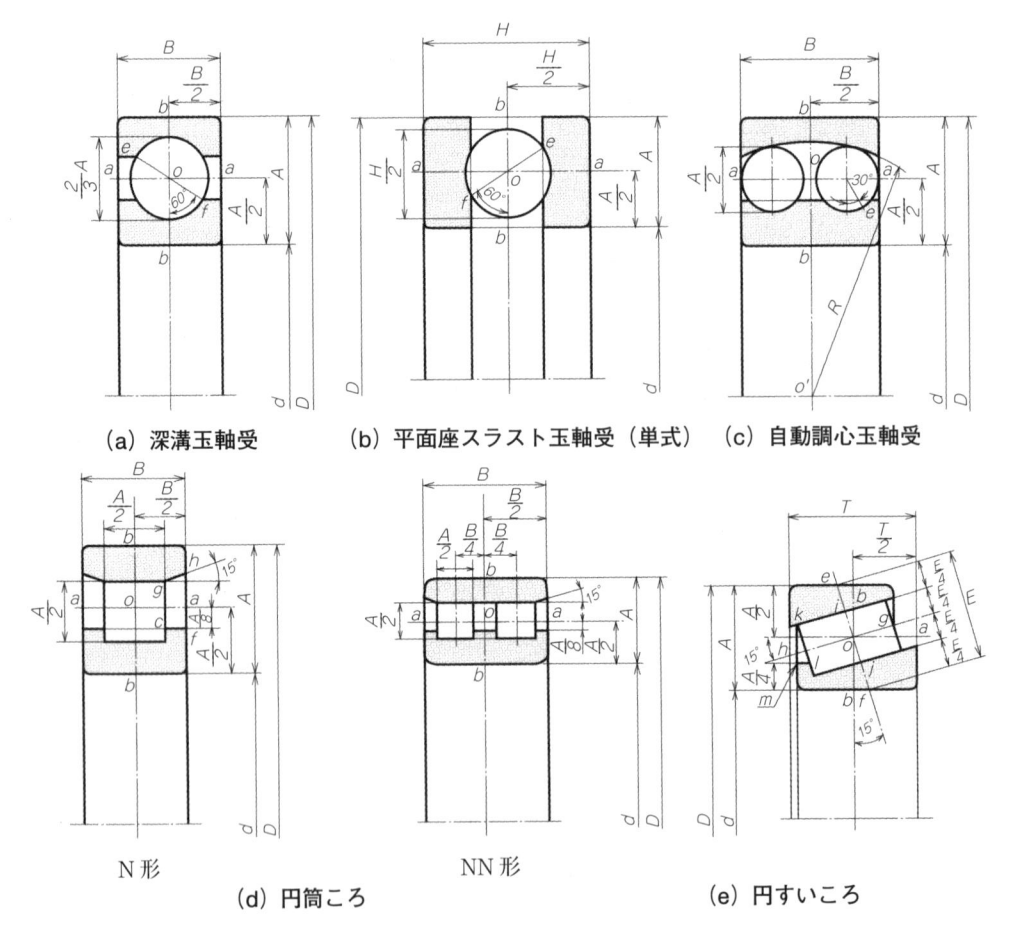

(d) 円筒ころ　N形　　NN形　　(e) 円すいころ

図5.45　転がり軸受の比例寸法による製図法

① 深溝玉軸受（同図（a））：点Oを中心とする直径2/3・Aの円をもって玉を描き、円周上に定めたeとfを通り、中心線aaに平行な直線によって内外輪の形状を描く。軸受の内・外径および幅は主要寸法による。

② 平面座スラスト玉軸受（同図（b））：点Oを中心とする直径1/2・Hの円をもって玉を描き、円周上に定めたeとfを通り、中心線bbに平行な直線によって内外輪の形状を描く。

③ 自動調心玉軸受（同図（c））：玉は、直径1/2・Aの円で軸受のそれぞれの側面に接するように描く。つぎに、軸受の中心Oから2円に接する半径Rで外輪の形状を描き、玉の円周上の定められた点eを通り中心線aaと平行な直線によって内輪の輪郭を描く。

④ 円筒ころ軸受（同図（d））：単列N形は、点Oを中心とし1辺1/2・Aをもつ正方形によってころを描き、内外輪の形状は図示の通りとする。複列のNN形もこれと同様に描く。他の円筒ころ軸受もこの画法を適用する。

⑤ 円すいころ軸受（同図（e））：点Oを通り、互いに直交する直線 ef および gh を引き、線分 ef を4等分する点 i, j を定める。点 i を通り、直線 gh に平行な直線をもって外輪の形状を描く。この直線と内輪の側面の延長線との交点をk、外輪の側面と直線 gh との交点を g とし、点 k と g とを通り直線 ef に平行に引いた線と、点 j を通り直線 gh に平行に引いた直線とでころを描く。内輪の形状は図示の通りとする。なお、実際のころは円すい形であるが、この略画法では円筒形で近似して描く。

5）転がり軸受の略画法

転がり軸受の製図は、製作するための図面を作成する必要がないので、図5-45による略画法以上に簡略化した製図を行ってもよい場合がある。これによる略画法を一括して**図5.46**に示す。

この図の図示法は、比例寸法によった図例ですが、転動体の部分をより簡略化した略画である。この方法では、調心できない転動体の軸線を長い実線の直線、調心できる軸線等を長い実線の円弧で示し、転動体の列数および転動体の位置を短い実線の直線で長い実線に直交し、各転動体のラジアル中心線に一致するように描く。

図5.47は、この簡略図示の例である。なお、転がり軸受を簡略図示した場合、軸受の種類や形状を表したいときは、**図**5.48のように、呼び番号を記入する。

6）転がり軸受の取付け

転がり軸受の取付けは、**図**5.49に示すように市販の転がり軸受用プランマブロックや、転がり軸受用ユニットによる場合と、図5.52に示すように装置に組み込む場合とがある。

ラジアル転がり軸受の取付けは、軸と内輪、ハウジングと外輪とがそれぞれいったいとなって、回転中に相互間に有害なすべりを生じないようにする。そのため、いずれも中間ばめ程度にはめあわせる（**図**5.50）。

転がり軸受を長い軸の中間に取り付けるには、アダプタスリーブを用いると便利である（**図**5.51）。

第5章 機械要素の製図

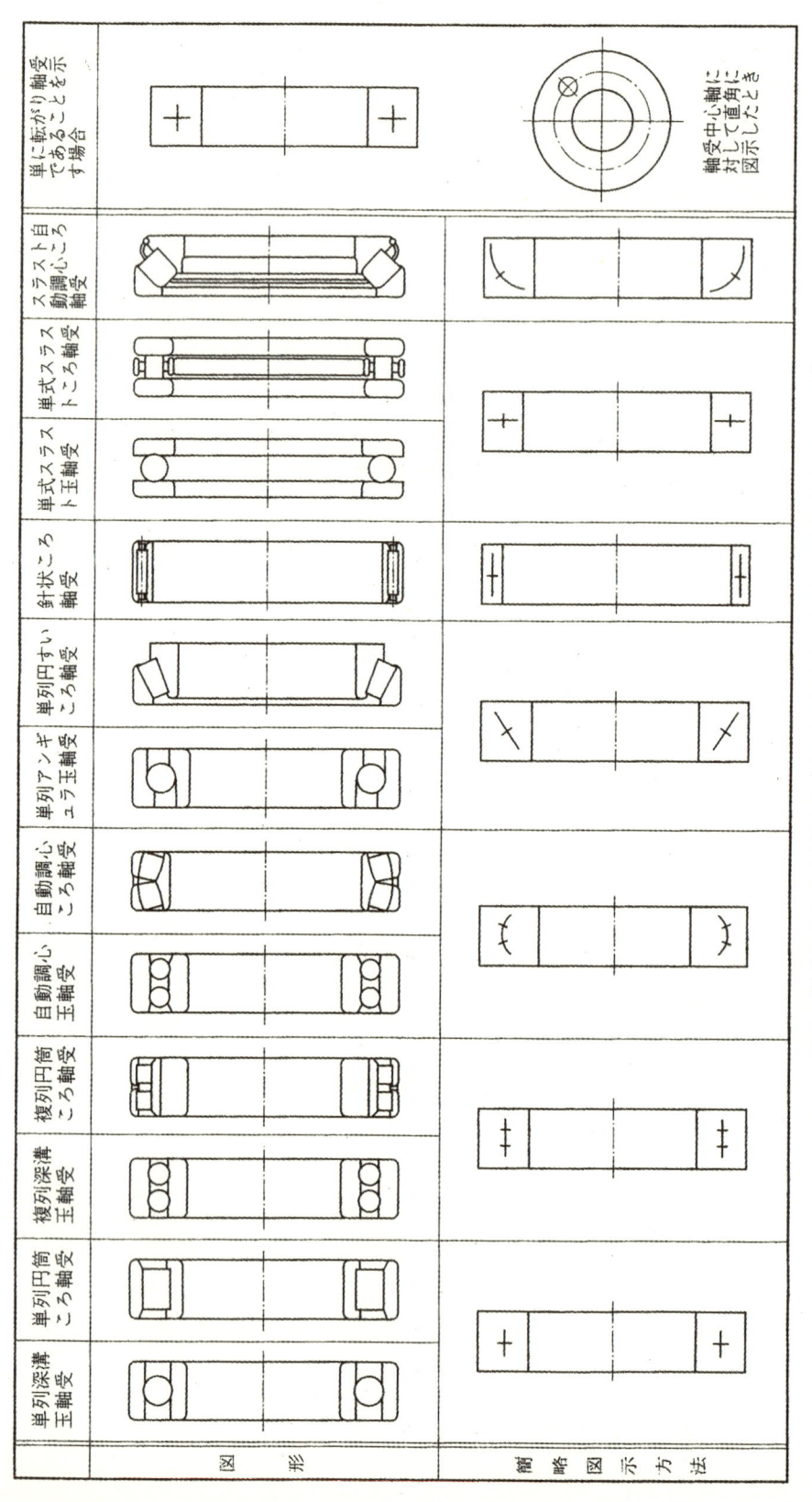

図5.46 転がり軸受の略画法と簡略図示法（JIS B 0005-1：1999、JIS B 0005-2：1999）

図5.47　系統図の例

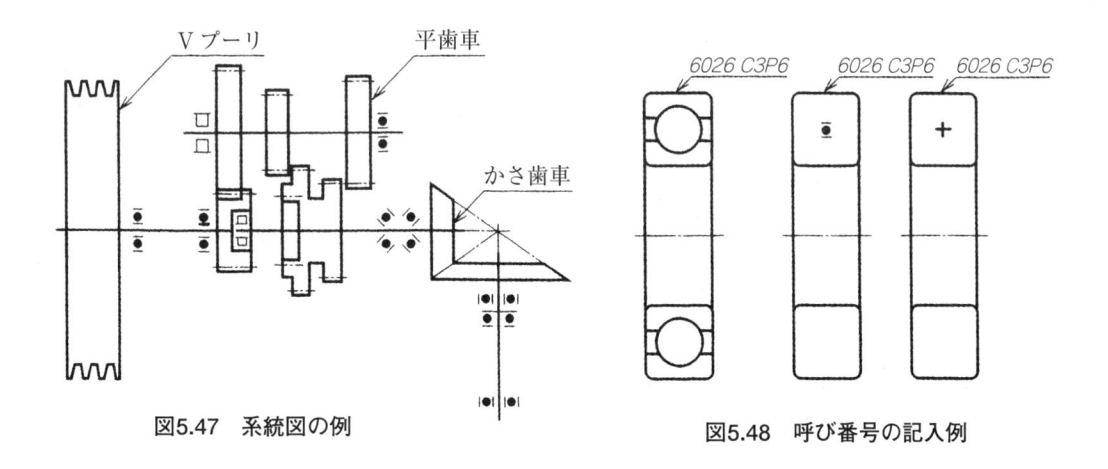

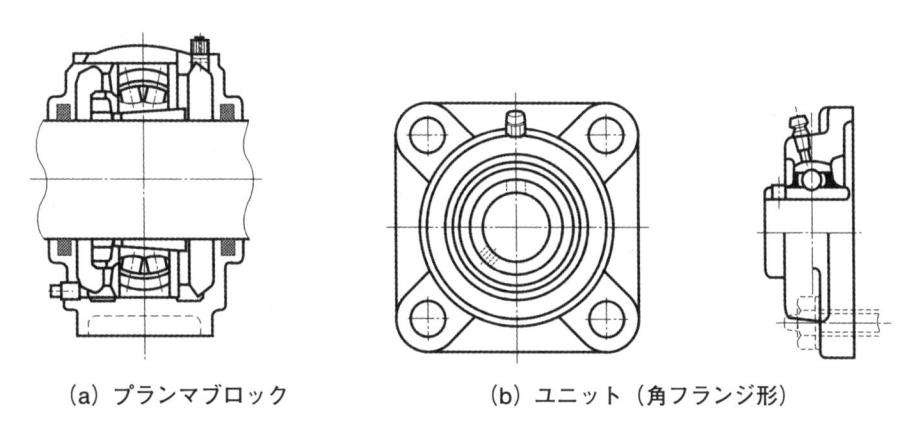

図5.48　呼び番号の記入例

(a) プランマブロック　　　(b) ユニット（角フランジ形）

図5.49　転がり軸受用プランマブロックと転がり軸受ユニット

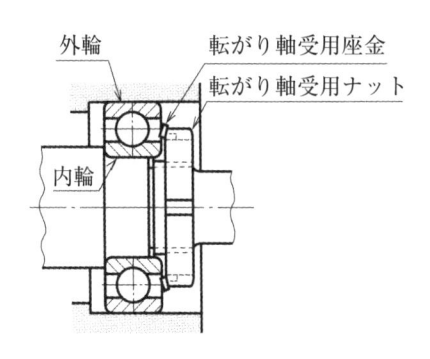

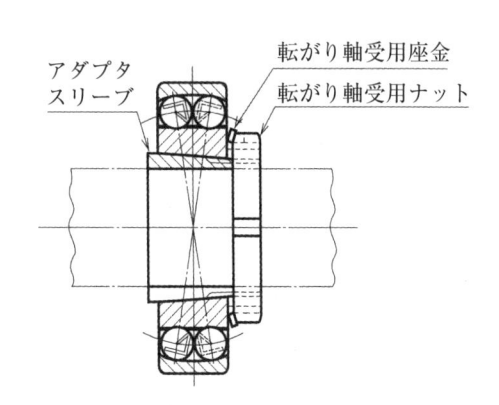

図5.50　内輪の取付け

図5.51　アダプタスリーブを用いた取付け

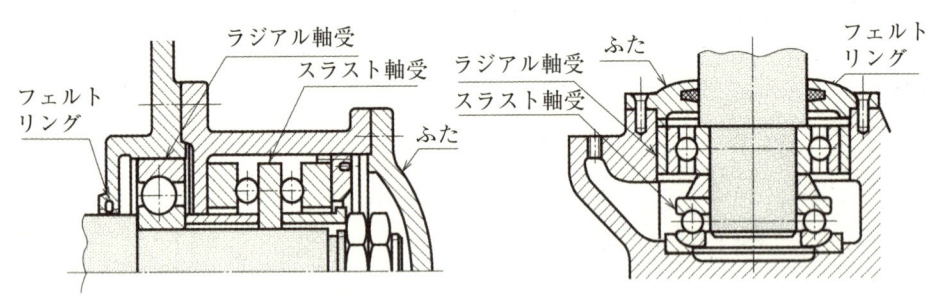

(a) 横軸におけるスラスト軸受の取付け　　(b) 立て軸におけるスラスト軸受の取付け

図5.52 転がり軸受を装置に組み込む場合の例

　スラスト転がり軸受の取付けは、中央輪の内径に対し中間ばめ、軸受外径に対しても中間ばめ程度のはめあいとする。スラスト転がり軸受は、単独では使わず必ずラジアル転がり軸受と併用する（図5.52）。組み立てるとき、転がり軸受内に、ごみや水分などが浸入しないように、ふたをしたり、フェルトリングでパッキンをしたりする。

> **まとめ**
> ① 回転軸を支える部分を軸受といい、回転軸が軸受で包まれている部分をジャーナルという。
> ② 軸受には、軸に作用する荷重の方向により、垂直に作用する荷重を受けるラジアル軸受と軸方向に作用する荷重を受けるスラスト軸受などがある。また、軸受と軸との相対運動から、滑り軸受と転がり軸受とにわけられる。
> ③ 滑り軸受は、一般に軸受の接触面に軸受メタル（ブシュ）を使用し、摩滅したときこれを取り換える。
> ④ 転がり軸受の呼び番号は、軸受系列記号、内径番号、接触角記号、補助記号からなっている。

5.5 ばね

> **チェックポイント**
> ① ばねは、目的に応じて金属ばね、プラスチックばね、ゴムばね、空気ばね、液体ばねなどに実用化されている。
> ② ばねは、力が加わると変形することによっていろいろな機能を持たせている機械要素である。
> ③ ばね製図は、ばねの図面とともに、図示しにくい事項は一括して要目表に示す。

（1）ばねの機能
　一般に、機械部品・機械・構造物は力を加えても形が変わらないこと、すなわち剛性が高いことが要求される。そのために構造に工夫をこらし、材料を吟味する。一方、ばねは、その反対で、力が加わると変形することによってつぎのような機能を持たせている機械要素である。
　① 力を除くと自らもとに戻る機能：さらばね、ばね座金
　② 振動の絶縁または利用の機能：コイルばねなど
　③ 衝撃の緩和の機能：機械の防振ばね
　④ エネルギーの貯蔵と放出の機能：時計の渦巻ばね（ぜんまい）
　⑤ 力の計測の機能：ばねばかりのばね

（2）ばねの種類
　ばねは、目的に応じて金属ばね、プラスチックばね、ゴムばね、空気ばね、液体ばねなどに実用化されているが、一般的には金属ばねが多く使用されている。
　図5.53は、ばねの形状から分類したものである。
　a）コイルばね：線材をコイル状に巻いたばね
　　① 圧縮コイルばね：圧縮力を受けるばね
　　② 引張コイルばね：引張力を受けるばね
　　③ ねじりコイルばね：コイルの中心線のまわりにねじりモーメントを受けるばね
　b）重ね板ばね：同一幅の板を階段状に重ねて中央部を固定したばね
　c）トーションバー：棒にねじり変形を与えて、ばねの役目をさせるもの
　d）竹の子ばね：長方形断面の金属板を円すい状に巻いたもの
　e）渦巻ばね：帯鋼板などのばね材を渦巻状に巻いたばね
　f）皿ばね：穴のあいた皿形のばねを軸方向に重ねて使用するばね

第5章 機械要素の製図

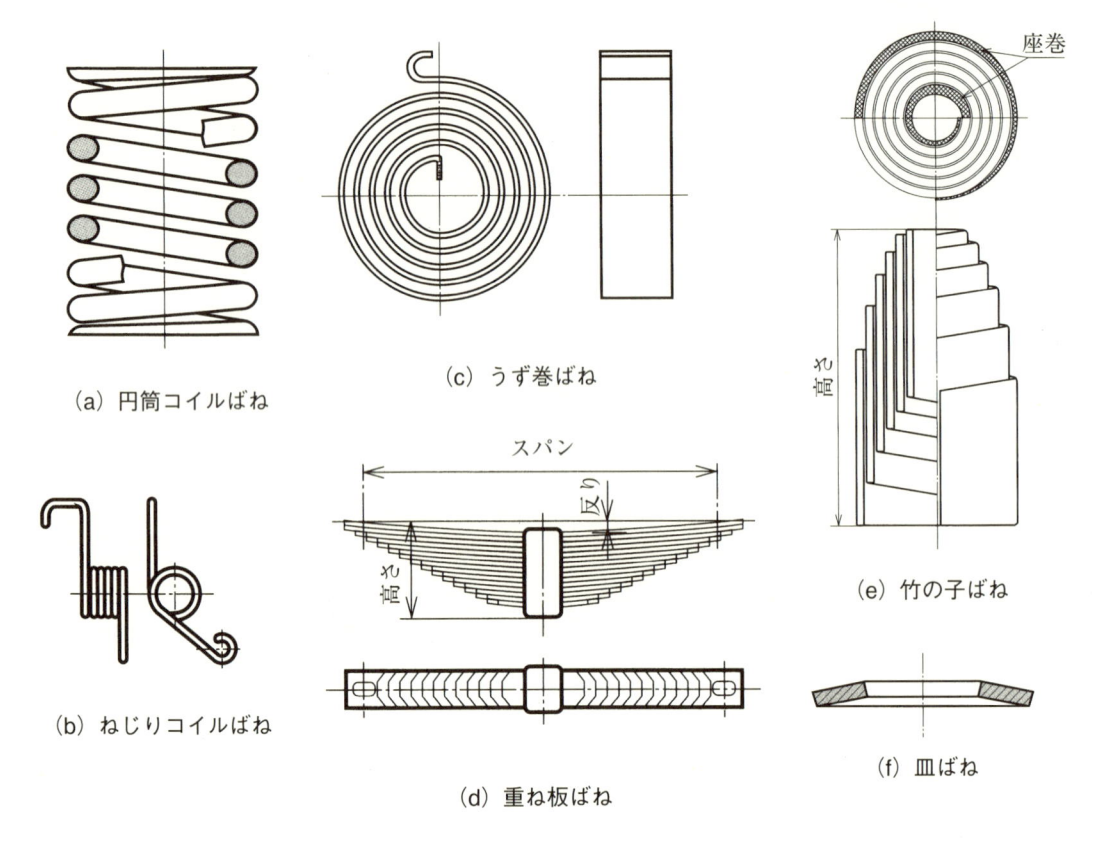

(a) 円筒コイルばね
(b) ねじりコイルばね
(c) うず巻ばね
(d) 重ね板ばね
(e) 竹の子ばね
(f) 皿ばね

図5.53　ばねの種類

表5.21　重要なJISばね用語

用　　　語	読 み 方	用 語 の 意 義
ば ね 定 数	ばねじょうすう	ばねに単位の変形（たわみまたはたわみ角）を与えるのに必要な力またはモーメント
ば ね 特 性	ばねとくせい	ばねに加わる荷重とそれによって生じるばねの変形との関係
指 定 荷 重	していかじゅう	使用目的から指定するばねの荷重
有 効 巻 数	ゆうこうまきすう	コイルばねにおいて、ばね定数の計算に用いる巻数
総 巻 数	そうまきすう	コイルばねのコイルの端から端までの巻数
座 巻	ざまき	圧縮コイルばねの端部で見掛け上ばねとして作用しない部分
自 由 巻 数	じゆうまきすう	コイルばねの総巻数から両端の座巻数を引いた巻数
右 巻	みぎまき	右ねじと同じようなコイルばねのコイルの巻き方向（図5.54 (a)）
左 巻	ひだりまき	左ねじと同じようなコイルばねのコイルの巻き方向（図5.54 (b)）
コイル平均径	こいるへいきんけい	コイルばねのコイル内径と外径との平均値（図5.54）
ば ね 指 数	ばねしすう	コイル平均径と材料の直径またはコイル半径方向の幅との比率
縦 横 比	たてよこひ	コイルばねの自由高さとコイル平均径との比
ピ ッ チ	ぴっち	コイルばねの中心線を含む断面で、互いに隣り合うコイルの中心線に平行な中心間距離（図5.54）
ピ ッ チ 角	ぴっちかく	コイルばねの材料の中心線が、ばねの中心線に直角な平面となす角
初 張 力	しょちょうりょく	無荷重時に密着している引張コイルばねの内力

（3）ばね用語と要目表

ばねに関する用語は、ばね用語(JIS B 0103：1990)に、ばねの種類、構成部品、設計、製造、試験・検査に分類して規定されている。

ばねの注文・製造には、ばねの図面が必要であるが、図示しにくい事項は一括して要目表に示す。理解を深めるために、重要なJISばね用語の説明を表5.21に、コイルばね各部の名称を図5.54に示す。

（4）ばねの図示

ばねの図示は、ばね製図(JIS B 0004：1995)の図示方法による。

① コイルばね、竹の子ばね、渦巻ばね、および皿ばねは、一般に無荷重のときの状

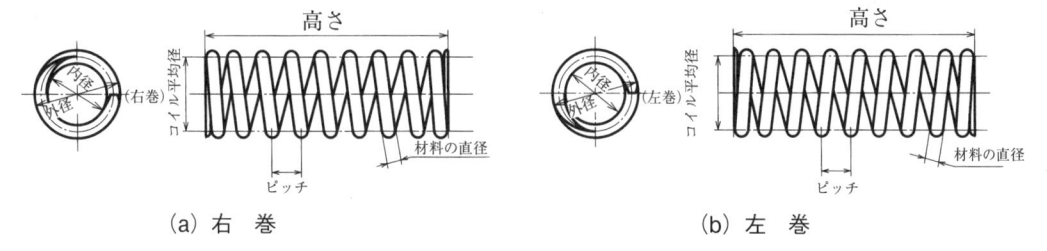

図5.54　コイルばね各部の名称

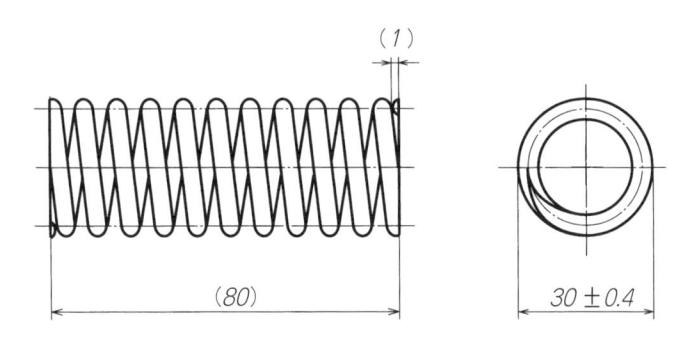

要目表

材料		SWOSC-V		荷重　　　N	—
材料の直径　　mm		4	最大圧縮	荷重時の高さ　mm	—
コイル平均径　　mm		26		高さ(1)　　　mm	55
コイル外径　　mm		30±0.4		高さ時の荷重　N	382
総巻数		11.5		応力　　N/mm²	476
座巻数		各1		密着高さ　　mm	(44)
有効巻数		9.5		コイル外側面の傾きmm	4以下
巻方向		右		コイル端部の形状	クローズドエンド(研削)
自由高さ　　mm		(80)	表面処理	成形後の表面加工	ショットピーニング
ばね定数　　N/mm		15.3		防せい処理	防せい油塗布
指定	荷重　　　N	—	注(1) 数値例は、高さを基準とした。		
	荷重時の高さ　-mm	—	備考1. その他の要目：セッチングを行う。		
	高さ(1)　　mm	70	2. 用途または使用条件：常温、繰返し荷重		
	高さ時の荷重　N	153±10%	3. 1N/mm²=1MPa		
	応力　　N/mm²	190			

図5.55　圧縮コイルばね

態で描き、重ね板ばねは原則としてばね板が水平の状態でかく（図5.54）。
② 要目表に断りがないコイルばねおよび竹の子ばねは、すべて右巻のものを表す。なお、左巻の場合は、"巻方向　左"と記す。
③ 図中に記入しにくい事項は、一括して要目表に表示する（図5.55・図5.56）。
④ ばねのすべての部分を図示する場合は、機械製図（JIS B 0001）による。ただし、コイルばねの正面図はらせん状となるが、これを直線で表す（図5.57(a)）。

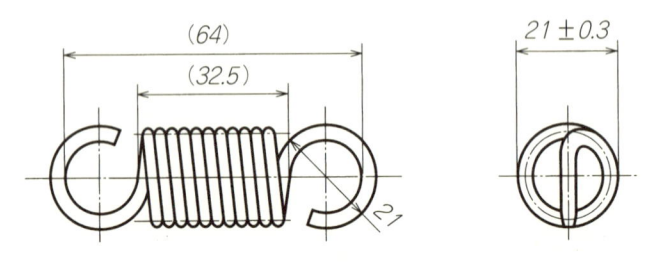

要目表

材料		SW－C	指定	荷重　　　　N	—
材料の直径	mm	2.6		荷重時の高さ mm	—
コイル平均径	mm	18.4		高さ[1]　　　mm	86
コイル外径	mm	21±0.3		高さ時の荷重 N	165±10%
総巻数		11.5		応力　　　N/mm²	532
巻方向		右		最大許容引張長さmm	92
自由高さ	mm	(64)		フックの形状	丸フック
ばね定数	N/mm	6.28	表面処理	成形後の表面加工	—
初張力	N	(26.8)		防せい処理	防せい油塗布

注 [1] 数値例は,長さを基準とした。

図5.56　引張コイルばね

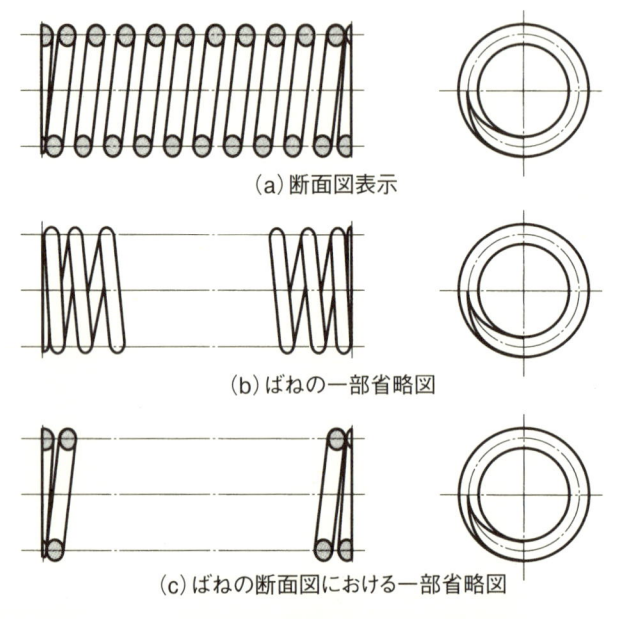

(a)断面図表示

(b)ばねの一部省略図

(c)ばねの断面図における一部省略図

図5.57　圧縮コイルばねの図示例

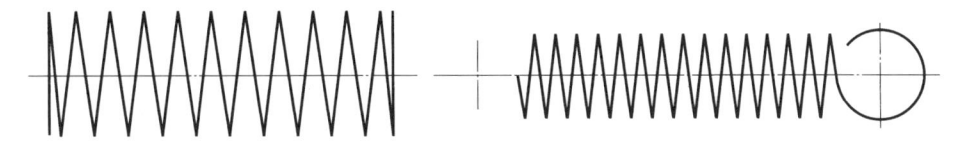

(a) 圧縮コイルばね　　　　　　　　(b) 引張コイルばね

図5.58　コイルばねの簡略図

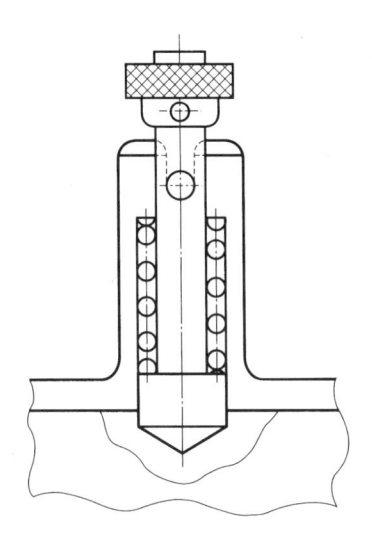

図5.59　組立図におけるコイルばねの断面図示

⑤ コイルばねにおいて、両端を除いた同一形状部分の一部を省略する場合は、省略する部分の線径の中心線を細い一点鎖線で表す（図5.57(b)・(c)）。
⑥ 断面形状の寸法表示が必要な場合、および外観図では表しにくい場合は、断面図で表してもよい（図5.57(a)）。
⑦ ばねの種類および形状だけを簡略図で表す場合は、ばね材料の中心線だけを太い実線で描く（図5.58）。
⑧ 組立図、説明図などでコイルばねを図示する場合は、その断面だけを表してもよい（図5.59）。

> **まとめ**
> ① ばねの図示は、ばね製図（JIS B 0004：1995）の図示方法による。
> ② コイルばね、竹の子ばね、渦巻ばね、および皿ばねは、一般に無荷重のときの状態で描き、重ね板ばねは原則としてばね板が水平の状態で描く。
> ③ 図中に記入しにくい事項は、一括して要目表に表示する。

〔第5章　演習問題〕

〔問題5-1〕　下図のねじ略図で、JISねじ製図法に基づいて不足の線を補い完成させなさい。

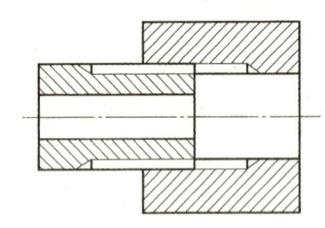

〔問題5-2〕　次の文章のうち、正しいものに○印、誤っているものに×印を（　）内に記入しなさい。また、誤っている箇所にはアンダーラインを引いて訂正しなさい。

（　）（1）伝動軸のうち、比較的短い軸をスピンドルという。
（　）（2）キーは軸端に用い、軸の中間部には用いない。
（　）（3）軸のはめあい記号は、アルファベットの大文字で表す。
（　）（4）キーみぞの寸法（幅×高さ）は、軸の長さにより決まる。
（　）（5）ころがり軸受の呼び番号は基本記号と補助記号からなっている。
（　）（6）主として軸方向の荷重を受ける軸受をラジアル軸受という。
（　）（7）2軸を連結する際、軸線が正しく一致させにくい場合にはフランジ形固定軸継手を使用する。
（　）（8）フランジ形軸継手を軸に取付ける場合、軸の形状は原則として円筒軸端による。
（　）（9）セレーションは、スプラインの歯の形状を小さい山形としたもので、同じ外径のスプラインに比べ伝達するトルクは大きい。
（　）（10）キーの呼び方は、規格番号、種類および呼び寸法×長さによる。
（　）（11）ハウジングは、回転する軸の軸受に包まれている部分をいう。

〔問題5-3〕　下図の歯車は、モジュール2.5、歯数40枚の標準平歯車である。各部の名称と寸法を表に記入しなさい。

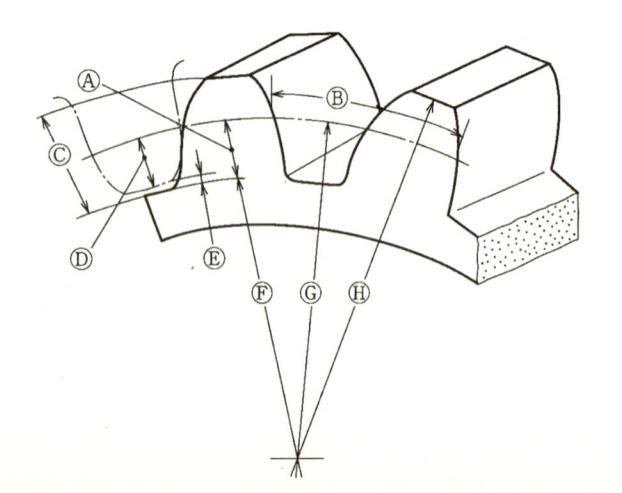

単位mm

番号	名　　称	寸　法
Ⓐ		
Ⓑ		
Ⓒ		
Ⓓ		
Ⓔ		
Ⓕ		
Ⓖ		
Ⓗ		

第6章
溶接継手/油圧・空気圧回路の製図

各種機械を製作するために、構成部品の形状を描き、大きさや寸法精度・形状精度を表す方法を学んだ。また、前章ではおもな機械要素の製図法を学んだ。

　構成部品の組立には、その後の分解を考えてボルト・ナットなどによる締結が一般的であるが、分解を考えなくてよいところには、強度・材料の節約・機密性、および信頼性などの観点から部材の締結に溶接による方法も構造を簡単にするので、採用されることが多い。溶接により結合した部材を溶接継手という。

　機械の駆動・制御には、電気的な方法によることが多いが、油圧・空気圧を使った方法は信頼性が高く、大きな力を伝達できるので欠かせない方法である。

　そこで、本章では溶接継手、油圧・空気圧回路図の描き方を学ぶ。

第6章のねらい

溶接継手の種類と図面への表し方・描き方を学ぶ	6.1　溶接継手
油圧・空気圧機器を使った回路図の描き方を学ぶ	6.2　油圧・空気圧回路図

6.1 溶接継手

> **チェックポイント**
> ① 溶接により接合された部材を溶接継手というが、図面に溶接の指示をするには、溶接記号を用いる。
> ② 溶接記号は、説明線に基本記号、補助記号を配置して表す。
> ③ 補助記号は必要に応じて用いる。

　溶接は、二つまたはそれ以上の金属を溶融点以上に加熱して融着したり、半溶融状態にして圧着したりして局部的に接合する方法で、機械部品、構造物や造船などの組み立てなどに使われている。
　溶接箇所、溶接方法を図面に指示するには溶接記号を用いる。

（1）溶接継手の種類

　溶接により接合された部材を溶接継手という。溶接継手の基本的な種類を**図6.1**に示す。これらの継手は、グルーブ溶接またはすみ肉溶接によって作られる。
　グルーブ溶接とは、**図6.2**に示すように、接合する板厚全体にわたって十分な溶込みを与え、また内部に欠陥を生じさせないために、二部材間に適当な溝を設けて盛金を行う

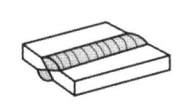

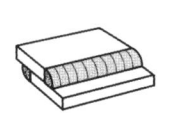

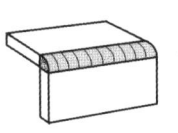

(a) 突合せ継手　　(b) 重ね継手　　(c) かど継手　　(d) T継手　　(e) 当て金継手（両面）

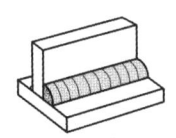

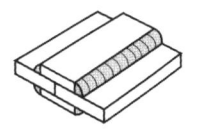

図6.1　溶接継手の基本形式

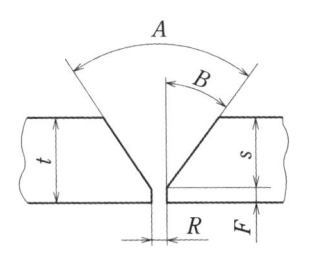

t：板厚
s：開先の深さ
F：ルート面の高さ
R：ルート間隔
A：開先角度
B：ベベル角度

図6.2　グルーブ（開先）各部の名称

第6章 溶接継手/油圧・空気圧回路の製図

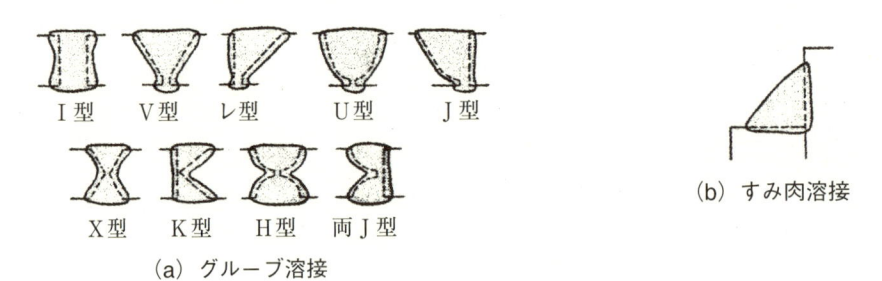

(a) グルーブ溶接（I型、V型、レ型、U型、J型、X型、K型、H型、両J型）

(b) すみ肉溶接

図6.3 グルーブ溶接とすみ肉溶接

表6.1 基本記号

溶接の種類と記号			矢の反対側または向こう側	矢の側または手前側		両側
グルーブ溶接		両フランジ形	八	丫		
		片フランジ形	儿	ㄤ		
		I 形	‖	‖	I 形（両面）	‖
		V 形	V	∧	X 形	X
		レ 形	レ	ㄥ	K 形	K
		J 形	ᖽ	ᖾ	両面J形	K
		U 形	Y	⋏	H 形（両面U形）	X
		フレアV形	⌣	⌢	フレアX形	⟩⟨
		フレアレ形	⌊	⌈	フレアK形	⊢
すみ肉溶接		連続	◸	◿	連続（両面）	▷
		断続	◸L(n)-P	◿L(n)-P	断続（並列）	▷L(n)-P
					断続（千鳥）	▷L(n)-P ▷
	プラグ溶接またはスロット溶接		▭	⊔		
	ビード		⌒	⌣		
	肉盛		⌒⌒	⌣⌣		
	スポット溶接		⁕	⁕		
	プロジェクション溶接		⁕	⁕	尾にプロジェクション溶接と記入	
	アークスポット溶接		⁕	⁕	尾にアークスポット溶接と記入	
	シーム溶接		⁕⁕			
	アークシーム溶接		⁕⁕	⁕⁕	尾にアークシーム溶接と記入	

注　水平な細い実線は、基線の位置を示す。

溶接で、この溝をグルーブ（開先）という。図6.3(a)は、片面に設けるI形、V形、レ形、U形、J形の各グルーブの形状や、両面に設けるX形、K形、H形、両面J形などの各グルーブの形状を示す。同図(b)は、すみ肉溶接の例である。これらを図面に表すには、簡単で、わかりやすいように記号などで指示する。

（2）溶接記号

溶接部の状態を図面に指示するためには、溶接記号（JIS Z 3021：2000）による。この規格は、2部材間の溶接部の形状を表す基本記号（**表6.1**）と、溶接部の表面形状や仕上方法などを表す補助記号（**表6.2**）とからなる。なお、補助記号は必要に応じて用いる。実際には、基線や矢線などからなる説明線に基本記号や補助記号を使って溶接継手を図示する。

表6.2　補 助 記 号

区　分		補助記号	備　　考
溶接部の表面形状	平　ら 凸 へこみ	─ ⌒ ⌣	基線の外に向かって凸とする。 基線の外に向かってへこみとする。
溶接部の仕上方法	チッピング 研　削 切　削 指定せず	C G M F	グラインダ仕上げの場合。 機械仕上げの場合。 仕上げ方法を指定しない場合。
現場溶接 全周溶接 全周現場溶接		○　🚩	全周溶接が明らかなときは省略してもよい。
非破壊試験方法	放射線透過試験	一　般　RT 二重壁撮影　RT-W	一般は溶接部に放射線透過試験など各試験の方法を示すだけで内容を表示しない場合。 各記号以外の試験については、必要に応じて適宜表示を行うことができる。 （例） 　漏れ試験　LT 　ひずみ測定試験　SM 　目視試験　VT 　アコースティックエミッション試験　AET 　過流探傷試験　ET
	超音波探傷試験	一　般　UT 垂直探傷　UT-N 斜角探傷　UT-A	
	磁粉探傷試験	一　般　MT 蛍光探傷　MT-F	
	浸透探傷試験	一　般　PT 蛍光探傷　PT-F 非蛍光探傷　PT-D	
	全線試験	○	各試験の記号の後に付ける。
	部分試験（抜取試験）	△	

(JIS Z 3021：1987)

（3）溶接記号の記入の仕方

溶接継手では、溶接される2部材間の溶接部の形状、溶接方法および表面の仕上り状態を示す必要がある。これには、溶接記号を寸法とともに説明線に記載する方法がとられている。

図6.4は、溶接継手の図示例である。説明線・記号などの形や位置によって溶接継手を明示するため、つぎのような規定がある。

1）説明線

① 説明線は溶接部を記号表示するために用いるもので、基線、矢および尾で構成され、尾は必要がなければ省略してもよい（**図6.5（a）・（b）**）。

② 基線はふつう水平線とし、基線の一端に矢をつける。

③ 矢は溶接部を指示するもので、基線に対してなるべく60°の直線とする。ただし、レ形、K形、J形及び両面J形において開先をとる部材の面を、またフレアレ形及びフレアK形において、フレアのある部材の面を指示する必要がある場合は、矢は折れ線とし、開先をとる面またはフレアのある面に矢の先端を向ける（図6.5（c））。

④ 矢は必要であれば、基線の一端から2本以上つけることができる。ただし、基線の両端に矢をつけることはできない（図6.5（d））

2）基本記号の記載方法

① 基本記号は、溶接する側が矢の側または手前側のときは基線の下側（**図6.6（a）**）、矢の反対側または向こう側のときは基線の上側（図6.6（b））に密着して記載する。

② 基線を水平に引くことができない場合は、**図6.7**のようにする。

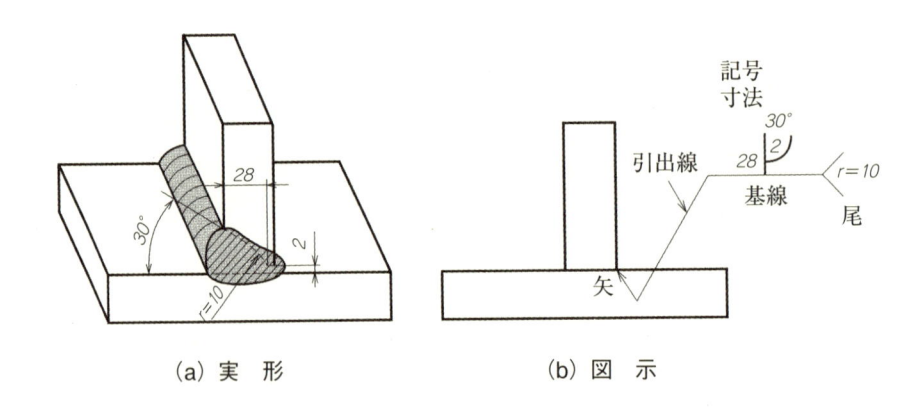

(a) 実 形　　　(b) 図 示

図6.4 溶接継手の図示

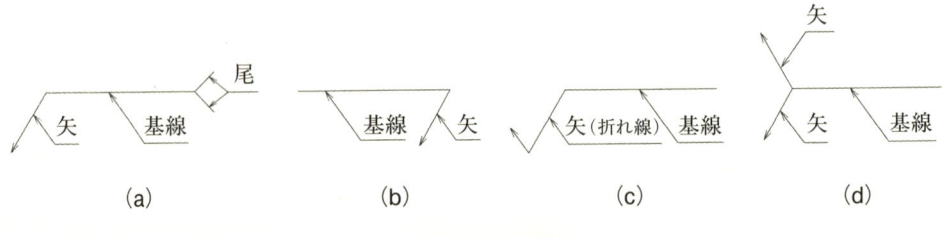

(a)　　(b)　　(c)　　(d)

図6.5 説明線

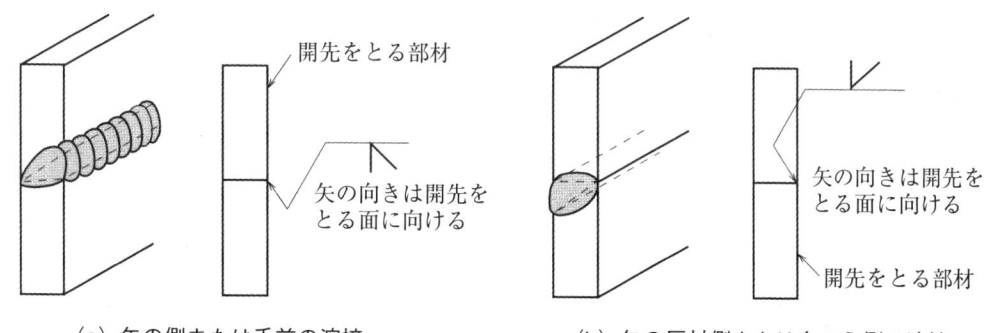

6.1 溶接継手

(a) 矢の側または手前の溶接

(b) 矢の反対側または向こう側の溶接

図6.6 基線に対する基本記号の上下位置関係

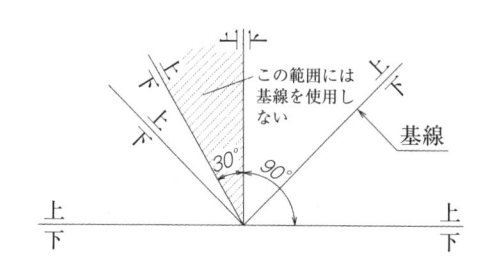

図6.7 基線の位置と基線の上側・下側の関係

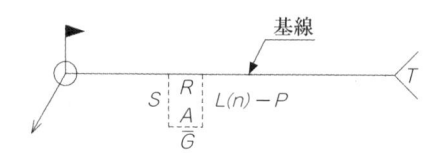

(a) 溶接する側が矢の側または手前側のとき

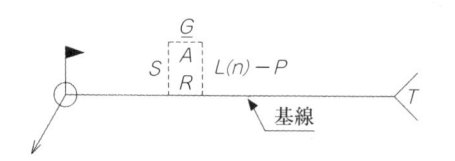

(b) 溶接する側が矢の反対側または向こう側のとき

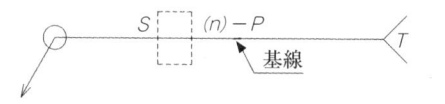

(c) 重ね継手部の抵抗溶接（スポット溶接など）のとき

溶接施工内容の記号例示

- □ ：基本記号
- S ：溶接部の断面寸法または強さ
- R ：ルート間隔
- A ：開先角度
- L ：断続すみ肉溶接の溶接長さ、スロット溶接の溝の長さまたは必要な場合は溶接長さ
- n ：断続すみ肉溶接・プラグ溶接・スロット溶接・スポット溶接などの数
- P ：断続すみ肉溶接・プラグ溶接・スロット溶接・スポット溶接などのピッチ
- T ：特別指示事項（J形、U形などのルート半径、溶接方法、非破壊試験の補助記号、その他）
- － ：表面形状の補助記号
- G ：仕上方法の補助記号
- ：全周現場溶接の補助記号
- ○ ：全周溶接の補助記号

グルーブ溶接
- S：開先深さSで完全溶込み
- ⓢ：開先深さSで部分溶込み　Sを指定しない場合は、完全溶込み

図6.8 溶接施工内容の記載方法

243

3）補助記号などの記載方法

① 補助記号、寸法、強さなどの溶接施工内容の記載方法は、基線に対し基本記号と同じ側に**図6.8**のとおりとする。

② 溶接方法などとくに指示する必要がある事項は、尾の部分に記載する。**表6.3**・**表6.4**は、基本記号、補助記号の記載例を示したものである。実際に溶接記号を描くには、**図6.9**を参考とする。

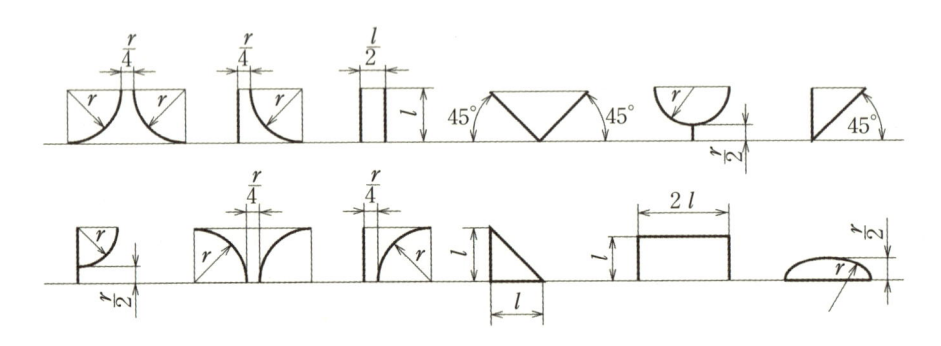

図6.9 溶接記号の描き方

> **まとめ**
>
> ① 溶接継手は、グルーブ溶接またはすみ肉溶接によって作られる。
>
> ② 基本記号は、溶接する側が矢の側または手前側のときは基線の下側、矢の反対側または向こう側のときは基線の上側に密着して記載する。
>
> ③ 矢は溶接部を指示するもので、基線に対してなるべく60°の直線とする。ただし、レ形、K形、J形および両面J形において開先をとる部材の面を、またフレア レ形およびフレアK形において、フレアのある部材の面を指示する必要がある場合は、矢は折れ線とし、開先をとる面またはフレアのある面に矢の先端を向ける。

表6.3 基本記号の記載例

溶 接 部	実 形	図 示
I 形グルーブ溶接	ルート間隔　2mm		
V 形グルーブ溶接	板　厚　　　19mm 開先深さ　　16mm 開先角度　　60° ルート間隔　2mm		
X 形グルーブ溶接	開先深さ 　矢の側　　　16mm 　矢の反対側　9mm 開先角度 　矢の側　　　60° 　矢の反対側　90° ルート間隔　　3mm		
H 形グルーブ溶接	部分溶込み溶接 開先深さ　　25mm 開先角度　　25° ルート半径　6mm ルート間隔　0mm		
レ 形グルーブ溶接	T継手、裏当て金使用 開先角度　　45° ルート間隔　6.4mm		
K 形グルーブ溶接	矢の側 　開先深さ　　16mm 　開先角度　　45° 矢の反対側 　開先深さ　　9mm 　開先角度　　45° ルート間隔　　2mm		
J 形グルーブ溶接	開先深さ　　28mm 開先角度　　35° ルート半径　3mm ルート間隔　2mm		
両面J形グルーブ溶接	開先深さ　　24mm 開先角度　　35° ルート半径　10mm ルート間隔　3mm		

表6.4 補助記号の記載例

			実 形	図 示
溶接部の表面形状	突合せ溶接の例	平らの場合		
		凸の場合		
	すみ肉溶接の例	平らの場合		
		凸の場合		
		へこみの場合		
溶接部の仕上方法		突合せ溶接部をチッピング仕上げする場合		
		不等脚すみ肉溶接部を研削仕上げで2 mmのへこみをつける場合		
		円管の突合せ溶接部を切削仕上げする場合、全周溶接であるが補助記号を省略した例		
		現場連続すみ肉溶接の場合		
		全周連続すみ肉溶接円管の場合		
		全周現場連続すみ肉溶接の場合		

表6.4 補助記号の記載例（つづき）

		実 形	図 示
放射線透過試験	放射線透過試験 一般の場合		RT / RT
	部分（抜取）放射線透過試験の場合		RT−Δ / RT−Δ
超音波探傷試験	突合せ溶接部の超音波探傷試験の垂直探傷の場合		UT−N / UT−N
	突合せ溶接部の超音波探傷試験の斜角探傷の場合		UT−A / UT−A

6.2 油圧・空気圧回路図

> **チェックポイント**
> ① 油圧・空気圧回路図の図記号を理解する。
> ② 油圧・空気圧回路図の描き方を理解する。
> ③ 油圧・空気圧回路図の働きを理解する。

　機械・装置の自動化、省力化には、油圧・空気圧が広く用いられている。これらの油圧・空気圧の機能や制御関係を示す図を油圧・空気圧回路図という。回路図は、油圧・空気圧システムおよび機器−図記号および回路図（JIS B 0125：2001）に基づいてかく。

（1）油圧装置の概要
1）油圧装置の基本的構成
　図6.10（a）は、油圧装置の具体的な回路構成の例として、工作機械のドリルユニットを示す。同図（b）は、この油圧装置を油圧・空気圧用図記号を用いて表した油圧回路図である。
　図6.10に示す油圧装置は、図からわかるように油タンク、油圧ポンプ、油圧制御弁（圧力・流量・方向制御弁）、アクチュエータ（油圧シリンダ）、各機器を連結する配管・継手類、付属機器（フィルタ・圧力計）などから構成する。

2）油圧回路図の描き方
　回路図をかくに当たっての基本的な図記号を**表6.5**・**表6.6**に示す。各記号の描き方および解釈の基本事項のうち、おもなものをあげる。
① 記号は、機能、操作方法および外部接続口を表示する。
② 記号は、機器の実際構造を示すものではない。
③ 記号は、機器については原則としてノーマル位置（正規の機能を果たすことのできる位置）、あるいは休止位置を表示する。回路については、その回路の主目的を果たすための、何らかの操作がなされる直前の状態を表示する。ただし、原則として流体は供給されている状態とする。
④ 記号は、当該機器の外部ポートの存在を示すが、その実際位置を示す必要はない。
⑤ ポート（port：接続口）は、管路と記号要素との接点で示す。
⑥ 複雑な記号の場合は、機能上用いる接続口だけを示せばよい。ただし、識別する目的で機器に表示する記号は、すべての接続口を示さなければならない。
⑦ 記号の描き方は、限定してあるものを除いて、いかなる向きでもよいが90°ごとの向きに描くのが望ましい。

(a) 油圧装置　　　　　　　　(b) 油圧回路図

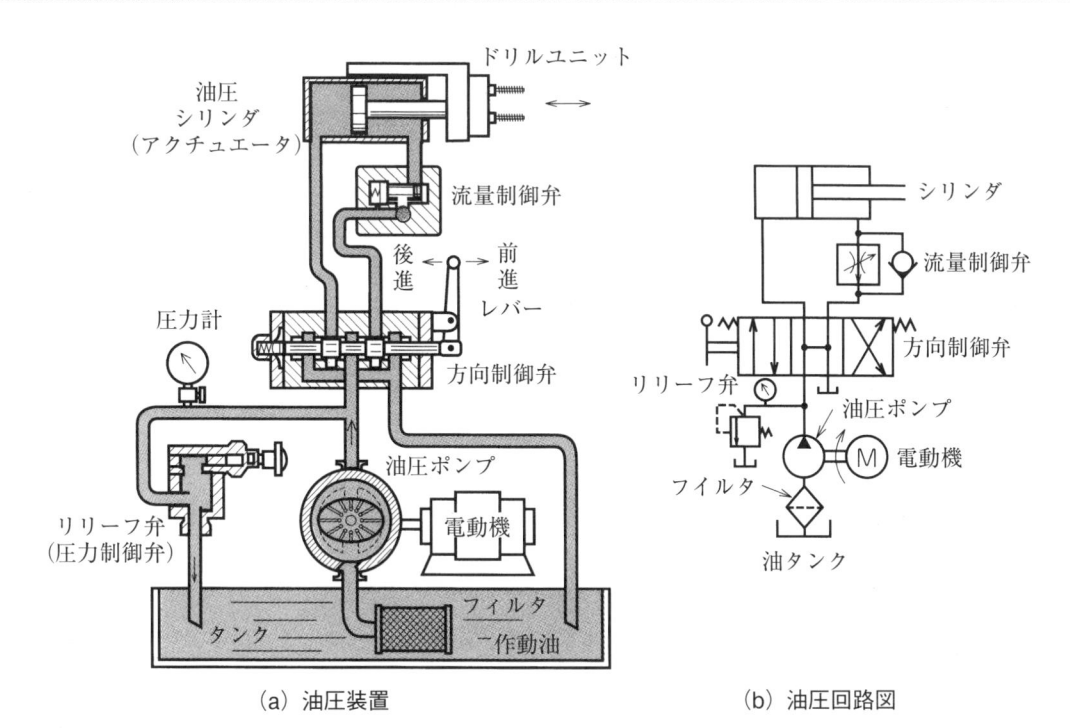

図6.10　油圧装置の具体的回路構成

表6.5　基本的な図記号

記号	用途	記号	用途
○	エネルギー変換装置（ポンプ、電動機、圧縮機など）	▷	エネルギー源が空気圧
○	計測器、回転継手	／	ポンプ、ばね、可変式電磁アクチュエータなどの可変操作または調整手段
□	制御機器、電動機以外の原動機	▱	電磁アクチュエータ（複動ソレノイド）
▭	シリンダ、バルブ	)(	絞り（中央に／がつくと可変式）
⬭	油タンク（密閉式）、空気圧タンク、アキュムレータなど	∧∧	ばね（2山が望ましい）
⊔	油タンク（通気式）	⊥	囲路、閉鎖接続口
▶	エネルギー源が油圧	⌇	電気入力

（JIS B 0125：2001による）

3）油圧回路図の読み方

図6.11は、圧力設定回路の一例で、調圧回路と呼ばれている。これはポンプ①の吐出し側にリリーフ弁②を設けて、最大圧力の制限を行うもので、一般に定吐出しポンプの過負荷防止に用いる。図6.11の③は単動シリンダ、④・⑤は一方向絞り弁、⑥は切換弁である。また、⑦は電動機、⑧・⑨は油タンクを示す。

図6.12は、図6.11の応用回路で、外力などによりシリンダと②のパイロットチェック弁との間に高圧が発生しそうになると、①のリリーフ弁から油を排出する。③の記号は油圧回路の流れの方向を示す。

249

表6.6 油圧および空気圧用図記号

記号	名称	記号	名称	記号	名称
	〔管路〕・接続		〔複動シリンダ〕・両ロッド・空気圧 下は簡略記号		可変絞り弁 下は簡略記号
	・交差		〔エネルギ容器〕アキュムレータ（常に縦形とする）上は負荷を指示しない場合 下は負荷の種類を指示する場合 （気体式）（ばね式）		止め弁
	・たわみ管路		空気タンク		フィルタ・一般記号
	〔ポンプおよびモータ〕・一般記号 左 油圧ポンプ 右 空気圧モータ 油圧ポンプ・1方向流れ・定容量形・1方向回転形	M	〔動力源〕電動機 電動機を除く原動機		温度調節器・加熱および冷却
	〔操作方式〕レバー 2方向操作（回転運動も含む）ばね 1方向操作 単動ソレノイド 1方向操作 複動ソレノイド 2方向ソレノイド		〔バルブ〕切換弁 逆止め弁・ばねなし 下は簡略記号		〔計器〕圧力計 油面計 温度計 流量計
	〔単動シリンダ〕・空気圧・押出し形・片ロッド形・大気中へ排気（油圧の場合はドレン）下は簡略記号		リリーフ弁・直動形または一般記号		回転速度計

(JIS B 0125-1：2001による)

（２）空気圧装置の基本的構成と空気圧回路図の描き方

１）空気圧装置の基本的構成

図6.13は、簡単な空気圧装置を示す。つぎの機器によって構成されている。

① **圧力発生器**

　　空気圧縮機・空気タンク

② **制御弁**

　　圧力制御弁‥‥‥減圧弁・シーケンス弁

　　流量制御弁‥‥‥速度制御弁・絞り弁

　　方向制御弁‥‥‥切換弁・シャトル弁・逆止め弁

③ **付属機器**

　　ルブリケータ・空気フィルタ・消音器

④ **アクチュエータ**

　　空気シリンダ・空気圧モータ

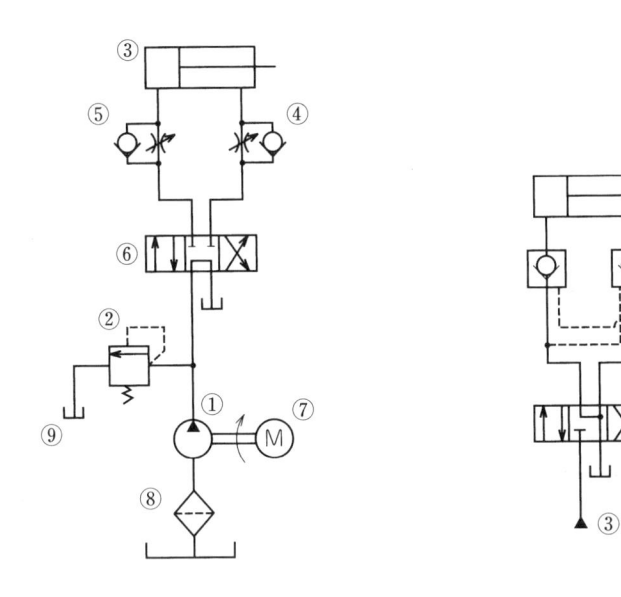

図6.11　調圧回路（Ⅰ）　　　　図6.12　調圧回路（Ⅱ）

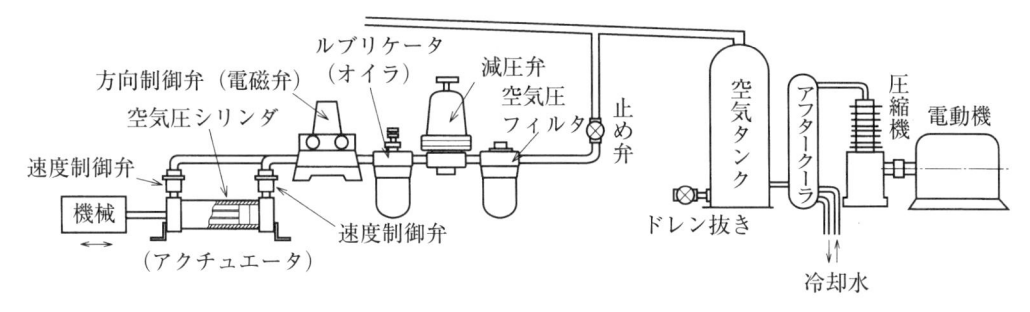

図6.13　空気圧装置の基本的構成

⑤　各種機器を連結する配管・継手類

2）空気圧回路図の描き方

回路図は、油圧回路図と同様にJIS B 0125：1984の図記号によってかく。この場合、記号は原則として通常の休止または機能的な中立状態を示す。ただし、回路図のなかでは例外も認められる。

図記号のかき方および解釈の基本事項は、「油圧回路図のかき方」の項と共通である。なお、最近、各社で新しい空気圧機器が開発され、その場合、JISにない記号を使用するが、これらはJISの類似の記号を組み合わせて使用する。

空気圧回路図をかく場合、まず種類の多い制御弁について知っておく必要がある。制御弁には、圧力制御弁・流量制御弁・方向制御弁があるが、ここでは方向制御弁のうち、よく使用される方向制御弁について説明する。

a. 方向制御弁

方向制御弁は、空気の流れの方向を変えて、空気圧アクチュエータなどの起動・停止、運動方向の変換などの動作をさせるものである。方向切換弁は、切換弁を作動させる方式と、復帰させる方式があり、これらを組み合わせて使用する。これらの方向切換弁を

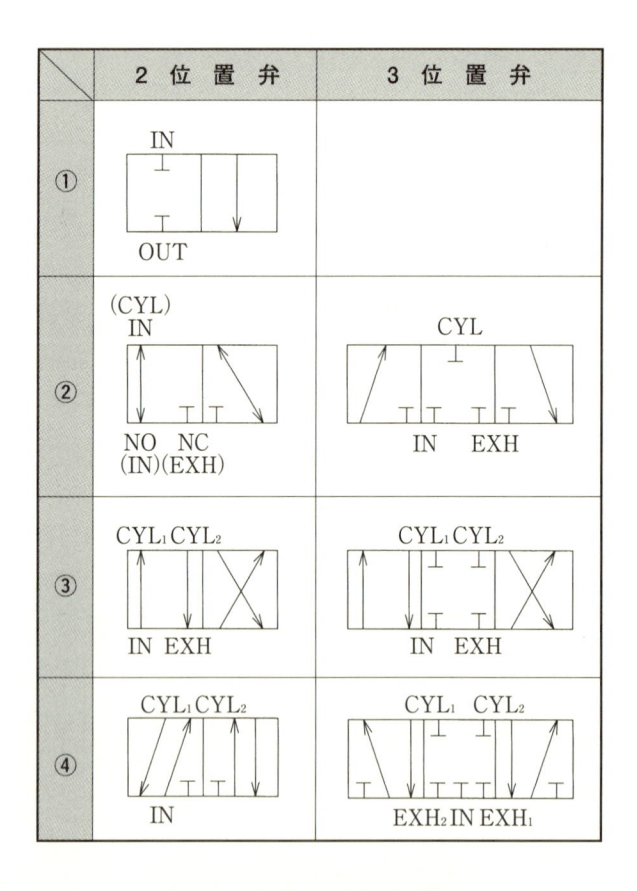

図6.14　弁のポート数と位置数

作動させたり，復帰させる操作方式には人力によるもの，機械によるもの，電磁石によるものなどがある（表6.6参照）。

方向切換弁は，図6.14に示すように接続口の数により2・3・4・5ポート弁などがある。また，切換位置により2位置弁，3位置弁がある。

（a）2ポート弁

図6.14－①は，2ポート2位置弁で，空気の入口INと出口OUTの接続口をもち，位置を左右に切り換えることにより，空気の流れをON，OFFする。

（b）3ポート弁

図6.14－②は，3ポート2位置弁と3位置弁で，入口INと出口二つ（NO：常時開，NC：常時閉）が必要な回路に使われる。

また，単動シリンダを用いて，ピストンが出るときは空気をINからシリンダポート（CYL）に送り，帰りは（CYL）から出口（EXH：exhaust）に排出するように接続される。

（c）4ポート弁

図6.14－③は，4ポート2位置弁と3位置弁で，IN・CYL_1・CYL_2・EXHの四つの接続口をもち，複動シリンダに用いて空気をCYL_1・CYL_2に交互に送る。

（d）5ポート弁

図6.14－④は，5ポート2位置弁と3位置弁で，EXHが二つに分割されていて，ピストンの往復速度を簡単な回路で別々の速度に制御できる。

b．操作方式と方向切換弁の組合せ

図6.15に操作方式と方向切換弁を組み合わせた図記号を示す。

①～④は，スプリングリターン形の3ポート切換弁で，⑤はレバー方式のロック付3ポート切換弁，⑥～⑧はフリップ・フロップ形3ポート切換弁，⑨・⑩は3ポジションバルブと呼ばれている3位置形の3ポート切換弁である。

図6.16は，シングルパイロットのマスタ弁③と，機械操作式2ポート切換弁②・⑤を組み合わせて，1本のシリンダを連続往復作動させる回路である。作動はつぎのようになる。

人力式3ポート切換弁①を押すと，パイロット圧が②を通してマスタ弁③を切り換えるためにピストンは始動する。

ピストンが右に動いて⑤に当たると，パイロット圧は⑤から大気に放出されるため，③がばねによりもとの位置に戻ってピストンは左に動く。ピストンは左に作動し，①に当たると再びマスタ弁③が切り換えられ，ピストンは右に動く。

以上の動作が繰り返されてピストンは連続往復作動を行う。なお，連続作動中に①をもとの位置に戻すと，ピストンももとの位置に戻って停止する。

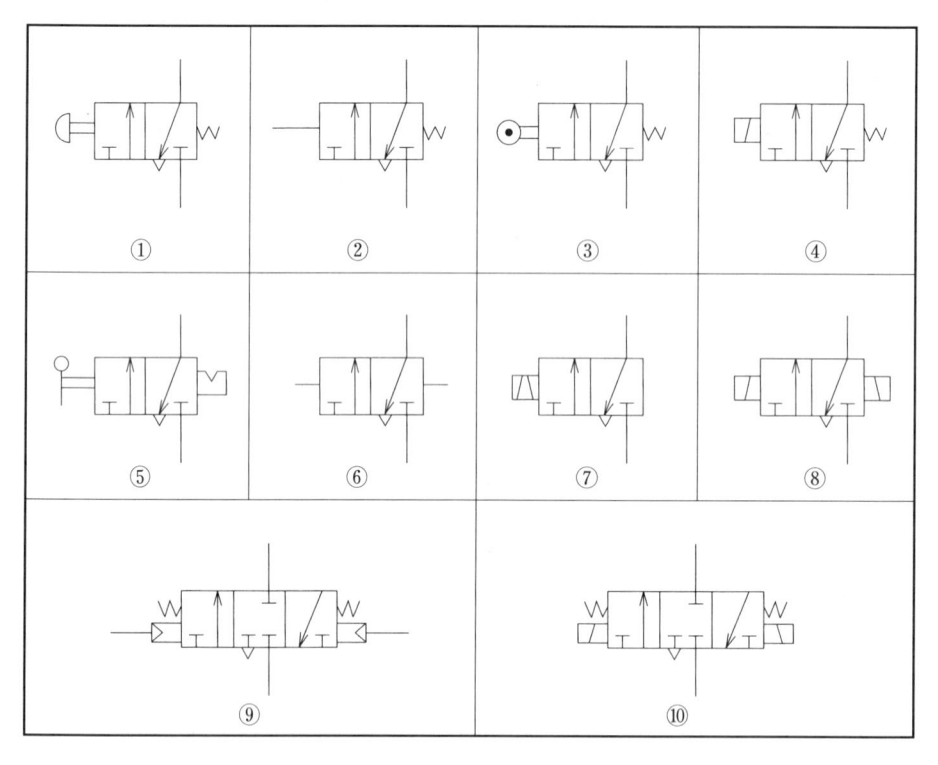

図6.15　操作方式と方向切換弁の組合せ

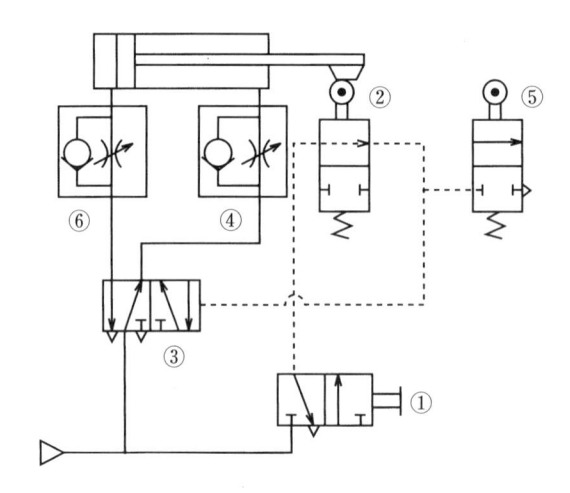

図6.16　連続往復作動回路

> **まとめ**
> ① 油・空気圧回路図は、「油圧・空気圧システム及び機器－図記号及び回路図－」（JIS B 0125：2001）に基づいて描く。
> ② 回路図の記号で、機器については、原則としてノーマル位置あるいは休止位置を表示する。回路については、その回路の主目的を果たすための、何らかの操作がなされる直前の状態を表示する。

〔第6章　演習問題〕

〔問題6-1〕　立体図を参照して回答欄に正しい図示法の記号と、突合わせ溶接の種類を記入しなさい。

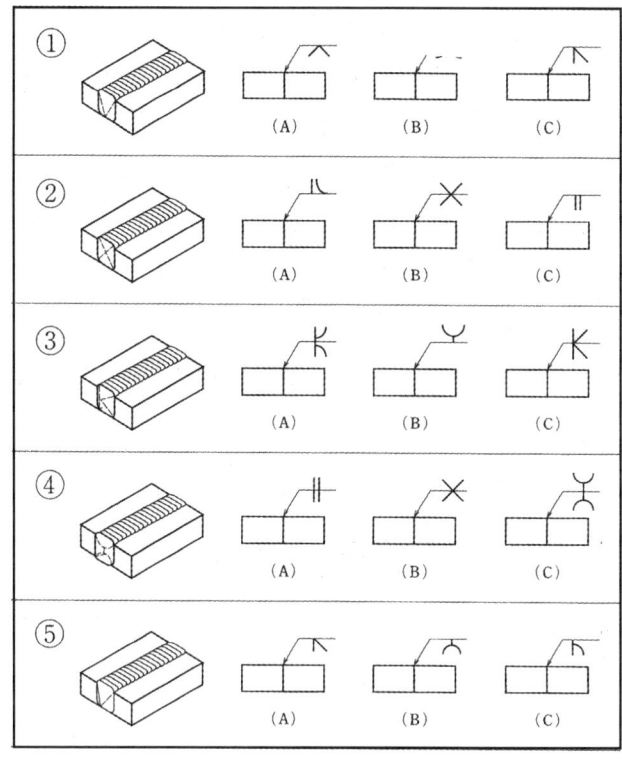

番　号	①	②	③	④	⑤
種　類					
図示法					

〔問題6-2〕　下図は油圧回路の一例である。番号で示した各機器および部品の名称を記入しなさい。

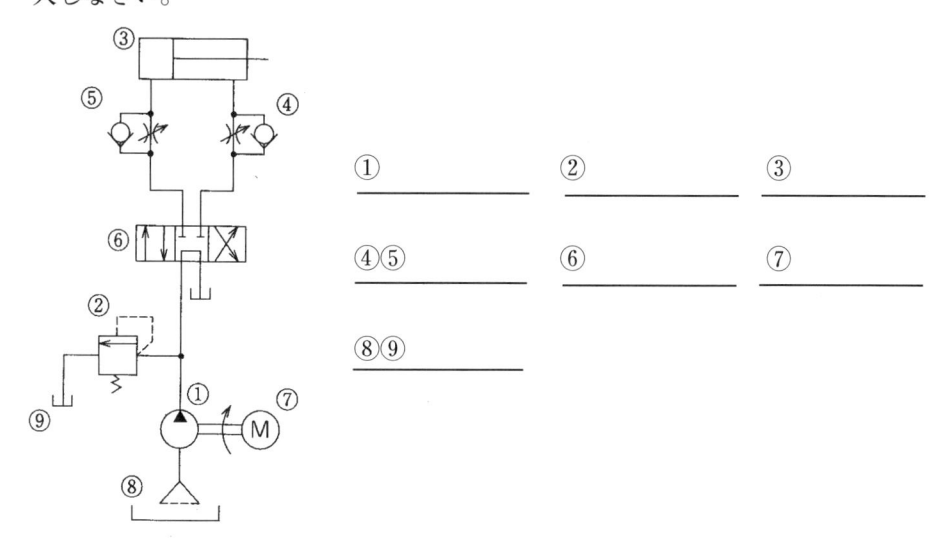

①_____　　②_____　　③_____

④⑤_____　　⑥_____　　⑦_____

⑧⑨_____

あとがき

　本書は、手描き製図、すなわち器具製図ができるように、JIS規格に基づいた機械製図の本質を記述したつもりである。

　紙面の都合で、十分であったかというと書き終えて、気がかりな点もある。

　その一つにCAD製図にはふれていない。製図の行き着くところはCAD製図であろう。最近のコンピュータの高性能化とCADソフトの普及は著しい。ただし、製図がわからない人にCAD製図は理解できない。理解できているようでもコンピュータがやってしまうのでわかったつもりになってしまうことである。特に、図面使用者の立場に立った図面を描くことはできないであろう。CADのデータをCAMデータに置き換えるソフトがあるから心配ないという人がいるかもしれない。しかし、図面の原点の求め方は製図の知識が必要である。図面の原点は、CAMデータのもとになるからである。

　図面は、制作者がいる一方、その使用者が存在する。図面の制作者ばかりでなく、使用者も検図しておかしいところは指摘しなければならない。そうしないと図面どおり製品ができなかったのは、製作者が悪いということになってしまう。すなわち、図面を作る側も使う側も製図の知識が必要である。

　おわりに、本書が機械製図の学習に役立つことを期待します。

2007年8月

中西　佑二

〔演習問題解答〕

〔第1章〕

〔問題1-1〕（イ）描き出す線は、描き込む線よりも（有利）である。

（ロ）製図に用いられる線の種類は、線の太さが、（細）線と（太）線と（極太）線の3種類であり、太さの比率は1：2：4である。

（ハ）水平線は（左）から（右）に、垂直線は（下）から（上）に、右上がり斜線は（左下）から（右上）に、右下がり斜線は（左上）から（右下）に引く。

（ニ）直線と円弧をつなげる場合、（円弧）を描いてから（直線）を引く。

〔問題1-2〕（イ）最初に描く図面で、原図のもとになる図面のこと。鉛筆で描くことが多い。

（ロ）必要とする明瞭さおよび細かさを保つことができる最小の用紙を用いる。

（ハ）① 対象物が大きいものは（縮小）して描き、対象物が小さいものは（拡大）して描く。このときの尺度は、JISの（推奨値）を採用する。

② 製図用紙は（A）列サイズを用いる。

〔問題1-3〕

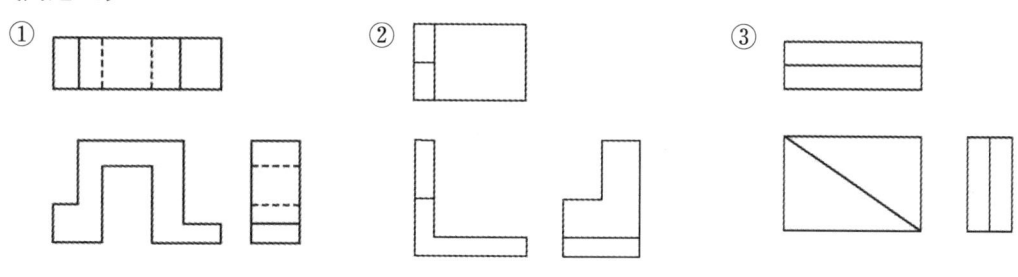

〔第2章〕

〔問題2-1〕　① f　② b　③ d　④ k　⑤ g　⑥ i
　　　　　　⑦ a　⑧ h　⑨ e　⑩ c　⑪ j

〔問題2-2〕

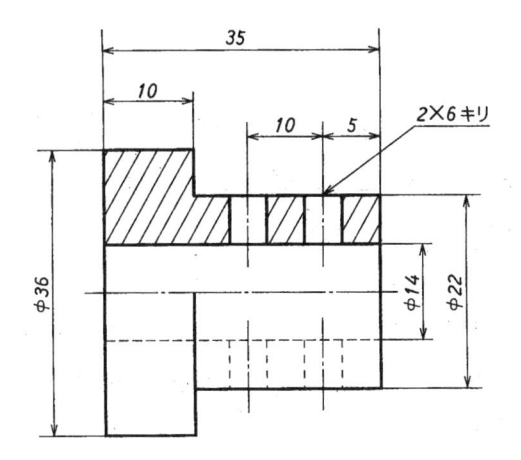

〔問題2-3〕

名　称	記　号	読み方
径（直径）	φ	マル
正方形の辺	□	カク
半　径	R	アール
球の直径	Sφ	エスマル
球の半径	SR	エスアール
45°の面取り	C	シー
板の厚さ	t	ティー

〔第3章〕

〔問題3-1〕

項　　目	事　項
基　準　寸　法	40.000mm
穴・軸基準の別	穴基準
はめあいの種類	すきまばめ
穴の寸法公差	0.100mm
軸の寸法公差	0.062mm
最大すきま	0.242mm

〔問題3-2〕　　　　　　　　　　　　　　　　　　　　　　（単位：mm）

項　　目	(1)	(2)	(3)	(4)
基　準　寸　法	32.000	32.000	20.0	22.0
上の寸法許容差	0.025	−0.009	−0.1	0.1
下の寸法許容差	0	−0.025	−0.2	−0.1
最大許容寸法	32.025	31.991	19.9	22.1
最小許容寸法	32.000	31.975	19.8	21.9
寸　法　公　差	0.025	0.016	0.1	0.2

〔問題3-3〕　　　　　　　　　　　　　　　　　　　　　　（単位：mm）

	φ30H7	φ30p6
基　準　寸　法	30.000	30.000
上の寸法許容差	+0.021	+0.035
下の寸法許容差	0	+0.022
最大許容寸法	30.021	30.035
最小許容寸法	30.000	30.022
寸　法　公　差	0.021	0.013
はめあいの種類	（しまり）ばめ	

〔問題3-4〕 ①表面性状　②算術平均うねり　③最大高さうねり

〔問題3-5〕
① 表面形状パラメータの呼び方には、(粗さ)曲線、うねり曲線、(断面)曲線の3つの輪郭について、それぞれ頭にR、W、(P)の記号をつけて表す。
② パラメータによって表示する方法には、許容限界値の指示に(16)％ルールと(最大)値ルールがある。
③ 筋目方法の記号が＝の場合、筋目の方向が、記号を指示した図の投影図に(平行)である。加工例としては、形削り面、旋削面、研削面がある。
④ 筋目方向の記号がMの場合、筋目の方向が、多方向に交差している。加工例としては、正面フライス削り面や(エンドミル)削り面がある。

〔第4章〕
〔問題4-1〕　①a　②b　③d　④d　⑤c　⑥c

〔問題4-2〕　1) ①鋼　②鍛造品　③最低引張強さ　540N/mm²　④焼きなまし
　　　　　　2) ①鉄　②鋳造品　③最低引張強さ　200N/mm²

〔問題4-3〕材料の質量は、まず体積を決めてから、材料の密度を掛ける。

$$体積\ \frac{\pi}{4}d^2 \times 長さ = \frac{3.14}{4} \times 100^2 \times 1\,000$$
$$= 7\,850\,000\ (mm^3) = 7\,850\ (cm^3)$$

質量は、(体積)×(密度)で求める。鋼の密度は7.85 (g/cm³)であるから、
$$7\,850 \times 7.85 = 61\,622.5\ (g)$$
$$= 61.623\ (kg)$$

答　61.623kg

〔問題4-4〕
(1) ○　(2) ×　(3) ○　(4) ○　(5) ○　(6) ○　(7) ×
〔訂正箇所〕
(2) 少しすき間をあける　→　交わるように引く
(7) 普通公差　→　幾何公差

〔問題4-5〕
①A　②B　③A　④B　⑤A　⑥B　⑦A　⑧B　⑨A

〔第5章〕

〔問題5-1〕

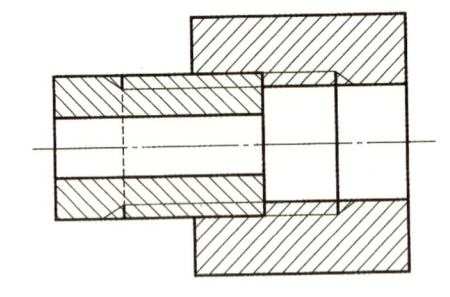

〔問題5-2〕
（1）○　（2）×　（3）×　（4）×　（5）○　（6）×
（7）×　（8）○　（9）○　（10）○　（11）×

〔訂正箇所〕
（2）中間部には用いない → にも用いる
（3）大文字 → 小文字
（4）軸の長さ → 軸の直径
（6）ラジアル → スラスト
（7）固定 → たわみ
（12）ハウジング → ジャーナル

〔問題5-3〕

単位mm

番号	名　称	寸法	番号	名　称	寸法
Ⓐ	歯元のたけ	3.125	Ⓔ	頂げき	0.625
Ⓑ	ピッチ	7.85	Ⓕ	歯底円直径	93.75
Ⓒ	歯たけ	5.625	Ⓖ	ピッチ円直径	100
Ⓓ	歯末のたけ	2.5	Ⓗ	歯先円直径	105

〔第6章〕

〔問題6-1〕

番号	①	②	③	④	⑤
種類	V形グルーブ	X形グルーブ	K形グルーブ	両面U形グルーブ	レ形グルーブ
図示法	A	B	C	C	A

〔問題6-2〕
①ポンプ　②リリーフ　③複動シリンダ　④⑤一方向絞り弁
⑥切換弁　⑦電動機　⑧⑨油タンク

◆索 引◆

◆英数字◆
GPSマスタープラン ……………106
ISO …………………………………10
JIS …………………………………8

◆あ行◆
厚さの表し方 ………………………88
穴基準はめあい ……………………138
穴の寸法の表し方 …………………90
粗さ曲線 ……………………………110
粗さの参考表示 ……………………112
粗さパラメータ ……………………111
アルミニウム展伸材の材質記号 …164
インボリュート曲線 ………………200
薄肉部の表し方 ……………………96
薄肉部の断面図 ……………………64
うねり曲線 …………………………111
うねりパラメータ …………………111
液体ばね ……………………………231
円弧の描き方 ………………………14
円すいころ軸受 ……………………227
円すい軸受 …………………………218
円柱の展開図 ………………………38
円筒ころ軸受 ………………………227
円筒度公差 …………………………151
鉛筆の削り方 ………………………16

◆か行◆
外径 …………………………………198
外径線による図示 …………………56
回転図示断面図 ……………………60
回転投影図 …………………………56
描き込む線 …………………………13
描き出す線 …………………………13
角柱の展開図 ………………………38
角度寸法の許容限界の記入 ………128
かくれ線 ……………………………176
加工・処理範囲の限定 …………70、98
加工部の表示 ………………………70
加工方法または加工関連事項の指示 …119
重なる線の優先順位 ………………46
片側断面図 …………………………60
カットオフ値 ………………………111
簡明な図示 …………………………68
キー …………………………………213
キー溝 ………………………………213
キー溝の表し方 ……………………92
機械製図 …………………………8、10
幾何公差の表し方 …………………143

基準寸法 ……………………………126
基準線 ………………………………127
基準長さ ……………………………111
基本公差 ……………………………135
キャビネット図 ……………………36
曲線の表し方 ………………………88
曲線の描き方 ………………………14
局部投影図 …………………………55
許容限界寸法 …………………126、128
許容限界値の指示 ……………116、118
金属ばね ……………………………231
空気圧回路図の描き方 ……………252
空気ばね ……………………………231
組合わせによる断面図 ……………60
組立図のスケッチ …………………170
クランク軸 …………………………210
繰り返し図形の省略 ………………64
グルーブ溶接 ………………………239
削り代の指示 ………………………120
弦・円弧の長さの表し方 …………88
検図 …………………………………178
原図 …………………………………18
コイルばね ……………………231、233
鋼構造物などの寸法表示 …………94
公差域 …………………………136、145
公差域クラス ………………………136
公差記入枠 …………………………143
格子参照方式 ………………………22
こう配 ………………………………94
国際標準化機構 ……………………10
小ねじ ………………………………196
ゴムばね ……………………………231
転がり軸受 …………………………219
転がり軸受の呼び番号 ……………221
転がり軸受の略画法 ………………227

◆さ行◆
最小許容寸法 …………………126、128
最小しめしろ ………………………134
最小すきま …………………………134
最大許容寸法 ………………………128
最大しめしろ ………………………134
最大すきま …………………………134
最大高さ粗さ ………………………112
最大高さうねり ……………………112
裁断マーク …………………………22
材料記号 ……………………………159
材料の質量計算 ……………………164
座金 …………………………………195

座ぐりの表し方	92
皿ばね	231、233
三角ねじ	184
算術平均粗さ	111
算術平均うねり	111
軸	210
軸受	218
軸受メタル	218
軸基準はめあい	138
軸測投影	34
軸端	210
軸継手	217
軸の図示	210
自在継手	217
実形図示	52、54
実寸法	126
自動調心玉軸受	227
しまりばめ	134
しめしろ	134
ジャーナル	218
尺度	25
斜投影	27
斜投影図	36
主投影図の配置	54
照合番号	100
正面図	30
真円度公差	150
真直度公差	150
伸銅品の材料記号	164
心の研ぎ方	16
すきま	134
すきまばめ	134
図形の描き方	170
図形の省略	52、64
スケッチ	168
スケッチの要領	170
筋目の指示	120
図の配置	52
滑り軸受	218
墨入れ	16
すみ肉溶接	241
図面記入方法	120
図面の来歴表	23
スラスト軸受	218
寸法許容差	126
寸法許容差の記入	128
寸法公差	126
寸法公差記号	136
寸法数値の位置と向き	78
寸法数値の描き方	78
寸法線	74
寸法の記入方法	73
寸法の取り方	16、171

寸法補助記号	84
寸法補助線	74
製作図	8、18、174
製図	7
製図器	12
製図規格	10
製図器具	11、12
製図用紙	19
正投影	27
正投影図	28
製品の幾何特性仕様	105
正方形の辺の表し方	86
切断面の図示	62
切断面のハッチング	64
線の位置度公差	153
線の間隔	46
線の基本形	43
線の種類	43
線の種類による呼び方	46
線のつなぎ方	14
線の太さ	43
線の用法	46
線引きの方向	13
側面図	30
素材の質量	166

◆た行◆

第一角法	30、32
台形ねじ	184
第三角法	30
対称図形の省略	64
対称図形の寸法記入	76
対称度公差	154
高さ方向のパラメータ	111
多数の断面図による表示	62
短軸端	210
単体軸受	218
断面箇所の表示	62
断面曲線	110
断面曲線パラメータ	111
断面図	60
断面図示	58
断面図示の順序	58
中間ばめ	134
中間部分の省略による図形の短縮	66
中心マーク	20
長軸端	210
直軸	210
直線の引き方	13
直列寸法記入法	82
直径の表し方	85
通過帯域および基準長さの指示	118
データム	146、151

テーパ ……………………………………94
展開図 ……………………………………56
投影図の簡略化 …………………………52、54
投影法 ……………………………………27
等角投影図 ………………………………34
透視投影 …………………………………28
特殊な図示 ………………………………68
特殊な寸法の表し方 ……………………90
特別な材料記号 …………………………160
突出公差域 ………………………………148
止めねじ …………………………………197
トレース図 ………………………………174

◆な行◆
長さ寸法の許容限界 ……………………127
ナット ……………………………………193
ナットの呼び方 …………………………194
並歯 ………………………………………201
二等角投影図 ……………………………36
日本工業規格 ……………………………8
ねじ ………………………………………183
ねじの表し方 ……………………………184
ねじの図示法 ……………………………186
ねじの呼び ………………………………186
ねじ部の寸法記入 ………………………188

◆は行◆
歯形曲線 …………………………………200
歯車 ………………………………………198
歯車の図示法 ……………………………203
歯先円 ……………………………………198
歯先円直径 ………………………………198
歯底円 ……………………………………198
ばね ………………………………………231
ばねの図示 ………………………………233
ばね用語 …………………………………233
はめあい …………………………………133
はめあい方式による表示法 ……………142
半径の表し方 ……………………………86
比較目盛 …………………………………22
ピッチ円直径 ……………………………201
非比例寸法 ………………………………98
評価長さの指示 …………………………116
標準平歯車 ………………………………201
表題欄 ……………………………………20
表面性状 …………………………………110
表面性状の図示記号の形と大きさ ……124
表面性状の図示方法 ……………………114
表面性状の要求事項の簡略図示 ………122
表面性状パラメータ ……………………111
平歯車 ……………………………………203
ピン ………………………………………217
深溝玉軸受 ………………………………227

複写図 ……………………………………19、174
複写図の折り方 …………………………23
ブシュ ……………………………………218
普通許容差 ………………………………130
普通公差 …………………………………130
部品の質量 ………………………………166
部分拡大図 ………………………………58
部分断面図 ………………………………60
部分投影図 ………………………………54
プラスチックばね ………………………231
フランジ形固定軸継手 …………………217
フランジ形たわみ軸継手 ………………217
平行投影 …………………………………27
平面、穴の表示 …………………………68
平面座スラスト玉軸受 …………………227
平面図 ……………………………………30
平面度公差 ………………………………150
並列寸法記入法 …………………………83
方向マーク ………………………………22
補助投影図 ………………………………56
ボルト・ナット …………………………190
ボルトのねじ込み深さ …………………196
ボルトの呼び方 …………………………194

◆ま行◆
摩擦車 ……………………………………198
交わり部の慣用図示 ……………………68
面取りの表し方 …………………………90
文字 ………………………………………48
文字の大きさ ……………………………48
文字の種類 ………………………………48
モジュール ………………………………201
元図 ………………………………………18、174

◆や・ら行◆
矢示法 ……………………………………30、32
油圧・空気圧回路図 ……………………248
油圧回路図の描き方 ……………………248
用紙サイズ ………………………………20
溶接記号 …………………………………241
溶接記号の描き方 ………………………244
溶接施工内容の記載方法 ………………243
溶接継手 …………………………………239
横方向のパラメータ ……………………112
ラジアル軸受 ……………………………218
リブ ………………………………………68
理論的に正確な寸法 ……………………148
輪郭曲線の最大高さ ……………………111
輪郭曲線の算術平均高さ ………………111
輪郭線 ……………………………………20
輪郭の同軸度公差 ………………………154
累進寸法記入法 …………………………83
六角ボルト ………………………………191

◎著者略歴◎

中西　佑二（なかにし　ゆうじ）
姫路工業大学大学院博士課程修了、博士（工学）
現在　東京都立産業技術高等専門学校教授
主な著書「機械工作１，２」共著（実教出版）
　　　　「機械実習１，２，３」共著（実教出版）
　　　　「絵ときでわかる機械設計」共著（オーム社）
　　　　「基礎機械工作」共著（産業図書）

池田　茂（いけだ　しげる）
日本大学理工学部機械工学科卒業
現在　東京都立産業技術高等専門学校教授
主な著書「絵ときでわかる機械設計」共著（オーム社）

大高　武士（おおたか　たけし）
東京都立大学大学院博士課程修了　博士（工学）
現在　鹿児島大学工学部助教

失敗しない機械製図の描き方・表し方　NDC531.9

2007年8月29日　初版1刷発行　（定価はカバーに表示してあります）

　Ⓒ　著　者　中西　佑二
　　　　　　　池田　茂
　　　　　　　大高　武士
　　　　発行者　千野　俊猛
　　　　発行所　日刊工業新聞社
　　　　　　　〒103-8548　東京都中央区日本橋小網町14-1
　　　　電　話　書籍編集部　03（5644）7490
　　　　　　　　販売・管理部　03（5644）7410
　　　　ＦＡＸ　03（5644）7400
　　　　振替口座　00190-2-186076
　　　　ＵＲＬ　http://www.nikkan.co.jp/pub
　　　　e-mail　info@tky.nikkan.co.jp
　　　　企画・編集　新日本編集企画
　　　　印刷・製本　新日本印刷（株）

落丁・乱丁本はお取り替えいたします。
2007 Printed in Japan
ISBN 978-4-526-05916-2 C3053

Ⓡ　＜日本複写権センター委託出版物＞
本書の無断複写は、著作権法上の例外を除き、禁じられています。
本書からの複写は、日本複写権センター（03-3401-2382）の許諾を得てください。